建筑结构设计统一技术措施

广东省建筑设计研究院有限公司　编　著

罗赤宇　主　编

苏恒强　蔡凤维　副主编

中国建筑工业出版社

图书在版编目(CIP)数据

建筑结构设计统一技术措施 / 广东省建筑设计研究
院有限公司编著;罗赤宇主编;苏恒强,蔡凤维副主编
. — 北京:中国建筑工业出版社,2023.4
ISBN 978-7-112-28541-9

Ⅰ.①建… Ⅱ.①广…②罗…③苏…④蔡… Ⅲ.
①建筑结构-结构设计-技术措施 Ⅳ.①TU318

中国国家版本馆 CIP 数据核字(2023)第 052739 号

本书作为广东省建筑设计研究院有限公司(GDAD)控制设计质量的基本技术文件之一,基于公司多年的项目经验及成果总结,历经多次改版,并与时俱进响应国家新基建的要求,内容涵括了多高层建筑、交通枢纽建筑、大型体育场馆及装配式建筑等建设重点领域;编撰时加大了技术创新方面的内容,融入了现代建筑结构设计新技术,如结构 BIM 正向设计的应用、结构专业协同设计,推动三维设计、数字化管理等工作的开展;介绍了 GDAD 近年来成功应用于工程实践的部分创新技术,包括 GDAD 特色的新型钢-混凝土组合构件,如 U 形梁、双钢板剪力墙、内置钢骨剪力墙及新型钢管混凝土柱节点等,也包括复杂岩溶地区基础设计及地下室逆作法等技术要点,其中部分技术要点已收编于广东省标准《高层建筑钢-混凝土混合结构技术规程》等多本现行行业及地方标准中。

本书的编制原则是全面统一、实用简洁、图文并茂,通过工程实践,对现行规范、标准进行补充、延伸,并对设计技术疑问疑难进行系统整理,总结成功经验并提出设计要点。

* * *

责任编辑:刘瑞霞
责任校对:芦欣甜

建筑结构设计统一技术措施
广东省建筑设计研究院有限公司 编 著
罗赤宇 主 编
苏恒强 蔡凤维 副主编

*

中国建筑工业出版社出版、发行(北京海淀三里河路9号)
各地新华书店、建筑书店经销
北京红光制版公司制版
廊坊市海涛印刷有限公司印刷

*

开本:787 毫米×1092 毫米 1/16 印张:19¼ 插页:8 字数:419 千字
2023 年 3 月第一版 2023 年 3 月第一次印刷
定价:80.00 元
ISBN 978-7-112-28541-9
(40620)

本 书 编 委 会

顾　问：陈　星

主　编：罗赤宇

副主编：苏恒强　蔡凤维

编　委：焦　柯　林景华　李恺平　周敏辉　卫　文

　　　　区　彤　周洪波　王金锋　黄辉辉　徐　刚

　　　　陈进于　许爱斌　吴桂广

前　　言

　　《建筑结构设计统一技术措施》是广东省建筑设计研究院有限公司（GDAD）编制的用于指导本公司建筑工程结构设计系列标准中的导向性技术文件。统一技术措施编制的主要目的为推动结构技术创新、规范设计流程及提升设计质量，便于结构设计人员更全面地了解以往建筑工程的设计经验和技术成果，更好地理解和执行国家与地方的各项工程设计规范、行业标准及管理规定，同时对上述标准以外的内容进行完善补充，以提高结构工程师的设计水平，并为处理施工现场问题提供技术指导。

　　本书作为 GDAD 控制设计质量的基本技术文件之一，基于公司多年的项目经验及成果总结，历经多次改版，并与时俱进响应国家新基建的要求，内容涵括了多高层建筑、交通枢纽建筑、大型体育场馆及装配式建筑等建设重点领域；编撰时加大了技术创新方面的内容，融入了现代建筑结构设计新技术，如结构 BIM 正向设计的应用、结构专业协同设计，推动三维设计、数字化管理等工作的开展；介绍了 GDAD 近年来成功应用于工程实践的部分创新技术，包括 GDAD 特色的新型钢-混凝土组合构件，如 U 形梁、双钢板剪力墙、内置钢骨剪力墙及新型钢管混凝土柱节点等，也包括复杂岩溶地区基础设计及地下室逆作法等技术要点，其中部分技术要点已收编于广东省标准《高层建筑钢-混凝土混合结构技术规程》等多本现行行业及地方标准中。

　　本书的编制原则是全面统一、实用简洁、图文并茂，通过工程实践，对现行规范、标准进行补充、延伸，并对设计技术疑问疑难进行系统整理，总结成功经验并提出设计要点。正文共计 11 章，分别为总则、结构设计的基本要求、荷载与作用、结构设计的基本规定、结构计算分析及参数的选择、地基基础及地下室结构设计、钢筋混凝土结构设计、高层混合结构和钢结构设计、大跨度钢结构及空间结构设计、结构隔震和消能减震（振）设计、结构加固改造设计。

　　本书使用期间，如遇国家、行业及地方有关标准更新修订，设计人员执行时需以新版本为准，GDAD 亦将根据新规范、标准执行，定期开展修编、更新和再版工作。敬以本书抛砖引玉，若遇编制内容存在缺点及问题，请随时提出意见及建议，以便于后期的改进及完善工作。

　　限于作者水平，本书论述难免有不妥之处，望读者批评指正。

目　　录

第1章　总则 ……………………………………………………………………………… 1

第2章　结构设计的基本要求 ……………………………………………………………… 5

2.1　结构说明及结构技术条件 ……………………………………………………… 6

2.2　结构计算及计算机辅助设计 …………………………………………………… 8

2.3　施工图设计的要求 ……………………………………………………………… 9

第3章　荷载与作用 ………………………………………………………………………… 15

3.1　楼(地)面、屋面荷载 …………………………………………………………… 16

3.2　墙体和幕墙荷载 ………………………………………………………………… 19

3.3　风荷载 …………………………………………………………………………… 20

3.4　基础及地下室荷载 ……………………………………………………………… 21

3.5　其他荷载和作用 ………………………………………………………………… 23

第4章　结构设计的基本规定 ……………………………………………………………… 25

4.1　一般规定 ………………………………………………………………………… 26

4.2　结构体系与结构形式 …………………………………………………………… 28

4.3　结构设计控制要求 ……………………………………………………………… 30

4.4　超限结构设计 …………………………………………………………………… 34

4.5　装配式建筑结构设计 …………………………………………………………… 39

第5章　结构计算分析及参数的选择 ……………………………………………………… 41

5.1　一般规定 ………………………………………………………………………… 42

5.2　超限及复杂结构计算分析要求 ………………………………………………… 42

5.3　计算参数的选择 ………………………………………………………………… 47

5.4　计算简图及模型 ………………………………………………………………… 56

5.5　计算结果的判断 ………………………………………………………………… 58

5.6　装配式建筑结构计算 …………………………………………………………… 61

第6章　地基基础及地下室结构设计 ……………………………………………………… 63

6.1　工程地质勘察任务书及勘察报告 ……………………………………………… 64

6.2　基础选型及设计 ………………………………………………………………… 65

6.3　常用基础形式 …………………………………………………………………… 71

6.4　地基处理技术 …………………………………………………………………… 83

6.5　地下水及地下室抗浮设计 ……………………………………………………… 86

6.6　地下室结构设计 ………………………………………………………………… 97

6.7　地下室逆作法结构设计 ………………………………………………………… 100

第 7 章　钢筋混凝土结构设计 ··· 107

　7.1　一般规定 ·· 108

　7.2　材料 ·· 112

　7.3　常规结构设计 ·· 116

　7.4　复杂与新型结构设计 ·· 120

　7.5　构件设计与构造 ·· 127

　7.6　装配式混凝土结构设计 ·· 144

第 8 章　高层混合结构和钢结构设计 ··· 147

　8.1　一般规定 ·· 148

　8.2　材料 ·· 152

　8.3　设计与构造 ·· 154

　8.4　连接设计 ·· 178

第 9 章　大跨度钢结构及空间结构设计 ······································· 189

　9.1　一般规定 ·· 190

　9.2　材料 ·· 192

　9.3　防腐和防火 ·· 195

　9.4　桁架结构 ·· 198

　9.5　网格结构 ·· 201

　9.6　预应力钢结构 ·· 203

　9.7　构件设计 ·· 208

　9.8　节点设计 ·· 210

第 10 章　结构隔震和消能减震(振)设计 ····································· 215

　10.1　一般规定 ··· 216

　10.2　结构隔震设计 ··· 217

　10.3　结构消能减震设计 ··· 221

　10.4　结构风振控制设计 ··· 226

　10.5　其他振动控制设计 ··· 229

第 11 章　结构加固改造设计 ··· 235

　11.1　一般规定 ··· 236

　11.2　钢筋混凝土结构 ··· 236

　11.3　砌体结构 ··· 241

　11.4　结构增层 ··· 242

附录 A　建筑工程经济指标参考 ··· 245

附录 B　混凝土结构设计总说明 ··· 251

附录 C　建筑安全生产专篇 ··· 273

附录 D　初步设计说明 ··· 281

附录 E　广州市某项目荷载取值计算书 ······································· 297

附录 F　示例图 ··· 301

第1章 总 则

1.0.1　本措施是根据国家及地方现行设计规范、标准、规程与规定的条文原则，结合广东省建筑设计研究院有限公司（以下简称我院或 GDAD）多年设计实践经验、结构创新技术及各类型建筑结构设计特点编制而成。在我院建筑结构设计工作中，除遵守国家及地方现行规范、标准与规程外，尚应执行本措施。

1.0.2　本措施主要适用于国内新建、改建、扩建、加固的建筑结构设计，工业建筑、市政工程或境外的建筑项目可根据具体情况参照使用。

1.0.3　本措施主要适用于抗震设防烈度 6～8 度地区的建筑结构设计，抗震设防烈度 9 度地区的建筑可根据具体情况参照使用。

1.0.4　结构专业应与建筑、设备等专业密切配合，结合工程具体情况做到精心设计。结构设计应根据使用要求、工程特点、地质水文环境等条件，以及材料和施工等具体情况，结合工程实践经验，做到安全适用、经济合理、技术先进和确保质量，并应阐述对特殊施工条件的要求。

1.0.5　结构设计应重视概念设计，判断计算结果合理、有效，确保结构整体具有足够的承载力、刚度及稳定性，避免因部分结构或构件破坏而导致整个结构丧失承载能力和稳定。

1.0.6　新型构件和复杂节点设计应进行精细有限元分析，必要时应提出结构模型试验验证或监测要求。当采用的新技术无国家或地方相关标准作为设计依据时，应由建设主管部门或符合要求的有关机构组织专家委员会论证后方可使用。

1.0.7　应积极推广装配式建筑等绿色建造新技术、新工艺，装配式建筑结构方案应因地制宜并确保连接构造安全、可靠，宜优先应用我院自主研发的装配式创新技术。

1.0.8　结构设计应积极配合推进建筑信息模型（BIM）技术在工程设计、施工和运行维护全过程的应用，构建建筑信息模型及编制设计文件宜采用正向设计方法。

1.0.9　对既有建筑进行改建、扩建及加固时，应充分了解原设计标准、用途、结构现状及后续使用标准、功能要求，依据鉴定、试验、施工质保等基础资料，综合考虑结构安全性、经济合理性、施工可行性等因素，精心设计。

1.0.10　结构设计说明应采用 GDAD 标准格式的说明文件，施工图设计通用图应采用国家标准图及 GDAD 通用图。

1.0.11　当采用标准格式文本、标准图、通用图、重复使用旧图及套用图纸时，应在了解原设计依据、规范版本及建造实施中可能作了修改的前提下，先明确其设计意图及计算数据以正确选用，并应结合具体工程的实际情况对所选用的图纸进行必要的复核、修改与补充，以确保结构安全和设计质量。

1.0.12　执行本措施时，应综合考虑工程建设所在地区施工技术条件、当地常用做法及图审公司意见，境外的工程尚应考虑当地的设计标准及规范。存在与本措施不一致情况时，应由专业负责人提出，经审核、审定同意后方可调整。

1.0.13 当广东省外工程结构设计中参考及引用广东省标准时，应与项目当地建设主管部门及图审公司做好沟通，提供充分的论证及说明资料，经确认后方可执行。

【说明】：现行主要的广东省结构设计相关标准如下：

1.《高层建筑混凝土结构技术规程》DBJ/T 15-92-2021

2.《高层建筑钢-混凝土混合结构技术规程》DBJ/T 15-128-2017

3.《钢结构设计规程》DBJ 15-102-2014

4.《建筑地基基础设计规范》DBJ 15-31-2016

5.《建筑结构荷载规范》DBJ/T 15-101-2022

第 2 章　结构设计的基本要求

2.1 结构说明及结构技术条件

2.1.1 工程项目设计开始前，结构专业设计负责人必须根据工程项目所在地的地理环境与自然条件、建筑使用功能等提出设计依据和设计要求，形成结构设计说明（初步设计阶段）和结构设计技术条件（施工图设计阶段）。结构设计说明和结构技术条件经审核、审定、审阅确认后，成为设计文件中的重要组成部分。

2.1.2 初步设计阶段的结构设计说明内容包括：

1 工程概况（工程地点、建筑规模、工程分区、建筑特征、主要功能等）；

2 设计依据（设计基准期及结构设计工作年限、自然条件、设计遵循的规范文件、计算软件及版本等）；

3 建筑分类等级（根据有关规范确定的各类设计等级，结构耐久性要求等）；

4 主要荷载（作用）取值（楼面使用荷载及特殊荷重、风荷载、雪荷载、地震作用、温度作用、人防荷载等）；

5 上部及地下室结构设计（结构形式及结构体系的选择、结构缝的设置、转换层的设置、超长结构控制措施等）；

6 地基基础设计（工程地质概况、基础选型说明、抗浮措施等）；

7 结构分析（结构计算参数、主要控制性计算结果，结构超限情况判别等）；

8 主要结构材料，结构新技术的推广及应用；

9 其他特殊情况的说明（如业主或主管部门对工程的特殊要求、结构试验要求、沉降观测要求等）；

10 初步设计文件应包含的设计图纸：基础、地下室、标准层、特殊楼层及结构转换层的结构布置平面图，钢结构空间或平面布置图及主要节点构造图，图面深度要求标注标准构件定位尺寸、主要构件截面尺寸、较大的设备预留孔洞位置，必要时尚应提供特殊结构部位的构造简图。

2.1.3 初步设计阶段应判断工程项目是否超限，界定为不超限的工程，应在初步设计文件中说明判断依据；界定为超限的工程，应进行超限工程抗震设防专项可行性设计论证，经 GDAD 院内评审后方可对外提交超限审查。

2.1.4 建筑结构超限工程抗震设防专项设计可行性论证报告内容包括：

1 工程概况（工程地点、建筑规模、工程分区、建筑特征、主要功能、建筑总平面图、建筑剖面图、建筑效果图等）；

2 设计依据（设计遵循的规范文件、设计参考资料、计算软件及版本等）；

3 设计条件（设计基准期及结构设计工作年限、自然条件、工程场地安全性评价、楼面使用荷载及特殊荷重、风荷载、雪荷载、地震作用、温度作用等）；

4 结构布置、选型和材料（地上结构结构形式及结构体系的选择、结构缝的设置、转换层的设置、构件材料及强度要求、主要构件的尺寸、基础选型说明等）；

5 地下室结构设计（结构形式及结构体系的选择、结构缝的设置、转换构件的设置、超长结构控制措施等）；

6 结构超限类型和程度判别；

7 抗震设防要求及抗震性能目标（构件抗震性能水准、构件抗震等级要求、构造措施要求、各控制性指标限值要求等）；

8 弹性计算结果及分析（结构计算参数、主要控制性计算结果，弹性时程分析结果、中震等效弹性计算结果等）；

9 屋盖超限工程的抗风抗震计算结果（屋盖挠度和整体稳定、钢结构构件、杆件应力比，下部支承结构的水平位移和扭转位移比、主要构件的轴压比、剪压比等）；

10 弹塑性分析结果（静力弹塑性或动力弹塑性分析计算参数及计算结果）；

11 结构专项分析（根据结构特点和超限情况确定，如整体稳定分析、抗连续倒塌分析、复杂节点分析、楼板应力分析、温度应力分析、转换构件承载力分析等）；

12 超限处理主要措施及结论（设计和构造措施、计算手段及超限设计结论等）。

2.1.5 结构设计技术条件是在初步设计阶段的结构设计说明基础上，结合施工图阶段的详勘资料、经济指标要求及各专业的设计条件等资料，由结构专业负责人制定并经审核、审定确认的施工图设计阶段指导性技术文件。设计人应依照结构设计技术条件的原则及要求进行设计，如项目设计情况有变化导致原定的技术条件需作相应调整时，应经审核人同意后方可改动。

2.1.6 结构设计技术条件（施工图设计阶段）一般包括以下内容：

1 工程概况（工程地点、建筑规模、工程分区、建筑特征、主要功能等）；

2 设计依据（设计基准期及结构设计工作年限、自然条件、设计遵循的规范文件、计算软件及版本等）；

3 设计等级及控制指标（根据有关规范确定的各类设计等级、结构设计工作年限、混凝土结构裂缝和挠度的控制要求、结构耐久性要求及整体计算控制指标等）；

4 结构体系及布置原则（结构形式及结构体系的选择、结构缝的设置、构件的抗震等级要求、水平及竖向构件的布置原则、转换层的结构布置、超长结构控制措施等）；

5 主要荷载（作用）取值（楼面使用荷载及特殊荷重、建筑面层说明及附加恒荷载、非承重墙荷载、风荷载、雪荷载、地震作用、温度作用、人防荷载等）；

6 结构计算及分析（结构计算程序的选择、整体计算参数与计算模型的说明、嵌固层的确定、抗浮设计参数、底板及侧墙的计算原则、人防构件等效计算方式等）；

7 地下室与基础设计（基础选型、桩径及承载力、配筋措施、抗浮设计原则、车道设计原则、人防设计构造等）；

8　楼板设计统一要求（楼板厚度、钢筋规格、配筋方式、计算规定等）；

9　梁设计统一要求（梁截面、钢筋规格、构造要求等）；

10　竖向构件设计统一要求（构件截面、轴压比控制要求、钢筋规格、配筋方式、配筋率要求等）；

11　结构施工图设计图纸表达方式（图纸编排要求、构件编号、绘图标准等）。

2.1.7　GDAD 结构设计标准化系列文件，包括《混凝土结构设计总说明》（附录 B）等标准图，及《建筑安全生产专篇》（附录 C）、《初步设计说明》（附录 D）等标准格式文本，凡适用的工程项目，设计人员应根据工程设计阶段及项目情况选用我院标准格式的图纸及文本。

2.2　结构计算及计算机辅助设计

2.2.1　计算所采用的计算程序应采用经过技术鉴定的现行有效版本。

2.2.2　结构计算应根据建筑物的层数、结构类型、荷载、平面形状及楼层结构布置等条件选择正确的计算软件进行上机计算。体型复杂、结构布置复杂以及 B 级高度的高层建筑结构，应采用至少两个不同力学模型的结构分析软件进行整体计算。

2.2.3　结构计算前，应做好结构布置简图，并将上机前的基本数据以书面形式列出，其内容应包括建筑层与结构层、结构计算标准层、层荷载标准值的录入数值、填充墙荷载计算值、构件截面及材料选用等，其中荷载计算书可参照附录 E 的格式编写。计算的基本数据应经专业负责人及审核人确认后方可录入，并作为计算书的组成部分进行归档。

2.2.4　应对计算结果的正确性进行鉴别判断。判断可以按下列项目进行：自振周期、振型曲线、地震作用、水平位移（角）、内外力平衡、对称性、渐变性和合理性、墙柱轴压比及梁、墙、柱配筋率等（具体可参照 5.5 节要求），发现有异常情况须查找原因，并对计算基本数据进行调整和修改，再次上机计算，确认计算结果正确后，方可作为施工图设计依据采用。

2.2.5　电算计算书应注明所采用的计算程序名称、代号、版本及编制单位，并按照工程概况、荷载计算书、总体输入信息、计算模型、几何简图、荷载简图及结果输出等顺序整理成册、分类装订，统一采用本院各类封面编上册号，注明成册日期。

2.2.6　手算计算书（或自编小程序计算）应绘出构件平面布置简图和计算简图，内容完整清楚，计算步骤要条理分明，引用数据应有可靠依据，构件编号及计算结果应与设计图纸一致。采用计算图表及不常用的计算公式应注明其来源。

2.2.7　采用结构标准图或利用原设计图时，应结合工程情况进行必要的核算并列作计算书的内容。

2.2.8 计算书作为设计文件的重要组成部分应进行校审。全套计算书完成后，计算、设计、校对、审核人各自签名并加盖注册章，与全套施工图纸一起组成完整的施工图审查送审文件。

2.2.9 建筑结构宜采用建筑信息模型（BIM）正向设计，利用 BIM 模型三维空间检查和专业间协同的优势，提高结构设计质量。结构专业 BIM 模型深度要求详见 GDAD 标准《混凝土结构 BIM 设计总说明》。设计人员应根据规定的深度等级，完成 BIM 模型的创建工作。

2.2.10 BIM 模型建立前，各专业负责人共同确定专业间的模型协同方式，并协调统一标高、轴网等关键的模型定位线，避免出现由于标高或项目基点不统一而无法协同检查的问题。

2.2.11 基于 BIM 模型生成的图纸应满足国家与我院出图的标准。在国标 BIM 模型交付标准颁布前，BIM 模型应满足 GDAD 标准《结构 BIM 技术指导手册》的相关要求。出图前应对尺寸标注、构件的二维注释、构件的属性内容进行检查，以确保所有的链接数据有效、可见。此外，应对剖切视图进行检查，以确保其深度满足制图要求。

2.2.12 由于 BIM 软件功能的限制，BIM 生成的部分图纸可能需要导出到 CAD 平台进行修改。在 BIM 模型或图纸导出到 CAD 平台后，设计人员应确保 BIM 中的变更信息都被更新到 CAD 文件中，以确保输出的为最终工程设计施工图。

2.3 施工图设计的要求

2.3.1 结构专业施工图设计文件应包含图纸目录、设计说明、设计图纸、计算书。

1 图纸目录：应按图纸序号排列，先列新绘制图纸，序列为结构总说明、建筑安全生产专篇（附录 C）、结构通用图、基础平面、桩基大样及说明、地下室底板结构平面、竖向构件定位及配筋图、水平构件定位及配筋图，后列选用的重复利用图纸和标准图。

2 每一单项工程应编写一份结构设计总说明，对多子项工程宜编写统一的结构施工图总说明。结构设计总说明可参阅 GDAD 统一标准图，并根据工程情况增加或修改。

2.3.2 结构施工图设计应适应建筑信息模型（BIM）技术的发展，尽量利用计算机软件自动出图，设计软件出图应符合 GDAD 制图标准的要求。

2.3.3 除特殊要求的项目外，钢筋混凝土结构施工图采用平面整体表示方法（简称平法），可根据国标图集 G101 系列结合 GDAD 梁、柱、剪力墙平面表示法及构造详图选用。

2.3.4 钢结构施工图内容和深度应能满足进行钢结构制作详图设计的要求，不包括钢结构制作详图。钢结构制作详图应由具有钢结构专项设计资质的单位完成，设计深度由钢结构加工制作单位确定，其最终技术成果由我院确认符合设计要求。

2.3.5 结构专业应与建筑专业配合确定柱网平面定位、轴线编号及定位尺寸，做到规范化和科学性。轴线编号应正确区别主、次轴线的用法，主轴线一般为竖向构件的定位轴线。一般地，边柱以其外边缘定位，中间柱以底层柱中定位，剪力墙以墙中或不收级一侧定位，变形缝以缝两侧的双柱或墙柱净距定位，且必须采用主轴线。上层的主轴线编号应出现于基础平面或首层结构平面中，否则只可编为次轴线。整体骨架结构中的填充墙定位轴线应编为次轴线，不可将其套用到整体骨架结构中。

2.3.6 结构平面图应包含"轴线及竖向构件定位图"及"楼层配筋平面图"，一般要求如下：

1 "轴线及竖向构件定位图"可结合柱的平法施工图，在图中标注柱的截面及配筋（附录F示例图1、示例图2）。

2 "结构平面图"一般分为"梁配筋平面图"（附录F示例图3）及"板配筋平面图"（附录F示例图4），梁钢筋采用平法表达并应尽量在同一张图表达，复杂的、小比例的楼层结构平面，可将框架梁与次梁的配筋分两张图表示；板配筋图按"直接正投影法"绘制，楼板钢筋的配置图可理解为一种"形象"的、能提供实际操作的表示方法。

3 结构平面图上应清楚明确地表示出梁、柱、墙等构件与邻近轴线的关系尺寸。尺寸线应归类（通常分为总尺寸、柱网尺寸、构件定位尺寸等），所注尺寸应尽量靠近要表示的构件，位于平面中部及远端的构件定位尺寸应另加标注。

4 悬挑构件的定位尺寸应标注支承端轴线（或梁中、梁边）至构件端部的距离，孔洞除标注与轴线或柱、梁、墙距离的定位尺寸外，还需标注其净空尺寸，并与其他专业取得一致。

5 框架梁及次梁编号采用顺序编号（KL1，KL2，KL3，…），先由图纸左下方开始按数字轴线向上编排梁号，然后按字母轴线向右编排梁号，以右上方结束；多根梁的跨度、跨数、截面尺寸及配筋均相同时，可采用相同编号，同一编号的构件可只注其中一个构件的截面尺寸及配筋，其余仅注编号即可。

6 平面图上框架柱及楼板的编号采用顺序编号（KZ1，KZ2，KZ3，…，B1，B2，B3，…），应从左下方开始，以右上方结束；中间需加插某一构件时，其编号应以其邻近同类构件的编号加下标表示；连续编号中有删除造成缺号的要在图面上加以说明。

7 同一基本标高的楼层如局部标高不同，应分别标出或加以说明，必要时应绘以剖面示意；若干个楼层共用同一结构平面表示时，应在图纸上列表交代清楚。

8 结构平面（楼板面）标高应是建筑平面完成面标高减除建筑装饰面层厚度，结构平面图（楼板面）应标注结构标高。

9 楼梯间可绘斜线注明编号与所在详图号。

10 电梯间机房结构平面布置（楼面与顶面）图应包括梁板编号、板的厚度与配筋、预留洞大小与位置、板面标高及吊钩平面位置与详图。

11 屋面结构平面布置图内容与楼层平面类同，当结构找坡时应标注屋面板的坡度、坡向、坡向起终点处的板面标高，当屋面上有留洞或其他设施时应绘出其位置、尺寸与详图，女儿墙或女儿墙构造柱的位置、编号及详图。

12 当选用标准图中节点或节点构造详图时，应在平面图中注明详图索引号。

13 平面图中的文字说明应尽量简短，文字文法应简要、准确、清楚，文字叙述的内容应为该图中的特殊情况或者是具有代表性的大量情况。

14 需作沉降观测的工程，应在首层结构平面给出沉降观测点布置或另绘制沉降观测点布置图。

2.3.7 竖向构件详图的绘制要求如下：

1 柱配筋大样图应结合轴线及墙柱定位图表达，GDAD 标准包括平面表示法和表格表示法两种设计图表，设计人可根据工程实际需要参考选用。

2 剪力墙平法施工图可参照国标图集 22 G101-1 采用列表注写或截面注写的方式（附录 F 示例图 5、示例图 6），图中应标注剪力墙、连梁及边缘构件的截面尺寸和配筋、预留孔洞尺寸及加强配筋等。

2.3.8 基础图的绘制要求如下：

1 桩基础平面图应绘出桩截面、桩顶标高及定位尺寸（附录 F 示例图 7、示例图 8），桩基础大样应选用 GDAD 结构设计实用图集中的桩施工大样及说明详图。

2 条形基础、扩展基础及桩承台应根据 GDAD 结构设计实用图集中相关表格大样及说明详图选用。

3 当采用人工复合地基时，应绘出复合地基的处理范围、置换桩的平面布置及构造详图；注明复合地基的承载力特征值及压缩模量、处理深度及置换桩的材料和性能要求等有关参数和检测要求。

4 扩展基础应绘制基础剖面、基础圈梁，并应标注总尺寸、分尺寸、标高及单独基础定位尺寸等。无筋扩展基础尚应绘制防潮层位置。

5 筏形基础、箱形基础可参照现浇楼面梁、板详图的方法表示，但应绘出承重墙、柱的位置。当要求设后浇带时，应表示其平面位置并绘制构造详图。

6 对于地下室侧墙或箱基的墙体，应绘出钢筋混凝土墙的平面、剖面及其配筋。当预留孔洞、预埋件较多或复杂时，可另绘制墙的模板图。

7 基础梁可参照现浇楼面梁平面整体表示方法表示。

8 附加说明基础材料的品种、规格、性能、抗渗等级、垫层材料、混凝土保护层厚度及其他对施工的要求。

2.3.9 楼梯详图的绘制要求如下：

1 每层楼梯结构剖面布置及剖面图，注明尺寸、构件代号、标高；

2 梯梁、梯板详图（可用列表法或剖面表示法绘制）；

3 当楼梯不与主体结构整浇时，应绘出梯板与平台板支座构造详图。

2.3.10 钢筋混凝土构件详图的绘制要求如下：

1 纵剖面、长度、定位尺寸、标高及配筋，梁和板的支座；现浇预应力混凝土构件尚应绘出预应力筋定位图并提出锚固要求；

2 横剖面、定位尺寸、截面尺寸、配筋；

3 若钢筋布置较复杂，不易表示清楚时，宜将钢筋分离绘出；

4 对构件受力有影响的预留洞、预埋件，应注明其位置、尺寸、标高、洞边配筋及编号等；预埋件图应绘出其平面、侧面，注明尺寸、钢材和锚筋的规格、型号、性能、焊接要求；

5 除总说明已叙述外需特别说明的附加内容。

2.3.11 常规的现浇钢筋混凝土结构节点构造可采用 GDAD 标准设计通用图，复杂或施工难度较大的节点（桁架节点、钢管混凝土柱梁柱节点等）应根据工程实际情况绘制节点详图，节点详图应表达节点相关构件的尺寸、定位、钢筋锚固搭接示意，必要时应绘制多个剖面以表达清楚。

2.3.12 预制装配式混凝土（PC）结构施工图应包括以下内容：

1 预制混凝土构件应绘制模板图及配筋图：

（1）构件模板图应表示模板尺寸、预留洞及预埋件位置及尺寸、预埋件编号、必要的标高等；后张预应力构件尚需表示预留孔道的定位尺寸、张拉端、锚固端等。

（2）构件配筋图。纵剖面表示钢筋形式、箍筋直径与间距，配筋复杂时宜将非预应力筋分离绘出；横剖面注明截面尺寸、钢筋规格、位置、数量等。

（3）预制混凝土构件可配合结构平面布置图采用列表法绘制，结构平面图应标注预制构件的编号及定位尺寸。

2 采用预制板（叠合板）时应在结构模板平面图中注明预制板的跨度方向、板号、数量及标高，标出预留洞大小及位置。

3 预制装配式结构的节点、梁、柱与墙体锚拉等详图应绘出平、剖面，注明相互定位关系、构件代号、连接材料、附加钢筋（或埋件）的规格、型号、性能、数量，并注明连接方法以及对施工安装、后浇混凝土的有关要求等。

2.3.13 钢结构设计施工图应包括以下内容：

1 钢结构设计总说明：主体为钢结构、混合结构的工程及钢构件（钢-混凝土组合构件）较多的工程，应单独编制钢结构（或组合结构）设计总说明。

2 基础平面图及详图：应表达钢柱（钢骨）的平面位置及与下部混凝土构件的连接构造详图。

3 结构平面（包括各层楼面、屋面）布置图。应注明定位关系、标高、构件（可用粗单线绘制）的位置、构件编号及截面形式和尺寸、节点详图索引号等；屋盖采用空间网格结构应绘制上（下）弦杆平面图、腹杆平面图、檩条布置图和关键剖面图，平面图中应有杆件编号、截面形式及尺寸、节点编号、形式及尺寸等。

4 构件与节点详图：

（1）简单的钢梁、柱可用统一详图和列表法表示，注明构件钢材牌号、必要的尺寸、规格，并绘制各种类型连接节点详图（可引用标准图）；

（2）格构式构件应绘出平面图、剖面图、立面图或立面展开图（对弧形构件），注明定位尺寸、总尺寸、分尺寸，注明单构件型号、规格；绘制节点详图和与其他构件的连接详图；

（3）节点详图应包括：连接板厚度及必要的尺寸、焊缝要求，螺栓型号及其布置、焊钉布置等。

2.3.14 采用隔震的结构，应绘出隔震支座平面布置图，并应说明隔震支座设计参数；采用消能减震（振）的结构，应绘出消能减震（振）部件（阻尼器、阻尼墙、屈曲约束支撑等）的平面布置图及剖面图，并应说明消能减震（振）部件设计参数。

2.3.15 结构专业施工图制作尚应遵循 GDAD《建筑工程 CAD 制图标准》，结构专业图层、线型、字体及笔宽设置应按表 2.3.15-1、表 2.3.15-2 的要求。

结构专业图层、线型及线宽设置　　　　　　　表 2.3.15-1

专业	结构				
序号	图层	图层说明	颜色	线型	线宽
1	AXIS	轴线	1（红色）	CENTER	0.10
2	COLU	柱	4（青色）	CONTINUOUS	0.25
3	WALL	混凝土墙	4（青色）	CONTINUOUS	0.25
4	BEAM	梁	4（青色）	CONTINUOUS	0.25
5	SLAB	板	222	CONTINUOUS	0.20
6	BASE	基础	2（黄色）	CONTINUOUS	0.25
7	PILE	桩	4（青色）	CONTINUOUS	0.25
8	POST	后浇带	7（白色）	CONTINUOUS	0.20
9	DETL	详图	7（白色）	CONTINUOUS	0.20
10	STAIR	楼梯	2（黄色）	CONTINUOUS	0.25
11	STEL	钢结构	2（黄色）	CONTINUOUS	0.25
12	BURY	预埋件	11	CONTINUOUS	0.35
13	HOLE	洞口	5（蓝色）	CONTINUOUS	0.20
14	HATCH	填充	254	CONTINUOUS	0.10
15	DIM	标注	3（绿色）	CONTINUOUS	0.18
16	TEXT	文字	7（白色）	CONTINUOUS	0.20
17	REIN	钢筋	6（紫色）	CONTINUOUS	0.50

常用结构专业图纸字体样式表　　　　　　　　　表 2.3.15-2

类别		字体名 (SHX font)	字体样式 (big font)	宽度比例	字高 (mm)
图框	建设单位	与建筑图统一			
	项目名称	与建筑图统一			
	图名	与建筑图统一			
目录	标题	与建筑图统一			
	内容	tssdeng. shx	hztxt. shx	0.7	500
图名		黑体	regular	0.8	1000
梁、板标注		tssdeng. shx	hztxt. shx	0.7	250～300
钢筋标注		tssdeng. shx	hztxt. shx	0.7	250～300
说明标题		tssdeng. shx	hztxt. shx	0.7	500
说明文字		tssdeng. shx	hztxt. shx	0.7	500
大样名		黑体	regular	0.7	1000

2.3.16 一项工程施工图设计完成后，应送交图档室存档并办理有关出图手续。提交设计图纸归档的同时应提交包括基础、主体结构（含屋盖结构）、幕墙等完整的计算书，作为技术文件归档存查。

第 3 章　荷载与作用

3.1 楼（地）面、屋面荷载

3.1.1 楼（地）面、屋面均布活荷载应按现行《建筑结构荷载规范》GB 50009 取值，广东省的工程可参考广东省标准《建筑结构荷载规范》DBJ/T 15－101，但不应低于《工程结构通用规范》GB 55001 的取值要求。特殊荷载应根据业主技术要求或参照《全国民用建筑工程设计技术措施（结构篇）》确定，并不应小于上述规范荷载取值。

【说明】：全文强制性工程建设规范《工程结构通用规范》GB 55001－2021（简称《通规》）于 2022 年开始实施，相对于《建筑结构荷载规范》GB 50009－2012（简称《荷规》），民用建筑楼面均布活荷载标准值主要调整见表 3.1.1。

民用建筑楼面均布活荷载标准值主要调整   表 3.1.1

类别	荷载标准值（kN/m²）		类别	荷载标准值（kN/m²）	
	《荷规》	《通规》		《荷规》	《通规》
办公楼	2.0	2.5	医院门诊室	2.0	2.5
食堂、餐厅、一般资料档案室	2.5	3.0	礼堂、剧院、影院、有固定座位的看台	3.0	3.5
实验室、阅览室、会议室	2.0	3.0	公共洗衣房	3.0	3.5
商店、展览厅、车站、港口、机场大厅及旅客等候室	3.5	4.0	健身房、演出舞台、运动场、舞厅	4.0	4.5
无固定座位看台	3.5	4.0	书库、档案库、贮藏室	5.0	6.0
通风机房、电梯机房	7.0	8.0	门厅（办公楼、餐厅、医院门诊部）	2.5	3.0

3.1.2 自动扶梯梯口支承梁荷载应根据厂家的产品规格和荷载参数取用；当不能确定厂家及规格时，常用规格的扶梯支承处荷载可根据图 3.1.2 确定，考虑到具体工程由

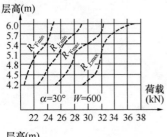

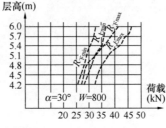

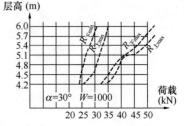

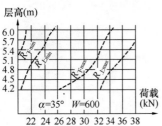

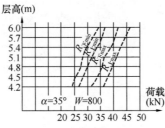

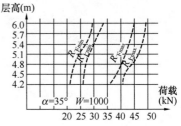

图 3.1.2 自动扶梯支承处荷载

于厂家产品的不确定性或中途可能变换产品，结构设计时扶梯支承处的荷载应取最大值。扶梯荷载 R 上下各两个，荷载 R 之间的作用距离当扶梯净宽 $W=600mm$、800mm、1000mm 时，分别为 800mm、1000mm、1200mm。

3.1.3 高层建筑塔楼范围以外消防车道及消防车登高操作区域的地下室顶板应考虑消防车荷载，其他明确为园林绿化等非车道区域的地下室顶板可不考虑消防车荷载。地下室顶板裂缝宽度验算时可不考虑消防车荷载。

3.1.4 设计楼面梁时，消防车活荷载应作折减，单向楼盖次梁和双向楼盖主、次梁折减系数取 0.8，单向楼盖主梁（框架梁）折减系数取 0.6；计算墙、柱时消防车活荷载可按实际情况考虑，折减系数一般不小于 0.6；设计基础时可不考虑消防车荷载。

3.1.5 消防车轮压等效楼面均布活荷载应综合考虑板跨和不同覆土层厚度确定，折减系数应根据可靠资料确定；根据《建筑结构荷载规范》GB 50009 相关条文及条文说明，常规的 300kN、550kN 总重的重型消防车轮压等效均布活荷载可参考表 3.1.5-1～表 3.1.5-4 选用，其他覆土厚度及板跨时可线性插值选用。

300kN 消防车轮压作用下单向板的等效均布荷载值（kN/m²） 表 3.1.5-1

板跨（m）	覆土折算厚度（m）									
	0	0.5	0.75	1.00	1.25	1.50	1.75	2.00	2.5	≥3.0
2	35.0	32.9	31.9	30.8	29.8	28.7	26.6	24.5	19.6	16.1
2.5	32.5	30.6	29.6	28.6	27.5	26.3	24.6	22.8	18.9	15.6
3	30.0	28.2	27.3	26.4	25.2	24.0	22.5	21.0	18.0	15.3
4	25.0	23.5	22.8	22.0	22.2	20.3	19.1	17.8	15.5	13.5

550kN 消防车轮压作用下单向板的等效均布荷载值（kN/m²） 表 3.1.5-2

板跨（m）	覆土折算厚度（m）									
	0	0.5	0.75	1.00	1.25	1.50	1.75	2.00	2.5	≥3.0
2	42.0	39.5	38.3	37.0	35.7	34.4	31.9	29.4	23.5	19.3
2.5	38.5	36.2	35.1	33.9	32.6	31.2	29.1	27.0	22.3	18.5
3	35.0	32.9	31.9	30.8	29.4	28.0	26.3	24.5	21.0	17.9
4	28.0	26.3	25.5	24.6	23.7	22.7	21.3	19.9	17.4	15.1

300kN 消防车轮压作用下双向板的等效均布荷载值（kN/m²） 表 3.1.5-3

板跨（m）	覆土折算厚度（m）									
	0	0.5	0.75	1.00	1.25	1.50	1.75	2.00	2.50	≥3.0
2.5	40.0	37.2	35.2	33.2	31.6	30.0	27.4	24.8	20.8	17.2
3.0	35.0	33.3	32.1	30.8	29.3	27.7	25.6	23.5	20.0	16.8
4.0	30.0	28.8	28.4	27.9	26.4	24.9	23.3	21.6	18.6	16.2
5.0	25.0	24.8	24.7	24.5	23.9	23.3	21.8	20.3	17.5	15.3
≥6.0	20.0	20.0	20.0	20.0	20.0	20.0	19.2	18.4	16.2	14.2

550kN 消防车轮压作用下双向板的等效均布荷载值（kN/m²）　　表 3.1.5-4

板跨 (m)	覆土折算厚度（m）									
	0	0.5	0.75	1.00	1.25	1.50	1.75	2.00	2.50	≥3.0
2.5	47.0	43.7	41.4	39.0	37.2	35.3	32.2	29.1	24.4	20.2
3.0	42.0	39.9	38.5	37.0	35.1	33.2	30.7	28.1	23.9	20.2
4.0	36.0	34.6	34.1	33.5	31.7	29.9	27.9	25.9	22.3	19.4
5.0	30.0	29.7	29.6	29.4	28.7	27.9	26.1	24.3	21.0	18.3
≥6.0	24.0	24.0	24.0	24.0	24.0	24.0	23.1	22.1	19.4	17.0

【说明】：《建筑设计防火规范》GB 50016 相关条文提出，灭火救援场地应能承受重型消防车的压力要求，对于建筑高度超过100m的建筑，需考虑大型消防车辆灭火救援作业的需求，并举例说明车重75t的消防车的灭火救援场地尺寸及承载力要求。实际上，消防车轮压等效楼面均布活荷载与车轮尺寸及布置相关，目前尚未找到75t登高消防车的轮压资料，根据有关研究，高吨位消防车尽管整车较重，但车轮较多（如63t登高消防车有4个前轮及12个后轮），等效均布活荷载可参考55t消防车综合考虑板跨和不同覆土层厚度确定。

3.1.6　各类客车停车库在设计时活荷载不需考虑动力系数，划定为搬运和装卸重物的楼板区域宜考虑活荷载乘以动力放大系数，放大系数可采用 1.1～1.3，其动力荷载只传至楼板和梁。

3.1.7　地下室顶板应考虑不小于10kN/m²的施工活荷载，荷载分项系数为1.0，设计尚应根据建筑首层平面标高确定覆土允许回填厚度及重量，并应规定不得超载及在回填土上随意挖掘，且不得在顶板上随意行驶超重车辆或堆放重物。

3.1.8　设备、物料荷载较大时，应分析其外形尺寸、设备布置间距、底盘尺寸、物料堆放情况，分别对楼板、次梁、主梁采用不同的荷载取值。另外，应考虑设备吊装就位过程对相关区域结构的不利影响。

3.1.9　高档办公楼及大型商场应充分考虑结构使用年限内楼面使用用途的改变，楼板计算时楼面活荷载宜增加1～1.5kN/m²，设计梁、柱、墙及基础时可不考虑。

【说明】：高档办公楼及大型商场通常为较大开间，客户租售后可能根据实际功能需求局部布置为会议室、储藏室或小型机房，建议楼板配筋计算时适当增加一定板面均布活荷载以满足建筑功能调整的要求。

3.1.10　工业建筑及物流建筑楼面活荷载应根据使用类别及工艺使用要求确定，特殊类别或与科研结合的工业建筑应在充分调研的基础上根据业主提供的荷载条件进行设计，活荷载取值不应小于5kN/m²。普通工业用地和新型产业用地新建产业用房尚应根据各地提高工业用地效率的相关规定确定地面和楼面活荷载。

【说明】：近年来，各地为提高工业用地的使用效率出台了相应的政策，并提出新型产业用地（M0）概念，指的是融合无污染生产、设计、创意、中试和研发等新型产业功能和相关配套服务的用地。不同地区对工业用地上新建工业用房提出了不同的荷载要求，如《广州市提高工业用地利用效率实施办法》（2022修订版）中提出，新型产业用房（不含配套行政办公及生活服务设施）首层地面荷载不低于 $800kg/m^2$，二、三层楼层荷载不低于 $650kg/m^2$，四层以上楼层荷载不低于 $500kg/m^2$；普通工业用房（不含配套行政办公及生活服务设施）首层地面荷载不低于 $1200kg/m^2$，二、三层楼层荷载不低于 $800kg/m^2$，四层以上楼层荷载不低于 $650kg/m^2$。对于政府文件对荷载的要求，一般情况下，应在与业主充分沟通的前提下遵照执行。

3.1.11 当施工或维修荷载较大时，屋面活荷载应按实际情况采用，高低层相邻的屋面，低屋面应考虑施工荷载不小于 $4.0kN/m^2$；其分项系数取 1.0；屋顶花园均布活荷载标准值取 $3.0kN/m^2$，花圃土石材料应另外计算。对于因屋面排水不畅、堵塞等引起的积水荷载，应采用措施加以防止；必要时按积水的可能深度确定屋面活荷载。

3.1.12 屋面直升机停机坪荷载取值应以甲方提供的技术参数为依据，结构设计估算时可参考《建筑结构荷载规范》GB 50009 选取，并应考虑动力系数 1.4。

3.2 墙体和幕墙荷载

3.2.1 当非承重隔墙分布于楼板或次梁全跨时，板上或次梁上的墙荷载根据计算内容取不同的数值：

1 挠度计算：砌块墙体不开洞时可不考虑墙体重量，轻质墙板可按其重量的 40% 计算；

2 弯曲承载力计算：砌块墙体无洞口或洞口在板（梁）跨中的 1/3 范围内且洞口上砌筑高度不小于 500mm 时，可取墙体重量的 40% 或取板（梁）跨度的 1/3 作为隔墙高度的隔墙自重，二者取较大值作为板（梁）每延米均布荷载计算，且不小于 $1.0kN/m^2$；其他情况，应按实际重量计算；

3 剪切承载力计算：不论何种隔墙，均按实际重量计算。

3.2.2 当隔墙分布于楼板或次梁的跨度内局部长度时，均按实际隔墙重量计算。

3.2.3 对固定隔墙的自重应按永久荷载考虑；当建筑设计没有标明隔墙的准确位置或允许灵活布置时，非固定隔墙应采用重度不大于 $8kN/m^3$ 的轻质墙体材料，其自重应取不小于1/3的每延米长墙重（kN/m）作为楼面活荷载的附加值（kN/m^2）计入，且附加值不应小于 $1.0 kN/m^2$，其准永久值系数可取 0.5。

【说明】：本条规定的楼面活荷载附加值是考虑灵活布置的隔墙折算荷载，设计梁、柱、墙及基础时应予考虑。

3.2.4 楼梯、看台、阳台及上人屋面等的栏杆的顶部水平活荷载标准值，一般不应小于 1.0kN/m，中小学校应不小于 1.5kN/m。对中小学校、食堂、剧场、电影院、车站、礼堂、展览馆或体育场，栏杆顶部竖向荷载应不小于 1.2kN/m，竖向荷载与水平荷载应分别考虑。

3.2.5 主体结构计算时建筑幕墙荷重（包含铝合金骨架在内）可取 1～1.5kN/m²，金属幕墙或玻璃幕墙可取低值，石材幕墙宜取高值；幕墙结构计算时应按材料实际重量计算。

3.3 风 荷 载

3.3.1 风荷载标准值应根据《建筑结构荷载规范》GB 50009 附表 D.4 及附图 D.5.3 按结构设计工作年限要求及工程所在区域的具体情况选用，广东省各地区基本风压应根据广东省标准《建筑结构荷载规范》DBJ/T 15-101-2022 相关图表确定。

【说明】：根据规范基本风压表或分布图难以确定地区基本风压的项目，应征询当地建筑主管部门或图审机构确定，不应无依据提高或降低基本风压。

3.3.2 广东沿海地区为台风易发多发区，国际通用的蒲福风力等级对应的风速（m/s）参考表 3.3.2-1，基本风压（kN/m²）对应风速（m/s）见表 3.3.2-2，不同时距风速统计换算见表 3.3.2-3。沿海地区重大项目的主体结构及围护结构设计需提高基本风压时应由业主出具文件作为设计依据。

蒲福风力等级与对应风速（m/s） 表 3.3.2-1

风力级数	对应风速（m/s）	风力级数	对应风速（m/s）	风力级数	对应风速（m/s）
0	0～0.2	6	10.8～13.8	12	32.7～36.9
1	0.3～1.5	7	13.9～17.1	13	37.0～41.4
2	1.6～3.3	8	17.2～20.7	14	41.5～46.1
3	3.4～5.4	9	20.8～24.4	15	46.2～50.9
4	5.5～7.9	10	24.5～28.4	16	51.0～56.0
5	8.0～10.7	11	28.5～32.6	17	56.1～61.2

基本风压与对应风速（m/s） 表 3.3.2-2

风压（kN/m²）	0.50	0.55	0.60	0.65	0.70	0.75
风速（m/s）	28.3	29.7	31.0	32.2	33.5	34.6
风压（kN/m²）	0.80	0.85	0.90	0.95	1.00	1.05
风速（m/s）	35.8	36.9	37.9	29.0	40	41.0

不同时距风速统计换算 表 3.3.2-3

风速时距	1h	10min	5min	2min	1min	30s	20s	10s	5s	瞬时
统计比值	0.94	1	0.97	1.16	1.2	1.26	1.28	1.35	1.39	1.5

【说明】：根据《建筑结构荷载规范》GB 50009 定义，基本风速为空旷平坦地面上 10m 高度处 10min 平均的风速，按 50 年一遇最大值确定。台风登陆时的最大风速指 A 类地貌条件下地面位置 2min 平均最大风速。为简化代换计算，空气密度取海拔 0m 计算。

3.3.3 基本风压的重现期与设计工作年限应一致。对高度超过 60m 的高层建筑，结构水平位移按 50 年重现期的风压值计算，承载力设计时按基本风压的 1.1 倍采用。沿海台风地区围护结构设计采用 100 年重现期的风压值计算。

3.3.4 对于房屋高度不小于 200m 或规范中未涵盖的特别复杂体型的高层建筑，应由风洞试验确定风荷载体型系数、高度变化系数和风振系数等设计参数。

3.3.5 对于复杂造型的大跨度建筑，应由风洞试验确定风荷载体型系数、高度变化系数和风振系数等设计参数。金属屋面体系采用规范提供的体型系数设计时，高风压区及风敏感区的风荷载标准值计算应考虑风压局部增大系数（1.2 和 1.5）。

3.3.6 当建设地点四周地形、建筑布局有较大差别时，可采用有方向差别的地面粗糙度类别。高度大于 100m 建筑的地面粗糙度确定需考虑的最远距离不应小于建筑高度的 20 倍。

【说明】：当建设地点周围地表的建筑物、地形分布情况较为复杂，以建设地点为中心，如果不同方位上其上游地面的粗糙度不同，比如主导方向一侧上游为城市密集建筑群，而另一侧则靠近海洋或较大水面宽度的江河时，应根据不同的来风方向分别确定地面粗糙度类别，即有方向差别的地面粗糙度类别，以避免因笼统选取带来的偏保守或不安全的情况发生。

3.3.7 对于有明确城市规划的城市边缘区域，如建设项目已形成大型密集建筑群，同时考虑未来 10 年内城市发展周边也将形成较密集的建筑群时，风荷载计算时地面粗糙度类别可取 C 类。

3.3.8 对于周边地势平坦的较高山坡或山峰上的高层建筑，风压高度变化系数的取值，应按《建筑结构荷载规范》GB 50009 考虑地形条件的修正系数。

3.4 基础及地下室荷载

3.4.1 地下水作用及抗浮设计应根据地质勘察资料并结合工程所在地的历史水位变化情况确定设防水位，设防水位及水压分布应取建筑物设计工作年限内可能产生的最高水位和最大水压。

当地质勘察报告中未明确提出设防水位时，无承压水时最高水位一般情况下可取室外地坪标高或首层车道入口处标高；对于地势低洼、有淹没可能性的场地，最高水位应根据地形标高变化确定，一般可取设计室外地坪以上 0.50m 高程；有可靠的排水措施降低地下水位时，宜按控制水位的回溢孔标高计算。地下水压力分项系数一般情况下取 1.3。

【说明】：当有历史水文资料记录有与设计工作年限相同时限的场地历史最高水位时，可按场地历史最高水位作为水压力计算标高。实际工程中可能出现后期场地的变化而引起地下水位提高时，应考虑后期建设场地变化对水位的影响确定水压力计算标高。根据广东省标准《建筑结构荷载规范》DBJ/T 15-101-2022，如按建筑物设计工作年限内（包括施工期间）可能产生的最高水位计算承载力时，水压力分项系数取 1.0。根据广东地区特点和广东省工程设计经验，地下室构件可按长期稳定水位进行裂缝验算，若无长期稳定水位资料，构件正常使用极限状态（裂缝）验算时可取常年水位或室外地坪标高下 2~3m，或可按最大水压乘以 0.7 的折减系数进行裂缝验算，但折减后的水压力计算标高不应低于潜水位标高。考虑近年来抗浮事故频出及结构安全度的统一标准，广东省外项目及其他情况下地下水分项系数一般情况下取 1.3。

3.4.2 地下室面积较大且地坪高差较大时，可根据实际情况分段分块确定设防水位。当地下水可向下一级标高分区自行排泄且有完善的地面排水措施时，设防水位按下一级标高区标高计算。

【说明】：地下室外地面高低不同时，可参考图 3.4.2 所示分段采用水头高度，分段大小由设计人根据项目实际情况决定。

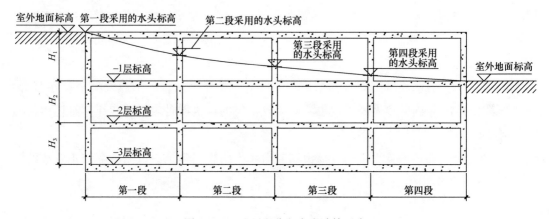

图 3.4.2 地下室分段水头计算示意

3.4.3 计算地下室外墙受弯及受剪承载力时，侧向土压力引起的效应为永久荷载效应，土压力的荷载分项系数取 1.3；地下室侧墙承受的土压力宜取静止土压力；当基坑支护结构采用排桩或地下连续墙时，侧向土压力可乘以 0.7 的折减系数。

地下室底板荷载工况包括：①向下的荷载（底板恒荷载+活荷载）；②水反力作用（按水头高度计，不折减）；③对于人防地下室，取核爆等效静荷载和水浮力之大者进行分析计算。

3.5 其他荷载和作用

3.5.1 当采用偶然荷载作为结构设计的主导荷载时，在允许结构出现局部构件破坏的情况下，应保证结构不致因偶然荷载引起连续倒塌。结构设计中应考虑偶然荷载发生时和偶然荷载发生后两种设计状况。

3.5.2 施工中如采用附墙塔式起重机、爬升式起重机等对结构构件有影响的起重机械，或其他对构件有影响的施工设备时，应根据实际情况补充计算施工荷载对结构的影响，并作必要的构造加强。

3.5.3 当温度作用产生的结构变形或应力可能超过承载能力或正常使用极限状态时，如地下室平面某一方向的平面尺寸超过150m或对温度作用影响较大的钢结构造型等，宜考虑温度作用效应，高耸结构及超长结构尚应考虑太阳辐射引起的外露构件温度作用。

3.5.4 温度作用计算时应考虑正常使用期间及工程施工期间的不利情况。

【说明】：应重视施工阶段温度作用的不利影响，对于主体结构虽已完工但未正式使用（装修阶段）、屋盖结构已合拢但屋面板尚未安装或严寒地区冬季停工等情况均为工程施工阶段的不利状况，应结合地区特点、施工进度安排及施工措施等情况进行温度作用计算及措施加强。

3.5.5 超长混凝土结构的混凝土收缩影响可通过等效当量温度来模拟，等效当量温度可按 -15℃ 估算。当间隔 $30\sim50$m 设置后浇带时，可考虑后浇带 60d 封闭之前混凝土收缩完成 50%；混凝土水化热产生的温差在后浇带封闭之前已经得到平衡，计算时可不作考虑；地下室环境温度变化（季节温差）一般可取 -15℃。计算内力时，温度作用的组合值系数、频遇值系数和准永久值系数可分别取 0.6、0.5 和 0.4，应力折减系数 K 取 0.3，混凝土弹性模量折减系数为 0.9。

第4章　结构设计的基本规定

4.1　一　般　规　定

4.1.1　工程结构设计时应根据项目的实际情况确定结构的设计使用（工作）年限，并应根据结构破坏可能产生的后果严重性，采用不同的安全等级。工程结构安全等级的划分应按《工程结构通用规范》GB 55001 及《建筑结构可靠性设计统一标准》GB 50068 确定，对特殊的建筑物，其安全等级应根据具体情况另行确定。

【说明】：抗震设防分类为特殊设防类（甲类）建筑其安全等级应为一级，重点设防类（乙类）建筑根据工程项目实际使用功能要求，其安全等级可定为一级或二级。对于安全等级为一级的建筑，结构重要性系数 γ_0 为 1.1，地震作用控制配筋时，仅需对次梁及楼板等非抗震构件承载力计算时考虑结构重要性系数。

4.1.2　结构的设计基准期是指为确定可变作用及与时间有关的材料性能等取值而选用的时间参数，它不等同于建筑结构的设计工作年限，也不等同于建筑结构的寿命。一般设计规范所采用的设计基准期为 50 年，即设计时所考虑荷载和作用的统计参数均是按此基准期确定的，如设计时采用其他设计基准期，则必须另行确定在该基准期内最大荷载的概率分布及相应的统计参数。

4.1.3　当结构使用（工作）年限为 70 年或 100 年时，抗震设计可按批准的地震安全性评价报告提供的地震动参数进行抗震设防，也可将 50 年设计基准期的多遇地震作用乘以 1.15 或 1.35 的系数。

【说明】：对于设计工作年限不同于 50 年的结构，其地震作用需要作适当调整，取值经专门研究提出并按规定的权限批准后确定。当缺乏当地的相关资料时，可参考《建筑工程抗震性态设计通则（试用）》CECS 160：2004 的附录 A，其调整系数的范围大体是：设计工作年限 70 年，取 1.15~1.2；100 年取 1.3~1.4。

4.1.4　建筑物所在地区的抗震设防烈度应根据《中国地震动参数区划图》GB 18306-2015 或现行《建筑抗震设计规范》GB 50011 附录 A 的基本烈度表确定，当工程地质勘察报告确定的设防烈度与区划图不一致时，应协助建设单位委托有关部门做进一步的地震烈度论证再予采用。

4.1.5　对于学校、医院等人员密集场所建设工程抗震设防要求，应按国家标准《中国地震动参数区划图》GB 18306 确定地震动峰值加速度，并根据《建筑工程抗震设防分类标准》GB 50223 确定分类，乙类建筑抗震措施提高一度确定。

【说明】：根据粤震〔2021〕1 号《广东省地震局关于明确学校、医院等人员密集场所抗震设防要求的通知》，学校、医院等人员密集场所按照地震动参数提高一档进行抗震设计，或按照地震基本烈度提高一度采取抗震措施来落实提高要求，或双提高，都符合抗震设防要求。本措施按现行有关抗震设计标准执行。

4.1.6 项目有特殊要求时，设计工作年限为 50 年的重要建筑结构可按设计工作年限 100 年的要求进行耐久性设计。

4.1.7 抗震设计时，应根据工程的实际情况及使用功能确定建筑物抗震设防类别。建筑各区段的重要性有显著不同时，可按结构单元、结构平面范围及上下层结构划分设防分类，但下部区段的类别不应低于上部区段。

1 高层建筑中，同一结构单元内（考虑分缝处理后）经常使用人数超过 8000 人时，抗震设防类别宜划为重点设防类。

2 当塔楼公共及居住建筑与大面积商业裙楼连成同一结构单元时，应根据建筑各区段重要性的不同划分抗震设防类别，裙楼大型商场区域（建筑面积大于 17000m² 或营业面积大于 7000m² 的商业建筑）应划为重点设防类，裙楼以上的塔楼经常使用人数不超过 8000 人时，可划为标准设防类。

3 裙楼商场不属于大型商场但裙楼顶层有大型影院、剧场等文化娱乐功能时，该区域及对应的以下裙楼区域应划为重点设防类，其他商场区域可划为标准设防类。

【说明】：公共或居住建筑的抗震设防类别是否需划为乙类主要由建筑物内部经常使用人数确定，住宅建筑一般为丙类，当办公建筑结构单元建筑面积超过 80000m² 时，可由业主或建筑专业根据建筑档次定位及消防疏散等要求确定经常使用人数，不超过 8000 人时仍可划为丙类，经常使用人数超过 8000 人的办公式公寓宜划为乙类。

对于建筑区段及结构单元的设防类别划分，宜参考以下说明：

1）建筑区段不能简单按结构分缝来划分，应与每个结构单元是否设置独立出入口有关。对于商业建筑，当每个结构单元有单独的疏散出入口，满足本单元的疏散要求时，无论各单元的人流是否相通，可按每个结构单元的规模分别确定抗震设防类别。

2）有地下商场的建筑，当地下商场设有单独对外的疏散出入口，满足地下商场的疏散要求时，无论地上、地下人流是否相通，地下商场和地上商场可以分为两个独立的区段。

3）对于高层建筑，当每个结构单元均有单独的疏散出入口时，可按每个结构单元的规模分别确定抗震设防类别。

4.1.8 高层建筑的围护结构及非结构构件应根据其使用要求确定其结构设计工作年限及结构重要性系数；对设计工作年限为 25 年的结构构件，可根据各类材料结构设计规范确定结构重要性系数。

【说明】：与《建筑结构可靠性设计统一标准》GB 50068 不同，《工程结构通用规范》GB 55001 对建筑结构的使用年限规定中不包含易于替换的结构构件的规定，应注意一般情况下结构构件设计工作年限应同整体结构，设计工作年限为 25 年的结构构件仅为易于（可）替换的结构构件，一般指可更换的混凝土预制构件（非叠合构件）或钢结构柱间支撑、钢网架部分杆件等，在局部维修、加固时可调整该部分替换杆件的使用年限。

4.2 结构体系与结构形式

4.2.1 结构体系与结构形式的合理选择是结构设计的首要环节,必须慎重对待。力求选用承载力高、抗风及抗震性能好的结构体系和结构布置方案,选用的结构体系应受力明确、传力途径简捷。同时,应结合工程特点,在结构安全及经济的前提下注重美观,满足建筑艺术及功能要求。

4.2.2 多高层建筑结构选型必须在对建筑物的使用要求、工程特点、自然环境、材料供应、施工技术条件、抗震设防、地质地形等情况充分调查研究和综合分析的基础上进行,必要时还应进行多方案比较,择优选用。

4.2.3 空间结构选型应结合建筑使用及造型需求,充分考虑建筑环境、材料供应、制作条件、安装方法与投资限额等综合因素,合理选用结构体系及节点构造,提高现场安装效率,满足结构安全、经济适用及绿色节能等要求。

4.2.4 结构构造必须从概念设计入手,加强连接,保证结构有良好的整体性、足够的强度和适当的刚度。对有抗震设计要求的结构,结构设计应考虑地震作用的影响,采取必要的抗震构造措施,保证结构的弹塑性和延性;对结构的关键部位和薄弱部位,应采取加强构造措施,提高结构和接头处的整体抗震能力。

4.2.5 结构的净空尺寸除满足建筑限界和建筑设计要求外,尚应考虑施工误差、结构变形、基坑变形、沉陷等因素予以确定。

4.2.6 对抗震、抗风安全性能和使用性能有较高或专门要求的建筑结构可采用隔震或消能减震(振)设计。

【说明】:结构的隔震和消能减震(振)技术是一种有效地减轻地震和风振灾害的技术,能明显地改善结构的抗震(振)性能,现已比较成熟,建议在高烈度区或风压较大地区推广采用。根据《建设工程抗震管理条例》,位于高烈度设防地区、地震重点监视防御区的新建学校、幼儿园、医院、养老机构、儿童福利机构、应急指挥中心、应急避难场所、广播电视等建筑应当按照国家有关规定采用隔震减震等技术,保证发生本区域设防地震时能够满足正常使用要求。

4.2.7 多高层建筑结构类型主要有钢筋混凝土结构、钢结构与混合结构等类型。结构设计中建筑各区段可全部采用一种结构类型,也可根据项目实际情况采用不同的结构类型(如下部采用混合结构、上部采用钢筋混凝土结构或钢结构)。

【说明】:当建筑各区段采用不同的结构类型时,应根据不同类型对应不同的规范进行设计,计算分析时,阻尼比及层间位移角限值等控制参数可针对不同的类型和结构体系分区段确定。

　　一般情况下，钢筋混凝土结构适用范围广及经济性较好，对于常规的多高层建筑宜优先选用；混合结构的抗震性能优于钢筋混凝土结构，防火性能优于钢结构，超高层建筑可根据需要选用；采用钢筋混凝土结构时，也可根据需要部分构件采用型钢（钢管）混凝土，层数多、平面面积利用率要求高的超高层建筑的框架柱宜优先选用钢管混凝土柱。对于大跨度的场馆建筑的屋盖结构，应优先采用钢结构，设计上应合理选择结构形式以形成空间结构，并合理地控制用钢量。

　　4.2.8　目前国内多高层建筑采用的结构体系主要有：

　　1　钢筋混凝土结构：框架结构、剪力墙结构、部分框支剪力墙结构、框架-剪力墙结构、板柱-剪力墙结构、筒体结构（包括框架-核心筒结构、筒中筒结构等）、巨型结构和悬挂结构等；

　　2　钢结构：框架结构、框架-中心支撑结构、框架-偏心支撑（延性墙板）结构、筒体结构（包括框-筒、筒中筒、桁架筒、束筒等）和巨型框架结构等；

　　3　混合结构：钢框架-钢筋混凝土核心筒结构、型钢（钢管）混凝土框架-钢筋混凝土核心筒结构、巨型框架-钢筋混凝土核心筒结构、钢外筒-钢筋混凝土核心筒结构、型钢（钢管）混凝土外筒-钢筋混凝土核心筒结构等。

　　【说明】：各种结构体系应根据抗震设防烈度确定结构的适用高度，对于下部采用混合结构、上部采用钢筋混凝土结构或钢结构的高层建筑钢-混凝土混合结构，当采用混合结构部分的高度超过建筑总高度的1/2（含1/2）时，适用高度可按广东省标准《高层建筑钢-混凝土混合结构技术规程》DBJ/T 15-128 或《高层建筑混凝土结构技术规程》DBJ/T 15-92中混合结构的相关规定确定，当采用混合结构部分的高度小于建筑总高度的1/2时，适用高度宜按《高层建筑混凝土结构技术规程》JGJ 3 或广东省标准《高层建筑混凝土结构技术规程》DBJ/T 15-92中钢筋混凝土结构的相关规定确定。

　　4.2.9　超高层建筑在结构体系构思时，必须优先考虑建筑的高度和高宽比合适的结构体系，结构高度大于结构体系适用高宽比较多时，宜采用强度和延性更好的结构材料和结构体系，如钢-混凝土混合结构、巨型框架-筒体结构等。

　　【说明】：高层建筑结构高宽比的规定，是对结构整体刚度、抗倾覆能力、承载能力以及经济合理性的宏观控制指标，高宽比越大，超高层建筑设计难度越大，突破时需从结构体系、结构材料等各方面综合考虑，通过性能化设计，使结构满足承载力及刚度的需求。对于超高层建筑，用于抵抗侧向荷载引起的倾覆弯矩的竖向构件之间的距离宜尽量加大，并将竖向荷载尽可能传递至抵抗侧向荷载的竖向构件，使抵抗侧向荷载的竖向构件承受轴向压力，减少承受拉力或弯矩。

　　4.2.10　高层建筑塔楼与裙楼结构连成整体时，塔楼与裙楼可根据建筑功能及结构高度采用不同的结构体系，结构设计应控制裙楼结构的扭转位移比；塔楼偏置及裙楼面积较大时，宜利用裙楼的楼、电梯间设置适量的剪力墙。

4.2.11　大跨度空间结构体系可分为刚性体系、柔性体系和杂交体系，常用空间结构包括刚架结构、桁架结构、拱架结构、空间网格结构、带索（预应力）钢结构等，应优先选用高强轻质材料。

4.2.12　大跨度结构设计应构建稳定的空间结构体系，保证结构的稳定性及整体性，避免关键构件失效导致结构垮塌，结构稳定性分析均宜同时考虑几何非线性和材料非线性。

4.2.13　空间结构体系宜具有内力重分布机制，不宜采用满应力设计。对关键部位的杆件应降低应力水平。

4.2.14　各种类型结构应根据结构体系特点、建筑功能及绿色建造等要求合理确定楼（屋）盖体系及结构材料，满足结构强度和刚度要求，以及结构耐久性、耐火极限、可变功能的适应性和全生命周期经济性要求。

【说明】：常用的楼（屋）盖结构按结构受力划分有梁板体系、平板体系（无梁楼盖）；按结构材料划分有钢筋混凝土楼盖和组合楼盖；按施工方法划分有现浇楼（屋）盖、预制装配式楼（屋）盖和装配式整体楼盖。钢筋混凝土结构、混合结构或钢结构多高层建筑可根据项目实际情况灵活应用各类型楼（屋）盖体系。楼（屋）盖在竖向荷载作用下，应有足够的承载力和平面外刚度，在水平荷载作用下应有足够的平面内刚度，保证楼（屋）盖能可靠地传递水平和竖向荷载。设计时应优先选择自重轻的楼（屋）盖形式。

4.2.15　装配式建筑的结构设计应执行国家及地方的有关政策和法规，根据技术应用的可靠性、成熟度及地域特点，满足建筑的使用功能和性能要求，针对性地采用装配式混凝土结构、装配式组合结构或装配式钢结构。装配式建筑的装配化程度和水平评价，可按现行国家及地方标准《装配式建筑评价标准》执行。

4.3　结构设计控制要求

4.3.1　结构体系宜具有合理的刚度和承载力分布，应避免结构两个主轴方向动力性能差异过大，宜控制两个主轴方向第一平动周期相差不大于20%；当差异较大时，应对主要抗侧力构件的布置进行调整，但调整不应影响结构的完整性和构件传力的合理性。

4.3.2　正常使用条件下，结构在水平地震及风荷载作用下的弹性水平位移应满足《高层建筑混凝土结构技术规程》JGJ 3、《高层民用建筑钢结构技术规程》JGJ 99及工程建设所在地的地方标准的有关要求。

1　高层建筑的结构体系及结构布置应使结构具有适宜的侧向刚度；房屋高度不小于150m的高层建筑宜使计算的最大楼层层间位移角尽量接近国家规范及地方标准的限值。

2　当建筑设计条件限制，高烈度区的高层建筑在小震作用下的最大楼层层间位移角难以满足规范要求时，应通过调整建筑及结构方案控制超出规范限值的幅度不宜超过

10%，并采取可靠的加强抗震措施或进行抗震性能化设计保证结构的抗震能力，并与工程建设所在地超限审查委员会或施工图审查机构沟通一致后实施。

3 采用广东省标准《高层建筑混凝土结构技术规程》DBJ/T 15-92 进行设计时，按弹性方法计算的风荷载作用下结构的顶点位移与结构总高度之比 U_t/H 不宜大于 1/600，结构舒适度满足规范要求时，风荷载作用下的结构顶点位移限值可适当放松，但不宜大于房屋高度的 1/500；中震作用下的楼层层间最大位移与层高之比 $\Delta u/h$ 不宜大于 1/180。

【说明】：

1. 楼层层间最大位移 Δu 以楼层最大水平位移差计算，不扣除整体弯曲变形。计算地震作用下层间位移时不考虑偶然偏心的影响。当存在地震反应最大的最不利方向时，还应补充该方向的计算。

2. 根据《海南省超限高层建筑结构抗震设计要点（2021 年版）》，基于海南琼北地区近些年工程实践的经验，对 8 度（0.3g）设防按抗震性能化方法设计的超限高层建筑结构，可以适当放松其在小震作用下的弹性层间位移角限值，但不应大于《高层建筑混凝土结构技术规程》JGJ 3 限值的 1.1 倍。

3. 风荷载较大的沿海地区，当结构高宽比较大，舒适度未能满足要求时，可以采用增加结构侧向刚度、采取风振控制措施等来提高结构的舒适度。

4. 广东省标准《高层建筑混凝土结构技术规程》DBJ/T 15-92 采用中震进行构件承载力计算及变形控制，控制中震作用下结构最大层间位移角不大于 1/180，对应需满足小震作用下结构最大层间位移角不大于 1/450，可保证小震作用下非结构构件不因结构变形而发生破损。

5. 对于下部框架顶部排架结构，当有可靠措施控制排架柱开裂时（如设置预应力筋），框排架位移角可按 1/350 参考取值。

6. 在最大层间位移角计算中，应排除软件采用跨层柱节点、独立柱节点的位移进行计算的情况。

4.3.3 高层建筑钢-混凝土混合结构按弹性方法计算的风荷载或多遇地震标准值作用下的楼层层间最大位移与层高之比 $\Delta u/h$ 宜符合以下规定：

1 高度不大于 150m 的高层建筑钢-混凝土混合结构，在满足下列条件的情况下，其楼层层间最大位移与层高之比 $\Delta u/h$ 不宜大于表 4.3.3 的限值：

（1）满足结构填充墙、内隔墙、幕墙等非结构构件对主体结构的刚度要求，不因结构变形而引起损坏；

（2）满足风荷载作用下的舒适度验算要求，验算时阻尼比不大于 1.5%；

（3）满足结构整体稳定性要求；

（4）满足机电设备正常运行的要求；

（5）满足结构中震下的承载力及大震下弹塑性位移角限值的要求。

楼层层间最大位移与层高之比的限值　　　　　　　　　　表 4.3.3

结构体系			限值	
			风荷载作用下	地震作用下
混合框架	普通楼层框架	钢管混凝土柱	1/300	
		钢筋混凝土柱、型钢混凝土柱	1/400	1/500
	顶层排架	钢管混凝土柱	1/250	
		钢筋混凝土柱、型钢混凝土柱	1/350	
框架-剪力墙、框架-核心筒、巨型框架-核心筒			1/500	1/650
板-柱-剪力墙			1/650	
筒中筒、剪力墙			1/600	1/800
除框架结构外的转换层			1/800	

2 高度不小于 250m 的高层建筑钢-混凝土混合结构，其楼层层间最大位移与层高之比 $\Delta u/h$ 不宜大于 1/400（风荷载作用下限值）或 1/500（地震作用下限值）；高度大于 400m 的高层建筑钢-混凝土混合结构，其楼层层间最大位移与层高之比不宜大于 1/350（风荷载作用下限值）或 1/450（地震作用下限值）。

4.3.4 抗震设计时应采取有效的措施减少扭转效应对结构的不利影响，应使扭转周期比及扭转位移比符合规范的有关要求。

1 在规定的水平力作用下，楼层两端抗侧力构件的弹性最大水平位移不宜大于该楼层最大与最小位移平均值的 1.2 倍；楼层的最大水平位移值不大于规范限值的 40% 时，可适当放松扭转位移比的限值至 1.6。

2 结构扭转为主的第一自振周期与平动为主的第一自振周期之比不应大于 1.0。

【说明】：

1. 扭转位移比 μ 指楼层竖向构件的最大水平位移与平均位移之比，计算时采用刚性楼板假定。扭转位移比不大于 1.2 倍作为扭转不规则的判别标准，是需要考虑扭转耦联的影响，该限值并非不可突破，当结构整体刚度较大时，A 级高度建筑尚可适当放松扭转位移比的限值至 1.8，但应有相应的加强措施。

2. 台湾"9·21"集集地震等震害表明，扭转刚度较弱的高层建筑易发生严重的损坏甚至倒塌破坏，第一振型为扭转振型对抗震是不利的，此时应对结构布置进行调整。

4.3.5 多遇地震作用下，结构总水平地震剪力及各楼层水平地震剪力应满足《建筑与市政工程抗震通用规范》GB 55002 第 4.2.3 条的要求；当不满足时，应根据不同场地类别的情况，采取措施调整结构总剪力和各楼层的水平地震剪力使其满足最小剪重比的要求。

1 由于不同场地类别上剪重比的控制要求有所区别，一般情况下当场地类别为Ⅰ类及Ⅱ类时，可采用乘以增大系数的办法调整楼层剪力以满足规范要求，而不宜采用加大结构刚度的方法。

2 当场地类别为Ⅲ类及Ⅳ类时，结构的最小剪重比要求宜在规范要求的基础上增加10%，当结构剪重比不满足规范要求时，可通过调整结构总剪力和各楼层水平地震剪力以满足规范要求。

3 当采用乘以增大系数的办法增大底部总剪力以满足规范要求时，结构各楼层的剪力（不论是否满足楼层最小剪力的要求）均应乘以底部总剪力增大系数进行放大调整，当部分楼层剪力仍未满足最小剪力要求时，这些楼层应再继续增大至满足要求。

4 按CQC法计算的底部总剪力不宜小于基底剪力法算得的总剪力的85%。

【说明】：

1. 地震作用的取值与工程结构的抗震能力相关，考虑地震作用及结构抗震能力存在的不确定性，满足最小剪重比是抗震设计的安全底线。目前抗震规范中最小剪重比与设防烈度及结构特性相关，与场地类别无关，最小剪重比宜根据场地类别适当分类，当场地类别为Ⅲ类及Ⅳ类时，结构的剪重比要求宜适当增加。

2. 广东省标准《高层建筑混凝土结构技术规程》DBJ/T 15-92采用中震进行构件承载力计算及变形控制，中震作用下剪重比限值根据设防烈度、场地类别及结构自振周期确定（见表4.3.5-1～表4.3.5-3），规定结构需承担必要的最小地震剪力要求，广东省内项目设计时可参考应用。

Ⅰ类场地楼层最小地震剪力系数值　　　　　　　　　　　表 4.3.5-1

地震烈度	6 度	7 度	8 度	9 度
扭转效应明显或基本周期小于3.5s的结构	0.016	0.03(0.045)	0.06(0.09)	0.120
基本周期大于5.0s的结构	0.013	0.024(0.036)	0.048(0.072)	0.096

注：1. 基本周期介于3.5s和5.0s之间的结构线性插入取值；

2. 7、8度时括号内数值用于设计基本地震加速度为0.15g、0.3g的地区。

Ⅱ类场地楼层最小地震剪力系数值　　　　　　　　　　　表 4.3.5-2

地震烈度	6 度	7 度	8 度	9 度
扭转效应明显或基本周期小于3.5s的结构	0.018	0.034(0.051)	0.067(0.10)	0.135
基本周期大于5.0s的结构	0.014	0.027(0.041)	0.054(0.08)	0.108

注：1. 基本周期介于3.5s和5.0s之间的结构线性插入取值；

2. 7、8度时括号内数值用于设计基本地震加速度为0.15g、0.3g的地区。

Ⅲ、Ⅳ类场地楼层最小地震剪力系数值　　　　　　　　　表 4.3.5-3

地震烈度	6 度	7 度	8 度	9 度
扭转效应明显或基本周期小于3.5s的结构	0.02	0.038(0.056)	0.075(0.113)	0.15
基本周期大于5.0s的结构	0.016	0.030(0.045)	0.06(0.09)	0.12

注：1. 基本周期介于3.5s和5.0s之间的结构线性插入取值；

2. 7、8度时括号内数值用于设计基本地震加速度为0.15g、0.3g的地区。

4.4　超限结构设计

4.4.1　复杂或超限高层建筑平面应采取加强措施减少结构的不规则程度，特别不规则的建筑应进行专门研究，采取特别的加强措施，不应采用严重不规则的结构方案。

【说明】：平面不规则主要包括扭转不规则、凹凸不规则和楼板局部不连续3项，竖向不规则包括侧向刚度不规则（尺寸突变）、竖向抗侧力构件不连续和楼层承载力突变3项，平面或竖向不规则合共超过5项时属于严重不规则结构，严重不规则结构应调整方案和修改结构布置。高层建筑结构不应同时具有转换层、加强层、错层、连体和多塔5种类型中的4种及以上的复杂类型。

4.4.2　超限建筑工程包括常规类型高层建筑、特殊类型高层建筑及超限大跨空间结构三类，超限判断依据为《超限高层建筑工程抗震设防管理规定》（建设部111号令）、《超限高层建筑工程抗震设防专项审查技术要点》（建质〔2015〕67号）及项目建设当地主管部门发布的相关文件，广东省内项目可参考《广东省超限高层建筑工程抗震设防专项审查实施细则》粤建市〔2016〕20号的规定执行。

1　常规类型高层建筑为采用《建筑抗震设计规范》GB 50011、《高层建筑混凝土结构技术规程》JGJ 3和《高层民用建筑钢结构技术规程》JGJ 99中列入的结构体系的高层建筑，超限判别为高度超限及不规则项超限，不属于高层建筑的复杂结构建筑不需界定为超限，可根据项目的复杂程度进行抗震性能化设计。

2　特殊类型高层建筑为采用《建筑抗震设计规范》GB 50011、《高层建筑混凝土结构技术规程》JGJ 3和《高层民用建筑钢结构技术规程》JGJ 99中暂未列入的结构体系的高层建筑，特殊形式的大型公共建筑及超长悬挑结构，特大跨度的连体结构等。大型公共建筑工程的范围，参见《建筑工程抗震设防分类标准》GB 50223说明，超长悬挑结构指主体结构悬挑长度大于15m的悬挑结构，特大跨度的连体结构指连体跨度大于36m的连体结构。超限判别为悬挑结构与连体结构的跨度超限，特殊类型结构体系高层建筑、特殊形式的大型公共建筑宜确定为超限建筑结构。

3　超限大跨空间结构为空间网格结构或索结构的跨度大于120m或悬挑长度大于40m，钢筋混凝土薄壳跨度大于60m，整体张拉式膜结构跨度大于60m，屋盖结构单元的长度大于300m，屋盖结构形式为常用空间结构形式的多重组合、杂交组合以及屋盖形体特别复杂的大型公共建筑。超限判别为结构单元长度、结构跨度及悬挑长度超限，非常规空间结构及屋盖体型特别复杂的大型公共建筑宜确定为超限建筑结构。

【说明】：

1.除广东省外，上海、四川等省市均有当地的超限设计规定，超限结构的判别应依据建设项目所在地的有关标准，设计时应充分了解当地情况及设计原则。项目超限判别有争议时，应提请全国及建设当地超限审查专家委员会办公室审议确定。

2. 局部的不规则，视其位置、数量等对整个结构影响的大小判断是否计入不规则的一项，局部不规则对整体结构计算指标影响不大于5%时可不计入不规则项，主要控制计算指标包括自振周期、基底剪力、侧向刚度（比）等。判别时应有充分的论证，采取有针对性的分析与设计措施，并对重要部位进行加强。

3. 具有较多斜看台的体育场馆及大型火车站房、航站楼等大跨度空间结构可按超限大跨度空间结构进行判别，有关平面不规则项及竖向不规则项判别仅作参考，可不作为不规则项。

4.4.3 建筑结构工程超限设计应提出有效控制结构抗震及抗风安全性的技术措施、对整体结构及其薄弱部位的加强措施，应对所预期的抗震性能目标进行论证，屋盖超限工程尚包括有效保证屋盖稳定性的技术措施。当房屋高度、平面和竖向规则性三方面均不满足规范、规程的有关规定时，应提供充分的依据，如试验研究成果、所采用的抗震新技术和新措施，必要时还应提交不同结构体系的分析对比等。建筑结构工程超限设计可行性论证报告内容参考 2.1.4 条。

【说明】：超限高层建筑工程抗震设防专项审查的送审资料及汇报演示是重要技术文件，为确保超限工程的设计质量及规范超限审查文件的编制，我院超限项目管理应符合以下要求：

1. 结构初步设计阶段（或施工图设计前）应根据项目的情况及国家或地方法规的要求进行工程项目超限判断。凡属于超限审查范围的工程，应进行超限设计可行性研究并提交资料送审，超限设计可行性研究报告应由院专业总工审定。

2. 超限审查文件应在我院《建筑结构工程超限设计可行性论证报告》标准版的基础上完成，可参考范例根据项目的具体情况进行必要的补充，做到文字内容详实，图表资料丰富。

3. 我院所有超限项目均应报至技术质量管理部由院科技委结构专业组进行院内评审，经院内评审通过后方可对外报审。

4.4.4 高层建筑平面布置应减少扭转的影响，周期比不满足要求的高层结构，控制周期比的调整原则是加强结构抗扭刚度，一般需要通过调整平面布置来改善，可采取加强周边结构构件提高结构抗扭刚度的措施，尽量避免采用削弱中间部位剪力墙或核心筒以降低平动刚度的做法。

【说明】：在结构侧向刚度较大、层间位移角小于规范限值的50%时，可适度削弱中部结构和调整结构平动刚度。对于超高层结构的调整，当结构侧向刚度较大，层间位移角较小时，可减小上部竖向构件截面大小或数量，降低结构抗侧刚度，增加平动周期；当层间位移角接近限值时，应优化布置周边竖向及水平向构件，提高抗扭刚度。

4.4.5　当结构扭转位移比不满足规范要求时，可采用调整结构抗扭刚度、调整刚心位置或其他有效方法改进。

1　可通过软件计算结果找出本楼层位移最大的节点，并考虑楼层质心和刚心的偏心率的大小，调整该节点关联区域墙、柱等构件的刚度，减小本楼层的最大位移。

2　最大位移比计算时应剔除跨层柱、层间构件等在层平面内无直接连接的构件。对于一些复杂结构，如坡屋顶层、体育馆、看台等，这些结构或者柱、墙顶标高不在同一平面，或者本层没有楼板，则不需要进行位移比的判断。

3　当裙楼结构位移比超限，调整确实有困难时，可适当加大附加偏心距数值计算地震作用的内力，以加大结构抗扭承载力。

4.4.6　结构平面凹凸不规则通常由建筑方案及平面设计决定，凹凸不规则的结构应通过提高各抗侧构件协同工作能力、改善结构抗扭刚度及保证结构平面的整体性来进行加强。深凹进平面在建筑允许时可在凹口设置连系梁，当梁刚度较小不足以协调两侧的变形时，仍应判别为凹凸不规则。

4.4.7　存在楼板不连续的结构和连体结构应对（薄弱）连接楼板进行计算及构造加强，并补充中震作用下反应谱法楼板应力分析确定薄弱连接楼板的抗震性能；对于楼板不连续程度高且连续二层以上存在楼板不连续的结构和高位连体结构，尚应采用时程分析法进行楼板应力补充计算。

【说明】：

1. 楼板不连续判断时，有效楼板宽度指楼板实际传递水平地震作用时的有效宽度，应扣除楼板实际存在的洞口宽度和楼、电梯间在楼面处的开口尺寸等，当洞口周边有围合钢筋混凝土剪力墙时可不扣除。

2. 当开洞对楼盖整体性影响很大不能视为一个楼层计算时，宜与相邻层并层计算；此时应仔细复核并层后相邻上下楼层的侧向刚度比和受剪承载力比，判断是否存在软弱层或薄弱层；由于开洞较大形成的局部楼板宜按中震弹性复核承载力。

3. 装配式建筑的楼板不连续及薄弱楼板区域应采用现浇钢筋混凝土，不宜采用叠合楼板；采用叠合板时应保证现浇层厚度满足要求，或可采用钢筋桁架楼承板等模板体系进行现浇。

4.4.8　侧向层刚度比应采用考虑层高修正的计算方法。侧向刚度比不足形成软弱层时，可根据工程实际情况调整增大软弱层刚度，或在不造成承载力损失及抗震性能减低的情况下适当削弱软弱层上一层构件刚度来满足要求，否则应按规范要求进行地震力放大调整。

【说明】： 对于具有较多斜看台或坡屋顶层的体育场馆、音乐厅等复杂结构，采用层模型进行结构分析并不合适，可以不考虑结构计算的层刚度特性。对于大底盘多塔结构的层刚度计算，可以只保留塔楼外伸2～3跨的底盘结构。对于错层结构或带有夹层的结构，若层刚度比计算结果不合理，可采用合理简化模型进行计算。

4.4.9 部分框支剪力墙结构应从严控制转换层的刚度比；电算时应选取能反映转换梁与其所支承的上层剪力墙之间变形协调的单元；转换层楼板应选用具有平面内和平面外刚度的板壳单元。

4.4.10 楼层受剪承载力比不满足规范要求的结构薄弱层，可根据工程实际情况适当提高本层构件强度（如增大配筋、提高混凝土强度或加大截面），或适当降低上层构件强度来满足要求，薄弱层应按规范要求进行地震作用放大调整。带斜撑结构的楼层受剪承载力计算中，应判断软件计算结果的合理性，宜按不同方向、不同轴力状态考虑斜撑构件承载力，不应将不同方向斜撑的承载力绝对值相加。

4.4.11 对于加强层，一般应保证刚度比满足规范的要求，使软弱层和薄弱层不发生在同一层。加强层上下层刚度比宜按弹性楼盖假定进行计算，并考虑楼板在大震下可能开裂的影响；伸臂杆件的地震内力，宜按弹性膜楼盖或无板楼盖假定进行补充计算。

4.4.12 刚重比不满足规范要求的超高层结构，若刚重比不小于1.4，可以由设计软件自动计入重力二阶效应的影响；若结构整体侧向刚度偏小，刚重比小于1.4，需要通过提高墙、柱等竖向构件的刚度来满足要求。带大裙房的超高层建筑刚重比计算宜按考虑带裙房和不考虑裙房的结果包络控制。

4.4.13 结构抗震性能设计应分析结构方案的特点，选用适宜的抗震性能目标，并采取满足预期的抗震性能目标的措施。一般情况下（6度、7度）总体按C级抗震性能目标控制，谨慎选用D级性能目标设计，高烈度区（8度）总体按D级抗震性能目标控制。设防地震作用的计算应着重承载力的复核，罕遇地震作用的计算应着重受剪承载力的复核及弹塑性位移角的控制。

【说明】：根据《建设工程抗震管理条例》第十六条，位于高烈度设防地区、地震重点监视防御区的新建学校、幼儿园、医院、养老机构、儿童福利机构、应急指挥中心、应急避难场所、广播电视等建筑应保证发生本区域设防地震时能够满足正常使用要求。8度设防区的上述工程，应采用隔震减震技术。对6度及7度（0.1g）场地的上述工程，可设定结构抗震性能目标为B级，以满足震时正常使用的要求，条件许可时鼓励采用隔震减震技术。对于需保证震时正常使用的建筑，可参考《基于保持建筑正常使用功能的抗震技术导则》进行设计。

4.4.14 C级性能目标的框架-核心筒结构构件抗震性能设计要求可参考表4.4.14。

C级抗震性能目标的结构构件承载力设计要求 　　表4.4.14

结构构件		小震	中震	大震
关键构件	转换柱 转换梁	弹性	抗弯、抗剪弹性	抗弯、抗剪不屈服
	底部加强区重要剪力墙	弹性	抗弯不屈服，抗剪弹性	抗弯、抗剪不屈服

续表

结构构件		小震	中震	大震
普通竖向构件	其他部位剪力墙	弹性	抗弯不屈服，抗剪弹性	部分抗弯屈服，抗剪不屈服
	框架柱	弹性	抗弯不屈服，抗剪弹性	部分抗弯屈服，抗剪不屈服
耗能构件	框架梁	弹性	部分抗弯屈服，抗剪不屈服	较多屈服，满足抗剪截面要求
	连梁	弹性	部分抗弯屈服，抗剪不屈服	较多屈服，满足抗剪截面要求
其他构件	支承框架梁的连梁	弹性	抗弯不屈服，抗剪弹性	抗剪不屈服

4.4.15 C 级性能目标楼盖的抗震性能目标可参考表 4.4.15。

楼盖构件的抗震性能水准　　　　　　　　　　　　　表 4.4.15

楼盖构件	小震	中震	大震
一般楼盖	弹性	抗拉不屈服，抗剪弹性	个别抗拉屈服，抗剪不屈服
薄弱连接楼盖	弹性	拉弯不屈服、抗剪弹性	抗剪不屈服
转换层楼板	弹性	抗弯、抗剪弹性	抗剪不屈服

4.4.16 对扭转不规则结构可采取以下加强措施：

1 适当降低周边竖向构件的轴压比和剪压比。

2 加强外围墙肢延性，对 B 级高度超限结构底部加强部位剪力墙，其约束边缘构件的纵向钢筋最小配筋率宜增加不小于 0.1%，配箍特征值宜增加不小于 20%；水平和竖向分布筋最小配筋率宜增加不小于 0.1%。

3 加强塔楼角部楼板厚度，双层双向配筋，且每层每个方向的配筋率不宜小于 0.25%。

4.4.17 对凹凸不规则或楼板不连续结构可采取以下加强措施：

1 适当降低凹凸边缘的竖向构件轴压比和剪压比，提高其配箍率及配筋率。

2 应采用弹性板模型复核凹凸薄弱或细腰部分中震下的楼板承载力，并进行大震下楼板的受剪截面验算，保证楼板平面剪力的传递；加强凹凸薄弱部位楼板，双层双向配筋，且每层每个方向的配筋率不宜小于 0.25%。

3 应采用弹性板模型复核凹凸薄弱或细腰部分梁在中、大震下的承载力，约束保证梁对板的支承作用；加强凹凸薄弱部位框架梁配筋，梁纵向受力钢筋最小配筋率提高 0.05%，箍筋全长加密。

4 必要时，按照薄弱连接位置的楼盖退出工作的工况进行结构安全性验算。

5 凹凸薄弱部位若存在错层，错层位置剪力墙和框架柱的抗震等级宜提高一级。

4.4.18 高层住宅工字形（风车形）平面的剪力墙结构计算措施：

1 应计算 45°方向及最不利地震方向的水平地震作用。

2 收腰处楼板应进行中震抗拉验算，以及大震受剪截面验算，受剪截面验算可参考矩形平面建筑的框支转换层楼板截面验算要求。

4.4.19 对侧向刚度不规则或承载力突变结构可采取以下加强措施：

1 避免侧向刚度不规则与承载力突变出现在同一层。

2 加强刚度或承载力突变部位竖向构件的配筋和配箍，且其截面延性系数不应低于相邻上下层对应构件。

3 体型收进部位上下各 2 层结构周边竖向构件抗震等级宜提高一级，体型收进层塔楼范围楼板厚度不宜小于 150mm，钢筋双层双向拉通，且每层每个方向的最小配筋率不宜小于 0.25%。

4.4.20 对竖向构件不连续结构可采取以下加强措施：

1 选择合理的转换结构形式，提高转换构件性能目标，转换柱、转换梁的抗震性能水准应按关键构件考虑。

2 加强转换层楼板厚度及其配筋，钢筋双向双层拉通，并根据大震下抗剪不屈服的要求验算楼板配筋。

3 必要时，框支柱和转换梁可采用钢-混凝土组合构件，对提高转换梁受剪承载力可采取提高混凝土强度等级或设置抗剪钢板的措施。

4.5 装配式建筑结构设计

4.5.1 装配式建筑设计应满足国家、省、市《装配式建筑评价标准》的要求。

4.5.2 装配式建筑平面应尽量采用标准化设计；预制构件应遵循少规格、多组合的原则。

4.5.3 应按安全、经济、适用的原则，合理选用装配式混凝土结构体系、装配式钢结构体系、装配式钢-混凝土组合结构体系、装配式木结构体系、装配式木-混凝土组合结构体系等。

4.5.4 装配式混凝土结构在平面和竖向不应具有明显的薄弱部位，且宜避免结构和构件出现较大的扭转效应，并应符合下列规定：

1 应采取有效措施加强结构的整体性。

2 装配式结构宜采用高强混凝土、高强钢筋。

3 装配式结构的节点和接缝应受力明确、构造可靠，并应满足承载力、延性和耐久性等要求。

4 应根据连接节点和接缝的构造方式和性能，确定结构的整体计算模型。

5 连接相对薄弱部位的楼板宜采用全现浇钢筋混凝土；当采用叠合楼板时，现浇层厚度及配筋宜适当加大。

6 预制构件和连接件的设计、钢筋桁架楼承板的设计，应进行施工阶段的验算。

4.5.5 高层混凝土装配式结构应符合下列规定：

1 宜设置地下室，地下室宜采用现浇混凝土。

2 剪力墙结构底部加强部位的剪力墙宜采用现浇混凝土。

3 框架结构首层柱宜采用现浇混凝土，顶层宜采用现浇楼盖结构。

4 高层装配整体式剪力墙结构中的电梯井筒宜采用现浇混凝土结构。

5 其他需要加强的部位宜采用现浇混凝土结构。

4.5.6 在设计全过程，特别是方案设计阶段，应充分考虑设计标准化、生产工厂化、施工装配化、装修一体化以及过程信息化，对预制构件的尺寸、重量、形状以及节点构造在制作、运输、安装和施工全过程中的可行性、合理性及经济性进行评估和预测，并应加强建筑、结构、设备、装修等专业之间的配合。

【说明】：装配式混凝土建筑与全现浇混凝土建筑的设计和施工过程是有一定区别的。对装配式混凝土建筑，建设、设计、施工、制作各单位在方案阶段宜进行协同工作，对应用预制构件的技术可行性和经济性进行论证，共同对建筑平面和立面根据标准化原则进行优化，共同进行整体策划，提出最佳方案。与此同时，建筑、结构、设备、装修等各专业也应密切配合，对预制构件的尺寸和形状、节点构造等提出具体技术要求，并对制作、运输、安装和施工全过程的可行性以及造价等作出预测，应避免从全现浇混凝土结构直接拆分成装配式混凝土结构。此项工作对建筑功能和结构布置的合理性，以及对工程造价等都会产生较大的影响，是十分重要的。

4.5.7 装配式建筑设计应严格选用合适的构件类型且合理布置，并采用可靠的连接方式和有效的构造措施，最大程度地减少对主体结构的不利影响；应充分考虑预制构件与主体结构关系，在计算模型中进行合理模拟。

4.5.8 应采用建筑信息化模型（BIM）软件进行装配式建筑设计。

【说明】：装配式建筑设计的装配率计算一般由设计单位完成，采用BIM模型计算预制构件的量准确且快速；装配式建筑设计所考虑的细节往往很多，通过BIM模型可以直观发现问题，及时解决；装配式建筑设计项目如在现场施工时进行修改，将严重影响工期和造价，在设计阶段采用BIM模型进行校审，将大大降低出错概率。

第 5 章　结构计算分析及参数的选择

5.1 一　般　规　定

5.1.1　结构设计应采用通过国家认可的第三方测评机构、行业协（学）会组织的评审鉴定并获得行业广泛认可的正版计算软件，计算软件的技术条件应符合现行工程建设标准的规定。

5.1.2　结构计算应选择合适的计算简图、计算方法及计算软件，应确保计算参数、结构模型及结构荷载等输入数据的准确性，对计算结果应进行仔细分析，判断其是否合理及有效。

【说明】：结构荷载是重要计算输入数据，结构计算前应根据建筑平面、建筑功能、装修吊顶、管线及管井布置等条件认真检查核对荷载的输入，并应特别注意建筑平面的调整带来的荷载变化。

5.1.3　抗震设防的结构应选用适宜的结构抗震性能目标，计算分析应依据规范规定的各项宏观技术指标来判断结构受力特性的有利和不利情况，确定结构方案是否合理；若结构方案不合理，则应予以调整。

5.1.4　抗震设防的结构在地震作用下其结构构件应有合理的屈服次序，确保主体结构在罕遇地震下不倒塌。非结构构件的布置及其与主体结构之间的连接构造，不应影响地震作用下主体结构预期的屈服机制。

5.1.5　根据结构的类型及施工方法，应按照有关的设计规范对结构在施工阶段进行强度、刚度和稳定性计算，混凝土结构尚应按要求进行挠度及裂缝宽度验算。

5.1.6　装配式建筑的结构体系应符合现行国家及省标准要求；装配式结构设计中的作用及作用组合应根据现行国家标准确定；预制构件应考虑脱模、翻转、运输、堆放、吊运、安装、浇筑等短暂设计状况下的施工验算。

5.2 超限及复杂结构计算分析要求

5.2.1　对于超限及复杂结构计算分析，除按常规结构计算要求外，对各类不规则结构计算措施宜满足以下要求：

1　对扭转不规则结构应适当从严控制周边竖向构件的轴压比和剪压比。

2　对凹凸不规则或楼板不连续结构应适当从严控制凹凸边缘的竖向构件轴压比和剪压比，采用弹性板模型对凹凸薄弱或细腰部分的楼板进行中震下承载力复核，并进行大震下楼板的受剪截面验算，受剪截面验算可按广东省标准《高层建筑混凝土结构技术规程》

DBJ/T 15-92 第 11.2.20 条执行；必要时，按照薄弱连接位置的楼盖退出工作的工况进行验算。

3　对于不规则平面外伸凹口部位拉梁或薄弱连接部位框架梁，应采用弹性板模型复核梁在中、大震下的承载力，约束凹口部位两端位移以及保证梁对板的支承作用。

4　对于高层住宅工字形（风车形）平面的剪力墙结构，应计算 45°方向及最不利地震方向的水平地震作用。

5　对侧向刚度不规则或承载力突变结构，应避免侧向刚度不规则与承载力突变出现在同一层；应加强刚度或承载力突变部位竖向构件的纵筋和箍筋配置，且其截面延性系数不应低于相邻上下层对应构件。

6　对竖向构件不连续结构应提高转换构件性能目标，转换梁的抗震性能水准应按关键构件考虑；应根据大震下不屈服的要求验算转换层楼板配筋。

5.2.2　超限结构及复杂高层建筑结构，应采用弹性时程分析法进行多遇地震下的补充计算。当取三组加速度时程曲线输入时，计算结果宜取时程法的包络值和振型分解反应谱法的计算值两者的较大值；当取七组及七组以上的时程曲线时，计算结果可取时程法的平均值和振型分解反应谱法的计算值两者的较大值。

【说明】：振型分解反应谱法的各层剪力结果通过弹性时程分析补充计算对比取较大值后，尚应根据最小剪重比的要求进行调整。

5.2.3　选择输入的地震加速度时程曲线，要满足地震动三要素的要求，即频谱特性、有效峰值和有效持续时间均要符合规定，结构前三个基本周期的地震影响系数与规范反应谱误差不超过 20%，有效持续时间一般为结构基本周期的 5～10 倍。结构底部剪力应符合《建筑抗震设计规范》GB 50011 的要求。进行大震弹塑性时程计算的特征周期需要在原来的基础上加上 0.05s。

【说明】：输入的地震加速度时程曲线的有效持续时间，一般从首次达到该时程曲线最大峰值的 10%那一点算起，到最后一点达到最大峰值的 10%为止；不论是实际的强震记录还是人工模拟波形，有效持续时间一般为结构基本周期的 5～10 倍。

5.2.4　连体结构应采用符合实际施工过程的模拟施工计算。连体结构自振振型复杂，应分析各塔楼自振特性不同对结构的不利影响，抗震设计时应进行扭转效应分析；连体结构的连体部分应考虑竖向地震作用的影响；当连接体与塔楼设计成强连接形式时，尚应验算在罕遇地震下连接体与各塔楼连接处的构件承载力，一般不考虑楼板对连体构件承载力的有利影响。高层连体结构宜考虑风力相互干扰的群体效应，对顺风向风荷载相互干扰系数可取 1.1，对横风向风荷载相互干扰系数可取 1.2。

【说明】：对矩形平面高层建筑，当单个施扰建筑与受扰建筑高度相近时，根据施扰建筑的位置，对顺风向风荷载相互干扰系数可在 1.0～1.1 范围内选取，对横风向风荷载可在 1.0～1.2 范围内选取；体型复杂、周边干扰效应明显或风敏感的重要结构应进行风洞试验。

5.2.5 大底盘多塔楼结构宜按整体模型和各塔楼分开模型分别计算，以整体模型为主进行结构计算和设计，分塔楼计算主要验算各塔楼结构扭转位移比和倾覆力矩；采用整体模型计算时振型数应保证每个塔楼的平动振型参与质量不小于90%。

5.2.6 屋顶带大跨度空间网格钢结构的多高层建筑，钢结构部分的平动振型参与质量不宜小于90%，以考虑高阶振型作用下屋顶钢结构对下部混凝土结构的影响。

5.2.7 非常规结构体型复杂的大跨屋盖结构或计算结果存疑的结构，宜采用至少两个不同单位编制的结构分析软件进行整体计算。当两个弹性分析软件的计算结果指标相差较大（比如大于10%）时，需要分析原因。

5.2.8 抗震设防烈度为8度及以上的网架结构和抗震设防烈度为7度及以上的网壳结构应进行抗震验算。当采用振型分解反应谱法进行抗震验算时，计算振型数应使各振型参与质量之和不小于总质量的90%，当竖向参与质量难以满足90%时，可用Ritz向量法计算。对于体型复杂的大跨度钢结构，抗震验算应采用时程分析法，并应同时考虑竖向和水平地震作用。

5.2.9 局部错层结构应按分层和并层进行包络分析；错层位置相关范围内的竖向结构构件的抗震等级宜提高一级采用；夹层竖向构件应采取有效措施保证其延性。

【说明】：当夹层面积不大于投影面积的25%时，应采用并层结构统计结构的刚度比、楼层受剪承载力比、扭转位移比和层间位移角等整体指标，构件配筋取并层模型与非并层模型的包络值；当夹层构件采用吊挂、铰接等弱连接构造与主体结构连接时，应采用并层进行分析；计算中并层模型应考虑夹层构件的影响。

5.2.10 结构在竖向荷载及风荷载、地震作用下的变形和内力计算，一般可采用刚性楼板假定。当楼板平面凹凸不规则，或局部不连续，或楼盖狭长，或相邻楼层刚度突变，不能保证楼面的整体刚度时，计算时应采用弹性楼板或局部弹性楼板模型进行补充计算；对转换层、加强层、伸臂桁架楼层、侧向刚度显著突变楼层及其上下楼层，计算时应采用弹性楼板模型进行整体分析。

【说明】：刚性楼板指在水平力作用下两端最大位移不超过该方向平均位移的2倍的楼盖；刚性楼板假定不适用于不能保证楼面整体刚度的情况，比如楼板平面凹凸不规则、局部不连续、楼盖狭长，或转换层、加强层、伸臂桁架等侧向刚度显著突变的楼层。

5.2.11 高层建筑结构在进行重力荷载作用效应分析时，宜考虑外框与核心筒之间竖向变形差异引起的结构附加内力。计算竖向变形差异时宜考虑混凝土收缩、徐变、沉降及施工顺序等因素的影响。

5.2.12 高层建筑结构对跨（穿）层柱、巨柱等进行局部稳定分析，通过线弹性屈曲稳定分析计算等效计算长度时，应优先采用整体模型分析方法。当采用单位力法针对柱进行稳定分析时，可在整体有侧移或无侧移模型的柱上作用垂直于柱横截面的单位力，但应考虑边界约束状态及周边竖向构件竖向变形的影响，通过计算分析模型的第一阶屈曲模态得到临界荷载，由以下欧拉公式可算出柱的等效计算长度 L_e。

$$L_e = \mu L = \sqrt{\frac{\pi^2 EI}{P_{cr}}}$$

式中：P_{cr}——临界荷载；

E——材料弹性模量；

I——截面惯性矩；

L——杆的实际长度。

【说明】：通过线弹性屈曲稳定分析计算穿层柱及巨柱等的等效计算长度是常用的局部构件稳定分析方法，考虑局部结构实际受周边结构以至整体结构的影响，局部结构稳定分析应优先采用整体模型分析方法，在较多的结构屈曲模态中选出局部稳定分析构件的屈曲模态，根据屈曲因子确定构件的临界荷载；当采用单位力法对构件进行稳定分析时，应考虑周边竖向构件变形协调的影响，如对周边构件施加一定轴压力模拟其受压变形状态，以准确确定该构件的临界荷载。

5.2.13 楼板舒适度分析可按照《建筑楼盖结构振动舒适度技术标准》JGJ/T 441 的相关规定，确定激励荷载及计算方法。

5.2.14 高宽比较大或核心筒偏置的结构在设防地震或强风作用下底部墙肢容易出现拉力，可采用等效弹性计算方法计算墙肢名义拉应力。在高烈度区中震名义拉应力较大时，可取 7 条及以上地震波弹塑性时程分析所得墙肢最大拉应力的平均值进行墙肢抗拉验算。

5.2.15 结构抗震性能化设计中，当采用设防地震配筋计算值进行设计时，应对相应框架柱进行强柱弱梁验算。

5.2.16 大跨度屋盖钢结构的稳定性可采用仅考虑几何非线性或同时考虑几何和材料非线性的时程分析方法进行计算。必要时，考虑下部支承结构的几何非线性。

5.2.17 空间结构考虑初始缺陷的稳定分析可采用结构的最低阶整体屈曲模态；对复杂空间结构，应考虑不同整体屈曲模态的影响。结构缺陷最大计算值可按结构跨度的1/300取值。最低阶屈曲模态应为能反映出结构最易发生失稳破坏的整体模态，个别局部失稳的低阶屈曲模态，不应作为缺陷稳定分析依据。

【说明】：大跨度屋盖钢结构整体初始缺陷可采用以下方法确定：（1）对于二阶效应系数不大于0.1的结构，不同荷载效应组合下的整体初始缺陷对构件承载力影响不大，整体初始缺陷可采用最低阶整体屈曲模态；（2）当难以找到结构的整体屈曲模态时，整体初始缺陷可采用各荷载基本组合工况对应的荷载标准组合的位移。

大跨度屋盖钢结构构件初始缺陷宜考虑不同缺陷方向的影响，可对不同方向分别施加构件初始缺陷进行计算，构件承载力取包络结果。

超大跨度（如跨度大于 150m）或特别复杂的结构，应进行罕遇地震下考虑几何和材料非线性的弹塑性分析。可采用以下步骤进行分析：（1）建立带材料非线性的结构模型；（2）施工模拟加载，考虑结构的材料非线性和几何非线性效应，按照 1.0 恒＋0.5 活的荷载组合；（3）地震加载。罕遇地震弹塑性时程分析时所采用的单组地震波需满足本章第 5.2.3 条规定。

索膜结构或预应力钢结构应分别进行初始预张力状态分析和荷载状态分析，计算中应考虑几何非线性影响，在永久荷载控制的荷载组合作用下，结构中的索和膜均不应出现松弛；在可变荷载控制的荷载组合作用下，结构不应因局部索或膜的松弛而导致结构失效或影响结构正常使用功能。

纵横索网结构应进行施工张拉分析，施工张拉可采用以下顺序进行：（1）横索按原长完成两端挂索；（2）完成纵索上端挂索；（3）对纵索下端进行张拉，张拉力按照设计值的 30％、60％、100％三个阶段进行控制。可采用 ETABS、SAP2000、ABAQUS 和 AN-SYS 等软件进行分析。

5.2.18　无地下室或基础埋置深度不足的高层建筑，应验算基础的抗滑移稳定性；当采用桩基础时，应验算桩基的水平承载力。

5.2.19　当桩基（含单桩、群桩及桩筏等）受水平荷载较大、桩身需穿越液化地基或厚度较大（如超过桩长 1/4）的淤泥、流塑或可塑软土、未经夯实的新填土地基时，宜按高桩承台进行群桩效应验算和单桩受剪承载力验算，对桩基水平位移有严格限制时，尚应验算桩或承台的水平位移。

5.2.20　当基础竖向变形差异较大时，宜采用地基、基础和上部结构共同受力整体有限元模型计算，真实反映上部刚度对地基变形的影响。下列情况应进行沉降计算，并应在基础和上部结构的相关部位采取加强措施：

1　同一结构单元采用不同基础类型或基础埋深显著不同。

2　上部结构相邻区域荷载差异较大。

3　基础设置在性质截然不同的地基上。

4　采用经加固处理的复合地基作为基础主要持力层。

5.2.21　受力复杂或异形截面的钢-混凝土组合结构构件及节点宜通过弹性或弹塑性有限元软件进行承载力补充分析，计算时力与位移边界条件应根据实际情况确定，并根据需要按应力分析结果进行截面配筋设计或钢材强度验算。必要时应进行结构模型试验验证。

【说明】：对于缺少计算公式依据和传力不明确的构件及节点宜通过弹性或弹塑性有限元软件进行承载力补充分析。构件及节点关键位置的内力应与整体计算模型较不利组合工况的内力一致。边界条件应根据受力和加载情况确定，比如对于梁与柱相交节点，可在框架柱底固接、框架梁轴向设置平动约束，对于桁架的腹杆与弦杆相交节点，可在弦杆两端设置固接。

5.2.22 改造加固设计中需要新增或拆除主要受力构件时，宜根据构件的实际加载或卸载顺序进行施工模拟仿真分析，以考虑其实际的受力状况。

5.3 计算参数的选择

5.3.1 总信息

1 混凝土重度：$25kN/m^3$。（注：考虑混凝土构件抹灰重量而增加混凝土重度时，一般不超过 $27kN/m^3$。）

2 水平力的方向：水平地震作用方向一般取结构两个主轴方向。除了按《建筑抗震设计规范》第 5.1.1 条第 2 款要求增加水平地震作用方向外，若计算得到的最大地震力作用方向与主轴方向夹角大于 $15°$ 时，宜增加最大地震力作用方向为水平地震作用方向，对于凹凸不规则结构还应增加 $45°$ 方向地震作用，且内力及配筋取包络值。

3 强制刚性楼板假定：仅用于计算侧向刚度比、周期比。

4 结构形式：设置中应选择最接近的结构类型，不同的结构类型将影响以下计算内容：构件内力调整系数；风振系数；重力二阶效应及结构稳定验算公式；复杂高层结构内力调整系数；钢框架-混凝土筒体结构的剪力调整等。高层结构中选用空心楼盖时，计算中应确定采用框架（-剪力墙）结构体系或板柱（-剪力墙）结构体系，以明确抗震等级及地震作用调整要求。

5 地下室层数：用于风荷载计算，地下室部分无风荷载作用，在上部结构风荷载计算中扣除地下室高度。地下室层数一般包括地梁层。

6 嵌固端所在层号：指该层楼面及该层以下各层的 X 和 Y 两方向水平位移约束，但所有节点的竖向位移及三个方向转角不约束。底部加强部位的判定与计算嵌固端有关，嵌固层应满足层刚度比要求，以及楼层平面能够有效地传递水平力。嵌固端侧向刚度需满足"地上一层侧向刚度"与"地下一层侧向刚度"之比均小于 0.5 的条件。

7 裙房层数：大底盘结构应输入裙房层数，裙房层数影响到结构底部加强区高度的判断，裙房层数是包括地下室在内的总计算层数。

【说明】：当首层不能满足嵌固端要求时，计算嵌固部位宜下移至地下室底板。

5.3.2 风荷载信息

一般情况下，结构风荷载按现行国家标准《建筑结构荷载规范》GB 50009 和广东省标准《建筑结构荷载规范》DBJ/T 15-101 包络取值。高度超过 200m、体型复杂或位于复杂环境下的结构宜采用风洞试验方法来确定其风荷载取值，也可采用数值模拟方法进行确定。

1 基本风压：高度超过 60m 的高层建筑或对风荷载比较敏感的其他建筑，结构水平位移按 50 年重现期的风压值计算，承载力设计时按基本风压的 1.1 倍采用。

2 结构基本周期：用动力计算所得对应方向的周期经折减后填入重新计算；风荷载计算中要根据结构基本周期计算风振系数，应填入折减后的结构基本周期，否则风荷载计算值偏大。宜根据风荷载作用方向填入该方向的结构基本周期。

3 考虑风振影响：对于高度大于 30m 且高宽比大于 1.5 的房屋、基本自振周期 T_1 大于 0.25s 的各种高耸结构以及大跨度屋盖结构，均应考虑风压脉动对结构发生顺风向风振的影响，对于横风向风振作用效应明显的高层建筑以及细长圆形截面构筑物，宜考虑横风向风振的影响。对于扭转风振效应明显的高层建筑，宜考虑扭转风振的影响。

4 风作用方向：体型复杂的高层建筑应考虑风向角的影响，宜增加计算最不利风荷载作用方向，且根据实际情况填入相应方向的风压和体型系数。

5 结构阻尼比。验算承载力时，混凝土结构的阻尼比不大于 5%，钢结构的阻尼比不大于 2%，验算舒适度时，混凝土结构的阻尼比不大于 2%，钢结构的阻尼比不大于 1%。

6 风压高度变化系数。山区建筑物的风压高度变化系数的取值应根据《建筑结构荷载规范》GB 50009 第 8.2.2 条考虑地形条件的修正。

【说明】：考虑风振影响的风荷载放大系数应按下列规定采用：（1）主要受力结构的风荷载放大系数应根据地形特征、脉动风特性、结构周期、阻尼比等因素确定，其值不应小于 1.2；（2）围护结构的风荷载放大系数应根据地形特征、脉动风特性和流场特征等因素确定且不应小于 $1+0.7/\sqrt{\mu_z}$，其中 μ_z 为风压高度变化系数。

当结构平面周边竖向构件与平面中部核心筒无可靠连接时，周边竖向构件应能承担全部风荷载。由于软件不会自动把全部风荷载加载到周边竖向构件上，需要在特殊构件中手工调整风荷载的分布。

5.3.3 地震信息

1 偶然偏心：计算单向地震作用时应考虑偶然偏心的影响。

2 双向地震：一般情况下在扭转位移比超过 1.2 或计算墙肢名义拉应力时考虑。

3 竖向地震：跨度大于 24m 的楼盖结构、跨度大于 12m 的转换结构和连体结构、悬挑长度大于 5m 的悬挑结构，应考虑结构竖向地震的不利影响。结构竖向地震作用效应标准值宜采用时程分析方法或振型分解反应谱方法进行计算，且相关区域的结构或构件的竖向地震作用标准值不宜小于《高层建筑混凝土结构技术规程》JGJ 3 第 4.3.15 条要求。

4 构造抗震等级：抗震设防类别为标准设防类（丙类）的建筑与"抗震等级"相同，重点设防类（乙类）建筑应按高于本地区抗震设防烈度一度的要求加强其抗震措施，按提高一度的要求确定构造抗震等级。

5 抗震性能设计：一般情况下总体按 C 级抗震性能目标控制，对高烈度（8 度以上）

的结构可选用 D 级性能目标设计，不同性能水准的结构构件承载力设计要求可参考《高层建筑混凝土结构技术规程》JGJ 3 第 3.11.3 条或广东省标准《高层建筑混凝土结构技术规程》DBJ/T 15-92 第 3.9.2 条。

6 结构阻尼比：一般情况下，小震反应谱分析混凝土结构的阻尼比不大于 5%，中震反应谱分析混凝土结构的阻尼比不大于 6%，大震反应谱分析混凝土结构的阻尼比不大于 7%。

7 周期折减系数。装配整体式结构构件内力和变形计算时，应计入填充墙对结构刚度的影响。采用轻质填充墙时，可采用周期折减的方法考虑其对结构刚度的影响，对装配整体式框架结构的周期折减系数可取 0.70～0.90，对装配整体式剪力墙结构的周期折减系数可取 0.80～1.0。

【说明】：预应力混凝土框架结构的阻尼比宜取 0.03，当预应力混凝土结构所承担竖向荷载的结构面积不大于总面积的 25%，或在框架-剪力墙、框架-核心筒结构及板柱-剪力墙结构中仅采用预应力混凝土梁或板时，阻尼比应取 0.05。

5.3.4 活荷载信息

1 柱、墙、基础活荷载折减：应根据建筑功能选择折减或不折减；对塔楼外裙房部分也应按其上层数确定折减系数。

2 活荷载不利布置：宜考虑，当楼面活荷载大于 4kN/m² 时应考虑。

【说明】：对于底部楼层为商业，中上部楼层为住宅的结构，应判断所用分析软件处理活荷载折减方法是否符合规范要求。以 YJK 软件为例，墙、柱的活荷载折减系数可按以下方法设置：(1) 商业部分墙、柱折减系数通过自定义工况输入；(2) 住宅部分墙、柱折减系数可通过调整前处理活荷载信息中的折减系数输入。比如当底部两层为商业，3～8 层为住宅时，则底部两层商业在自定义工况输入活荷载折减系数，3～8 层住宅在前处理活荷载信息中输入活荷载折减系数，其中计算截面以上层为 2～3 层时取 0.85（即第 6 及第 7 层柱，以下类推），4～5 层时取 0.70，6 层时取 0.70。

5.3.5 调整信息

1 中梁刚度增大系数：当按照统一放大系数输入梁刚度增大系数时，一般情况下该系数取 1.3～2.0，梁高较大时宜取小值；当按照考虑板面外刚度的弹性楼板计算时，该系数宜取 1.0；当考虑楼板作为翼缘对每根梁按 T 形截面进行刚度放大时，应检查梁刚度增大系数是否合理，刚度增大系数不宜过大，否则不利于强柱弱梁设计。

2 梁端负弯矩调幅系数：统一取 0.85；悬臂梁、转换层、嵌固层一般按不调幅考虑，但跨中正弯矩不应小于竖向荷载作用下简支计算的一半。悬臂梁属于静定体系，支座不能出现塑性铰，不应对悬臂梁支座弯矩进行折减，应检查软件自动识别的悬臂梁是否正确。

3 连梁刚度折减：一般取 0.55～0.8，地震作用控制时不应小于 0.55，风荷载控制时不小于 0.8。计算结构整体位移时，可不考虑连梁刚度折减。

4 梁扭矩折减系数：可取 0.4，当支承次梁的主梁内侧无楼板时，折减系数应取 1.0。

5 梁设计弯矩放大系数：用于提高安全储备，一般情况下取 1.0。

6 最小剪重比调整：在多遇地震作用下，剪重比应满足《建筑抗震设计规范》GB 50011 要求，如不满足，可按《建筑抗震设计规范》GB 50011 第 5.2.5 条进行调整。采用中震设计方法，剪重比应满足广东省标准《高层建筑混凝土结构技术规程》DBJ/T 15 - 92 要求，如不满足，可按广东省标准《高层建筑混凝土结构技术规程》DBJ/T 15 - 92 第 4.3.13 条放大地震剪力。

7 框架-剪力墙结构的框架剪力调整：一般应选择调整，并注意以下问题：（1）无论柱的根数多或少，均应进行框架剪力调整；当柱数较少时宜人工调整放大系数使框架承担剪力满足《高层建筑混凝土结构技术规程》JGJ 3 第 8.1.4 条框架剪力占比要求；当框架-剪力墙结构的框架部分按框架结构体系来设计时，不需要进行剪力调整；（2）结构部分楼层为框架-剪力墙结构时，此部分楼层也应进行框架剪力调整；（3）框架柱数量沿竖向变化复杂时可通过人工进行框架剪力调整，竖向分段有规律时可分段调整；（4）各层框架所承担的地震总剪力调整后，应按调整前、后总剪力的比值调整每根框架柱的剪力，框架柱的轴力标准值及与之相连框架梁的剪力与端部弯矩标准值可不予调整。

【说明】：框支柱剪力调整按《高层建筑混凝土结构技术规程》JGJ 3 第 10.2.17 条进行 $0.3V_0$ 调整，其中框支柱剪力调整系数可取包含与不包含端柱剪力的包络值。当较多构件存在转换时，可在转换层以上分段对框架柱剪力进行 $0.2V_0$ 调整。少墙方向的翼墙宜按剪力墙和柱包络设计，翼墙剪力宜根据框架-剪力墙结构按《高层建筑混凝土结构技术规程》JGJ 3 第 8.1.4 条进行 $0.2V_0$ 调整。当根据程序默认的放大系数 2.0 调整后框架总剪力仍不满足 $\min(0.2V_0，1.5V_{f\max})$ 的要求时，宜人工调整放大系数使框架承担剪力满足《高规》第 8.1.4 条框架剪力占比要求。

5.3.6　设计信息

1 结构重要性系数：一般取 1.0，结构安全等级为一级时取 1.1。

2 柱配筋计算原则：一般按单偏压计算，框架角柱及异形柱应按双偏压进行正截面承载力设计。

3 钢柱计算长度系数：一般情况下按有侧移计算，但当结构的层间位移角小于 1/1000 或结构属于强支撑框架时，可按无侧移计算。

5.3.7　地下室信息

1 土的水平抗力系数的比例系数：一般可取 $2.5\sim100\mathrm{MN/m^4}$；

2 回填土侧压力系数：一般可取 0.5，如对回填土有要求也可减小。

5.3.8　荷载组合

1 持久、短暂设计状况

持久设计状况，适用于结构使用时的正常情况；短暂设计状况，适用于结构出现的临时情况，包括结构施工和维修等。

持久、短暂设计状况的基本组合   表 5.3.8-1

组合号	D	L	Wx	Wy	T+	T−
1	1.3	1.5				
2	1	1.5				
3	1.3	1.5			1.5×0.6	
4	1.3	1.5				1.5×0.6
5	1.3	1.5×0.7			1.5	
6	1.3	1.5×0.7				1.5
7	1	1.5			1.5×0.6	
8	1	1.5				1.5×0.6
9	1	1.5×0.7			1.5	
10	1	1.5×0.7				1.5
11	1.3	1.5	1.5×0.6			
12	1.3	1.5		1.5×0.6		
13	1	1.5	1.5×0.6			
14	1	1.5		1.5×0.6		
15	1.3	1.5×0.7	1.5			
16	1.3	1.5×0.7		1.5		
17	1	1.5×0.7	1.5			
18	1	1.5×0.7		1.5		
19	1.3	1.5	1.5×0.6		1.5×0.6	
20	1.3	1.5	1.5×0.6			1.5×0.6
21	1.3	1.5		1.5×0.6	1.5×0.6	
22	1.3	1.5		1.5×0.6		1.5×0.6
23	1	1.5	1.5×0.6		1.5×0.6	
24	1	1.5	1.5×0.6			1.5×0.6
25	1	1.5		1.5×0.6	1.5×0.6	
26	1	1.5		1.5×0.6		1.5×0.6
27	1.3	1.5×0.7	1.5		1.5×0.6	
28	1.3	1.5×0.7	1.5			1.5×0.6
29	1.3	1.5×0.7		1.5	1.5×0.6	
30	1.3	1.5×0.7		1.5		1.5×0.6
31	1	1.5×0.7	1.5		1.5×0.6	
32	1	1.5×0.7	1.5			1.5×0.6
33	1	1.5×0.7		1.5	1.5×0.6	

续表

组合号	D	L	Wx	Wy	T+	T−
34	1	1.5×0.7		1.5		1.5×0.6
35	1.3	1.5×0.7	1.5×0.6		1.5	
36	1.3	1.5×0.7	1.5×0.6			1.5
37	1.3	1.5×0.7		1.5×0.6	1.5	
38	1.3	1.5×0.7		1.5×0.6		1.5
39	1	1.5×0.7	1.5×0.6		1.5	
40	1	1.5×0.7	1.5×0.6			1.5
41	1	1.5×0.7		1.5×0.6	1.5	
42	1	1.5×0.7		1.5×0.6		1.5

注：1. 表中符号 D 表示永久荷载，L 表示活荷载，Wx 表示 X 向风荷载，Wy 表示 Y 向风荷载，T+ 表示升温，T
　　　 − 表示降温；
　　　2. 当活荷载考虑设计工作年限的调整系数 γ_L 不等于 1.0 时，活荷载尚应乘以调整系数 γ_L；
　　　3. 表格中乘号前是荷载的分项系数，乘号后是可变荷载的组合值系数。可变荷载的组合值系数应根据《工程
　　　　 结构通用规范》GB 55001 取值，当可变荷载对结构有利时分项系数取 0。

2　偶然设计状况：适用于结构出现的异常情况，包括结构遭受火灾、爆炸、撞击等。

偶然设计状况的偶然组合　　　　　　　　　　表 5.3.8-2

组合号	D	A	L	Wx	Wy	T+	T−
1	1	1	0.5			0.4	
2	1	1	0.5				0.4
3	1	1	0.4			0.5	
4	1	1	0.4				0.5
5	1	1	0.4	0.4		0.4	
6	1	1	0.4	0.4			0.4
7	1	1	0.4		0.4	0.4	
8	1	1	0.4		0.4		0.4
9	1	1	0.5				

注：1. 表中符号 A 表示偶然作用；
　　　2. 表中系数为可变荷载的频遇值系数或准永久值系数。可变荷载的频遇值系数或准永久值系数应根据《工程
　　　　 结构通用规范》GB 55001 取值。

3　地震设计状况

地震设计状况的基本组合　　　　　　　　　　表 5.3.8-3

组合号	D	L	Wx	Wy	Ex	Ey	Ez
1	1.3×1.0	1.3×0.5			±1.4		
2	1.3×1.0	1.3×0.5				±1.4	
3	1.0×1.0	1.0×0.5			±1.4		

续表

组合号	D	L	Wx	Wy	Ex	Ey	Ez
4	1.0×1.0	1.0×0.5				±1.4	
5	1.3×1.0	1.3×0.5					±1.4
6	1.0×1.0	1.0×0.5					±1.4
7	1.3×1.0	1.3×0.5			±1.4		±0.5
8	1.3×1.0	1.3×0.5				±1.4	±0.5
9	1.0×1.0	1.0×0.5			±1.4		±0.5
10	1.0×1.0	1.0×0.5				±1.4	±0.5
11	1.3×1.0	1.3×0.5			±0.5		±1.4
12	1.3×1.0	1.3×0.5				±0.5	±1.4
13	1.0×1.0	1.0×0.5			±0.5		±1.4
14	1.0×1.0	1.0×0.5				±0.5	±1.4
15	1.3×1.0	1.3×0.5	1.5×0.2		±1.4		
16	1.3×1.0	1.3×0.5		1.5×0.2	±1.4		
17	1.3×1.0	1.3×0.5	1.5×0.2			±1.4	
18	1.3×1.0	1.3×0.5		1.5×0.2		±1.4	
19	1.0×1.0	1.0×0.5	1.5×0.2		±1.4		
20	1.0×1.0	1.0×0.5		1.5×0.2	±1.4		
21	1.0×1.0	1.0×0.5	1.5×0.2			±1.4	
22	1.0×1.0	1.0×0.5		1.5×0.2		±1.4	
23	1.3×1.0	1.3×0.5	1.5×0.2				±1.4
24	1.3×1.0	1.3×0.5		1.5×0.2			±1.4
25	1.0×1.0	1.0×0.5	1.5×0.2				±1.4
26	1.0×1.0	1.0×0.5		1.5×0.2			±1.4
27	1.3×1.0	1.3×0.5	1.5×0.2		±1.4		±0.5
28	1.3×1.0	1.3×0.5		1.5×0.2	±1.4		±0.5
29	1.3×1.0	1.3×0.5	1.5×0.2			±1.4	±0.5
30	1.3×1.0	1.3×0.5		1.5×0.2		±1.4	±0.5
31	1.0×1.0	1.0×0.5	1.5×0.2		±1.4		±0.5
32	1.0×1.0	1.0×0.5		1.5×0.2	±1.4		±0.5
33	1.0×1.0	1.0×0.5	1.5×0.2			±1.4	±0.5
34	1.0×1.0	1.0×0.5		1.5×0.2		±1.4	±0.5
35	1.3×1.0	1.3×0.5	1.5×0.2		±0.5		±1.4
36	1.3×1.0	1.3×0.5		1.5×0.2	±0.5		±1.4
37	1.3×1.0	1.3×0.5	1.5×0.2			±0.5	±1.4
38	1.3×1.0	1.3×0.5		1.5×0.2		±0.5	±1.4
39	1.0×1.0	1.0×0.5	1.5×0.2		±0.5		±1.4

组合号	D	L	Wx	Wy	Ex	Ey	Ez
40	1.0×1.0	1.0×0.5		1.5×0.2	±0.5		±1.4
41	1.0×1.0	1.0×0.5	1.5×0.2			±0.5	±1.4
42	1.0×1.0	1.0×0.5		1.5×0.2		±0.5	±1.4

注：1. 表中符号 Ex、Ey 和 Ez 分别表示水平 X 向、Y 向和 Z 向地震作用；

2. 乘号前是荷载的分项系数，乘号后是重力荷载或可变荷载的组合值系数。活荷载的重力荷载代表值组合值系数应根据《建筑抗震设计规范》GB 50011 取值；

3. 风荷载作用中的 1.5 为风荷载分项系数，0.2 为风荷载组合值系数；

4. 地震作用中的 1.4 和 0.5 为地震作用分项系数。

5. 当存在预应力时，土压力和水压力等永久荷载时应符合《建筑与市政工程抗震通用规范》GB 55002 第 4.3.2 条的要求。

4　正常使用极限状态设计状况：适用于正常使用极限状态设计，比如挠度、裂缝等。

标准组合　　　　　　　　　　　表 5.3.8-4

组合号	D	L	Wx	Wy	T+	T−
1	1	1				
2	1	1	0.6			
3	1	1		0.6		
4	1	1			0.6	
5	1	1				0.6
6	1	0.7	1			
7	1	0.7		1		
8	1	0.7			1	
9	1	0.7				1
10	1	1	0.6	0.6		
11	1	1	0.6			0.6
12	1	1		0.6	0.6	
13	1	1		0.6		0.6
14	1	0.7	1		0.6	
15	1	0.7	1			0.6
16	1	0.7		1	0.6	
17	1	0.7		1		0.6
18	1	0.7	0.6		1	
19	1	0.7	0.6			1
20	1	0.7		0.6	1	
21	1	0.7		0.6		1

注：1. 活荷载的组合值系数应根据《工程结构通用规范》GB 55001 取值；

2. 标准组合适用于不可逆正常使用极限状态，例如永久性的局部损坏或不可恢复的变形、预应力钢筋混凝土的挠度和裂缝计算、钢结构的挠度计算等。

准永久组合   表 5.3.8-5

组合号	D	L	T+	T−
1	1	0.4	0.4	
2	1	0.4		0.4
3	1	0.4	0.4	
4	1	0.4		0.4
5	1		0.4	
6	1			0.4
7	1	0.4		

注：1. 活荷载的准永久值系数根据《建筑结构荷载规范》GB 50009 取值；

2. 准永久组合一般用于长期效应起决定性因素的可逆正常使用极限状态，比如钢筋混凝土构件的收缩、松弛或徐变效应，挠度和裂缝计算等。

5.3.9 采用广东省标准《高层建筑混凝土结构技术规程》DBJ/T 15－92 的中震设计方法进行抗震设计时，最小剪重比、周期折减系数、连梁刚度折减系数、中梁刚度放大系数等计算参数对计算结果影响较大，应按规范要求取值：

1 在设防地震作用下，剪重比应满足广东省标准《高层建筑混凝土结构技术规程》第 4.3.13 条要求，如不满足，可按广东省标准《高层建筑混凝土结构技术规程》第 4.3.13 条放大地震剪力。

2 周期折减系数：场地软土深厚的 III、IV 类场地的建筑和设防烈度 7 度及以上的建筑周期折减系数可取 1.0；I、II 类场地的建筑和设防烈度 6 度的建筑，当采用砌体墙作为非承重隔墙时，框架结构可取 0.7～0.8，框架-剪力墙结构可取 0.8～0.9，剪力墙、框架-核心筒结构可取 0.9～1.0。

3 连梁刚度折减系数：抗风设计时，折减系数不宜小于 0.8，不应小于 0.7；设防烈度地震作用下结构承载力校核时可取 0.2～0.5。

4 中梁刚度放大系数：抗风设计时边梁刚度增大系数可取 1.3～1.5，中梁可取 1.5～2，抗震设计时边梁刚度增大系数可取 1.0～1.2，中梁可取 1.2～1.5。

5 偶然偏心的影响：采用相对于回转半径的偶然偏心。

6 考虑梁端刚域长度，柱端不考虑刚域。

7 刚重比计算时采用永久荷载标准值与楼面可变荷载标准值的组合值。

8 构件重要性系数：对关键构件可取 $\eta = 1.05 \sim 1.15$，一般竖向构件可取 $\eta = 1.0$，水平耗能构件可取 $\eta = 0.5 \sim 0.7$。一般情况下，关键构件由设计人手工指定。

9 阻尼比：性能水准 1、2 计算时阻尼比不增加，性能水准 3、4 计算时阻尼比可增加 0.005～0.015。

5.3.10 承受均布荷载的周边支承的双向矩形板，可采用塑性极限分析方法进行承载能力极限状态的分析。

【说明】：塑性极限分析方法不适用于承受非均布荷载、直接承受动荷载，以及要求不出现裂缝或处于侵蚀环境等情况下的双向矩形板。注意由虚梁分割后的楼板软件自动把虚梁当作楼板的支承边界，导致计算结果偏小。

5.3.11　特殊构件补充定义

1　转换梁、转换柱、角柱必须指定。

2　弹性板：一般在转换层、大开洞、连接薄弱处宜将楼板指定为膜单元或壳单元。

3　连梁：跨高比大于 5 及支承次梁的连梁应指定为普通框架梁，可考虑调幅。对程序自动判断墙间梁为连梁时，应按上述原则判断是否应为连梁，如判为普通梁，则应对此进行修改。

4　抗震等级：对高度不大于 24m 的框架结构，当其局部存在大跨度框架（不小于 18m）时，应提高大跨度框架的抗震等级。

5.3.12　其他

1　对既有建筑宜按照实际检测强度进行复核计算，对非标准强度混凝土材料可按照线性插值输入材料强度。

2　当建筑物高度超过 150m，宜考虑竖向温差效应计算；不分缝平面尺寸超过 60m 的结构，特别是核心筒设置在建筑平面两侧的双核心筒的高层结构，宜考虑水平温差效应。

3　所有荷载均按标准值输入（在计算软件中注意勾选由程序自动计算板自重）。

5.4　计算简图及模型

5.4.1　转换梁、连梁、悬挑梁、非调幅梁、层间梁等描述梁构件的属性特征和框支柱、角柱、跨层柱等描述柱构件的属性特征，因为涉及内力调整、构造措施等设计要求有别于普通梁柱构件，当软件不能自动判断或判断不正确时应进行人工指定。

5.4.2　整体模型计算中地下室侧壁宜按墙单元输入，以考虑其实际面外刚度。

5.4.3　当竖向构件之间、水平构件之间，或竖向构件与水平构件之间存在偏心时，应采用偏心刚域方法或其他适当方法进行计算；若采用软件自带的刚性杆连接方法考虑偏心，应检查节点处是否满足内外力平衡关系。

5.4.4　当剪力墙端部的端柱宽度小于剪力墙厚度两倍时，可采用等效厚度剪力墙模型模拟；当剪力墙端部的端柱宽度不小于 2 倍墙厚时，可采用柱墙分离模型计算。

5.4.5　少墙框架结构在规定水平力作用下，结构底部剪力墙所承担的地震倾覆力矩不宜大于结构总地震倾覆力矩的 30%；遭受多遇地震动影响时，框架和剪力墙应为弹性；遭受罕遇地震动影响时，剪力墙应先于框架梁、柱屈服；框架构件配筋宜取剪力墙刚度折减模型和不折减模型两者计算结果的包络值。

5.4.6 当连系剪力墙肢的梁跨高比不小于 5.0 或梁轴线与墙肢轴线夹角大于 25°时，宜按普通框架梁输入。连梁可采用杆单元或壳单元模拟，当连梁跨高比小于 2 时，宜采用壳单元模拟。

5.4.7 当框支梁一端支承在剪力墙上时，应在支承处布置端柱，并按框支柱进行设计。

5.4.8 当框支梁承托剪力墙并承托转换次梁及其上剪力墙时，由于传力路径较复杂，应补充局部应力分析，并按拉应力校核配筋和加强构造措施。

5.4.9 次梁与主梁交接处宜按半刚接计算。当次梁端部按铰接设计时，结构设计中较为重要的框架梁配筋应取次梁梁端刚接模型和铰接模型计算结果的包络值。

5.4.10 加腋对梁、板构件刚度影响较大，计算模型应输入构件加腋的尺寸，以考虑加腋对结构整体指标、构件内力和配筋的影响。

5.4.11 当斜撑为钢筋混凝土材料，且与所在层的钢筋混凝土构件同时施工时，可按同一施工顺序进行模拟施工计算；当斜撑为钢构件且需要后装时，钢斜撑应根据实际的施工顺序进行施工模拟计算。

5.4.12 带斜屋面的结构，宜按照实际布置输入斜屋面，斜梁根据不同组合内力分别按照受弯、拉弯或压弯构件计算，支撑斜屋面的柱应考虑斜梁水平推力产生的附加弯矩。

5.4.13 斜柱弯折处与斜柱连接的楼板不应采用刚性板假定，宜采用膜单元假定，以考虑轴力作用对与斜柱连接梁的不利影响。

5.4.14 无梁楼盖结构计算宜符合以下要求：

1 现浇混凝土无梁楼盖结构设计时，板柱节点区应附加柱帽，并对柱帽进行冲切、剪切验算。

2 无梁楼盖在板柱节点区处于弯曲和冲切应力高度集中的复合受力状态，局部弹塑性发展较为充分，弹性楼板计算模型已不适用，因此对无梁楼盖结构计算时，不宜计入楼板面外刚度。柱之间应设置暗梁，暗梁宽度可取柱宽与 3 倍板厚之和，暗梁配筋按框架梁构件设计，暗梁支座 1/4 长度范围内箍筋应加密。

5.4.15 当顶部的小塔楼或围护结构没有录入模型时，应对小塔楼或围护结构的风荷载进行放大后加入屋顶结构。

5.4.16 大跨度屋盖竖向荷载应考虑活荷载的不利分布，包括全跨分布和半跨分布。

5.4.17 空间结构计算时，应根据屋面系统与主体结构连接方式确定其是否纳入主体结构计算，必要时应考虑有檩和无檩的包络设计。

5.4.18 地下室外墙应根据地下室的层数和隔墙间距等具体条件，按沿竖向单跨或多跨单向板或双向板分析其内力。地下室外墙在基础处可按固端考虑，中间楼层处有楼板时可将楼板视为侧向支承，顶部一般情况可按简支端考虑，当顶板沿外墙边缘开大洞且未采取加强措施时，应按自由端考虑。

5.4.19 地基对基础底板的约束可用地基土变形模量、线弹簧、点弹簧或点约束模拟。当水浮力大于上部结构传来的竖向力时，应采用只压弹簧模拟土的作用。

5.4.20 底板抗浮模型宜建立包含锚杆、基础和上部结构的整体有限元模型，以考虑锚杆受力的不均匀性，合理地体现底板变形的特点。

5.4.21 当地下室顶板（首层）作为上部结构嵌固端，且首层存在楼板大开洞或楼面高差超过1.5m时，应进行中震下的楼板受拉承载力验算。

5.4.22 大跨度梁计算宜符合以下要求：

1 楼板可采用刚性板或弹性膜单元模拟，不宜采用壳单元模拟。

2 大跨度梁支座负弯矩不宜进行调幅。

3 单跨大跨度梁的中梁刚度放大系数宜取1.0，以保证大跨度梁支座有足够的安全储备。

5.4.23 改造加固设计时，计算模型应体现加固措施对构件刚度和构件内力的影响。

5.5 计算结果的判断

5.5.1 结构内外力平衡是验证计算结果正确性的基本要求，应基于调整前单工况计算进行力平衡校验。常见的地震作用调整要求包括：

1 不满足楼层最小地震剪力系数的地震剪力放大；

2 薄弱层的地震剪力放大；

3 软弱层的地震剪力放大；

4 框架-剪力墙结构中，框架部分地震剪力调整；

5 动力时程计算楼层剪力大于反应谱剪力的地震剪力放大；

6 转换层的地震剪力放大。

5.5.2 设计中应采取措施减轻结构自重，对于一般的混凝土高层建筑，其重力荷载标准值宜控制在表5.5.2的范围内。

重力荷载标准值参考范围　　　　　　　　　　表5.5.2

结构体系	重力荷载标准值范围（kN/m²）
框架结构	11～14
框架-剪力墙结构	12～15
剪力墙结构、筒体结构	13～17

【说明】：多高层混凝土结构房屋单位面积的重力荷载标准值与结构类型、设防烈度、房屋高度、建筑层高及建筑功能等因素有关。一般情况下采用轻质墙体非承重墙的结构单

位面积的重力荷载标准值合理范围可参考表 5.5.2，设防烈度较高时可取上限值。层高超过 4.5m 的办公（公寓）建筑应考虑设置夹层的影响，单位面积的重力荷载标准值一般超出上述范围值不大于 20%。

5.5.3 在多遇地震作用下，构件不应出现超筋和截面验算超限的情况，所有构件的截面验算和承载力均需要满足相关规范要求。当采用常规设计软件出现图形结果与超筋信息文本结果不一致的情况时，应检查超筋信息的文本结果。

5.5.4 应检查结构在重力荷载作用且考虑模拟施工下基本不出现侧移，竖向变形一般是底部楼层和顶部楼层较小，中部楼层较大。准永久组合作用下的楼面混凝土梁构件竖向弹性挠度一般小于梁跨度的 1/600。

5.5.5 多高层结构计算所得两方向的第一平动周期宜接近，强轴方向与弱轴方向的比值不宜小于 0.8。若第二周期是扭转为主的周期，宜加强两个主轴方向的抗扭刚度。

5.5.6 竖向刚度、质量变化较均匀的结构，在外力的作用下，其内力、位移等计算结果自上而下也应均匀变化，不应有较大的突变，否则，应检查构件截面尺寸或者输入的计算参数是否正确、合理。

5.5.7 普通高层结构的刚重比一般都满足《高层建筑混凝土结构技术规程》JGJ 3 要求，对于大底盘单塔结构，刚重比验算不满足规范要求可按塔楼投影范围结构进行计算或采用有限元特征值法计算，判断刚重比或屈曲模态特征值是否满足要求。

5.5.8 进行结构时程分析时，每条地震波弹性时程分析得到的结构主方向底部总剪力不应小于振型分解反应谱法计算结果的 65% 且不大于 135%，多条地震波弹性时程分析所得结构底部总剪力的平均值不应小于振型分解反应谱法计算结果的 80% 且不大于 120%。当采用所选地震波计算的结构底部剪力偏小时，不应采用直接对加速度峰值或基底剪力进行调整的方法进行处理。计算罕遇地震作用时，特征周期应增加 0.05s，由于反应谱特征周期不同，多遇地震与罕遇地震的地震波应不同，优先选择特征周期一致的地震波，没有时可选择特征周期大一级的地震波。

5.5.9 一般情况下，穿层柱的计算长度系数可取有限元特征值法计算的长度系数和 1.25 的较大值。对于柱顶存在悬挑、夹层的情况，当其约束能力很弱时，不宜考虑其约束作用，柱长度宜按通高考虑，并与有限元特征值法计算的长度系数包络取值。

5.5.10 对需要进行抗浮设计的基础，查看基底反力时，如出现基底拉力，则说明考虑了土体的受拉作用，需要取消土体的受拉弹簧重新进行复核计算。采用抗浮锚杆时，需查看锚杆是否处于受拉状态，如锚杆未出现受拉，则说明锚杆的布置不合理，需检查锚杆的布置情况。

5.5.11 弹塑性静力推覆分析（Push-over）一般适用于第 1 振型参与质量占总质量的 50% 以上且楼面刚度整体性较好的结构。侧推荷载分布模式对静力推覆分析结果影响较大，宜采用两种以上模式计算，取较不利结果。若发现计算判断的薄弱部位与抗震设计概念不一致，宜采用弹塑性动力时程分析进行计算对比。

5.5.12　罕遇地震计算模型的钢筋信息一般通过直接读取小震或中震设计配筋得到，再手工调整局部需要加强的构件配筋，不应人为地提高或削弱构件承载能力，造成薄弱部位判断错误。

5.5.13　静力弹塑性计算结果判断：

1　弹塑性模型与弹性模型的质量、边界条件和主要自振周期应一致。

2　观察结构的能力谱曲线与需求谱曲线是否有交点，如没有交点，原因可能是结构刚度不够、局部破坏严重或者加载中止的顶点位移角偏小。

3　性能点处的层间位移角是否满足规范要求，如不满足规范限值要求，则说明结构刚度不够或局部破坏严重，需要进一步提高结构的刚度或局部构件的性能。

4　性能点处的基底剪力与小震基底剪力的比值一般小于大震最大影响系数与小震最大影响系数的比值，一般在 $3.0 \sim 6.0$ 之间，构件损伤越严重，比值相对越小。

5.5.14　动力弹塑性计算结果判断：

1　弹塑性模型与弹性模型的质量、边界条件和主要自振周期应一致。

2　查看结构的基底剪力，大震基底剪力一般是小震基底剪力的 $3.0 \sim 6.0$ 倍，超出此范围时，检查是否地震波不符合要求或者结构破坏严重而导致地震作用偏小。

3　结构的最大层间位移角是否满足规范要求，如不满足规范限值要求，则说明结构刚度不够或局部破坏严重，需要进一步提高结构的刚度或局部构件的性能。

4　结构破坏严重的位置是否与预期的薄弱位置接近，如不一致，需要重点关注，并且要提高薄弱位置的构件承载力或延性。

5　建筑结构的抗震性能化设计要求对结构关键构件、重要构件和次要构件设置不同抗震性能水准。通过软件查看构件不同损伤等级，并与相应的性能水准描述对比，判断构件的性能是否满足要求。

5.5.15　检查计算书是否存在下列问题：

1　风荷载未参与地震组合。结构高度超过 60m 的高层建筑，应考虑风荷载与地震组合。

2　构件超筋或截面超限问题。受力构件不应出现超筋和截面验算超限的情况。

3　悬臂梁按普通框架梁进行弯矩调幅问题。悬臂梁不应进行弯矩调幅。

4　框架 $0.2V_0$ 调整问题。对于框架-剪力墙、框架-核心筒结构，应进行 $0.2V_0$ 调整。

5　角柱定义问题。框架结构、框架-剪力墙结构、框架-核心筒结构应定义角柱。

6　楼板计算假定问题。存在楼板大开洞楼层不宜采用强制无限刚假定。

7　承载力设计时按基本风压的 1.1 倍取值问题。对 60m 以上的高层建筑，承载力设计时应按基本风压的 1.1 倍采用。

8　计算风荷载结构基本周期问题。计算风荷载的结构基本周期应按实际周期输入，避免风荷载计算偏小。

9 振型参与质量问题。平动振型参与质量系数不小于总质量的 90%。

10 嵌固端层号设置问题。整体模型输入地梁层时，嵌固层为地梁层顶，如嵌固层设置在地梁层底端，将影响软件按规范要求对首层构件内力放大和构造加强。

5.6 装配式建筑结构计算

5.6.1 在各种设计状况下，装配整体式结构可采用与现浇混凝土结构相同的方法进行结构分析。

5.6.2 对同一层内既有现浇抗侧力构件也有预制抗侧力构件的装配整体式结构，现浇抗侧力构件地震作用弯矩和剪力宜乘以不小于 1.1 的增大系数。

5.6.3 整体计算时，如未采取有效措施，应考虑非结构构件的预制混凝土内隔墙和外墙对结构刚度的影响。

【说明】： 结构整体计算时，应考虑现浇混凝土构造外墙对结构计算的影响。当现浇构造混凝土外墙采用拉缝设计时，现浇构造混凝土外墙作为梁荷载输入，预制梁宜考虑外墙的刚度贡献；当现浇构造混凝土外墙不设置拉缝时，现浇构造混凝土外墙宜按照剪力墙设计。

5.6.4 在地震设计状况下，应按《装配式混凝土结构技术规程》JGJ 1 计算预制柱底水平接缝和叠合梁端竖向接缝的受剪承载力。

5.6.5 单向叠合板计算时，应根据叠合板布置的方向，在计算模型中对应调整导荷方向。

5.6.6 预制楼梯的支座应按实际情况考虑铰接或滑动进行计算。

5.6.7 采用预制楼梯时，应验算楼梯旁剪力墙的平面外稳定性，条件允许时宜采取相应的加强措施。

5.6.8 一次现浇成型的构造柱应真实在计算模型中模拟，避免传力失真导致构件开裂。

第 6 章　地基基础及地下室结构设计

6.1　工程地质勘察任务书及勘察报告

6.1.1　工程地质勘察任务书（包括勘探点布设）应由设计人员按照《岩土工程勘察规范》GB 50021、《高层建筑岩土工程勘察标准》JGJ/T 72 的要求，结合工程特点及场地地质条件制定；当有地下室时应结合基坑设计要求统筹考虑；对于山地、陡坡等可能出现滑坡、失稳的场地勘察，宜补充相应的评价要求。

6.1.2　当工程建设场地勘察资料缺乏、场地面积较大且为大型公共建筑或高层建筑群时，工程地质勘察宜分为初步勘察和详细勘察两阶段进行；设计人员应根据不同的设计阶段及勘察阶段提供工程设计意图、工程概况等设计资料给勘察单位以作参考。

6.1.3　工程地质勘察报告是基础设计的基本依据，缺乏时不得进行基础设计；当工程设计有重大修改（建设规模、建筑高度及结构体系等）且原有勘察资料不能满足设计要求时，尚应进行补充勘察。

【说明】：工程地质特点有较强的区域性，地质差异较大，地基基础设计应根据勘察报告的结论和建议，结合当地工程经验以及工程的具体情况进行，否则可能会造成较为严重的后果。工程详勘与初勘有时候会有较大的差异性，设计人员应根据更为详细的地质勘察资料完善或调整项目的基础设计。

6.1.4　工程勘察报告应判断该区域范围环境水对混凝土及钢筋的腐蚀等级，确定混凝土的环境类别，基础及地下室设计时应采取相应的防护措施。

6.1.5　复杂地质条件下，如夹层丰富的泥岩、岩溶、土洞发育的岩溶区域，应进行施工勘察。岩溶发育区域尚应根据基桩直径增加施工勘察（超前钻）孔的数量。

【说明】：施工勘察（超前钻）的钻孔深度，对于桩基础一般为桩底以下连续完整持力层 3 倍桩径且不少于 5m（灰岩可以适当放松）。

6.1.6　基础设计必须详细阅读场地岩土勘察报告，应注意检查分析以下内容并对勘察报告给出的岩土设计参数进行合理性判断：

1　勘察报告对钻孔柱状图的描述。

2　勘察报告对软弱夹层、岩溶、土溶洞等不良地质是否探明其分布情况，评价是否完整。

3　核查勘察布点是否具有代表性，并必须以现场开挖揭露的土（岩）为最终设计依据，当与钻探资料或检测数据出现较大差异时，应进行重新检测及钻探。

4　应结合当地周边的工程案例及工程经验对工程勘察报告提供的意见及建议进行判断与采用。

【说明】：目前勘察行业竞争激烈，部分地区存在层层分包或恶性压价情况，为节约成本或降低工程费用，存在伪造钻孔资料等情况。为确保基础设计的安全，设计人员对工程勘察报告应有点存疑之心，当发现地质钻探资料存在不合理或不符合当地工程经验时，应及时求证，谨慎选用地质钻探报告的意见及建议。建议充分利用我院岩土勘察专业技术资源，对存疑的岩土设计参数与勘测所专业总工进行咨询及沟通，综合确定合理的取值。

6.2 基础选型及设计

6.2.1 建筑物基础选型应根据工程地质和水文地质条件、建筑体型与功能要求、荷载大小和分布情况、相邻基础情况、抗震设防烈度、建设当地施工条件和材料供应等综合考虑，选择经济、合理、适用的基础形式，以保证所支承的建筑物不致发生过量沉降或倾斜，能满足建筑物的正常使用要求。同时，基础设计应使建筑物在地震发生时，不致由于地基震害而造成破坏或过量沉降及倾斜。基础选型尚需结合下述要求：

1 当地设备、材料、技术力量是否满足基础施工要求，选用的基础形式是否为当地常用形式。

2 基础施工（包括必要的施工降水）是否会对邻近建筑物、构筑物、地下工程、管线产生不利影响。

3 场地条件（包括用电容量）、环境是否满足基础施工设备的要求。

4 是否满足工期要求（包括检测时间）。

5 选用规范、规定建议"慎用"的基础形式时，是否已充分论证，采取的技术措施是否能有效保证施工质量、工期。

6 选用的基础形式是否需相关部门审批，审批时间能否满足工期要求。

7 应结合地下室抗浮要求选择基础形式。

6.2.2 地基基础设计等级须根据工程实际情况确定。

【说明】：地基基础按《建筑地基基础设计规范》GB 50007、广东省标准《建筑地基基础设计规范》DBJ 15-31等确定，桩基础按《建筑桩基技术规范》JGJ 94等确定，总体应满足《建筑与市政地基基础通用规范》GB 55003 的要求。

6.2.3 基础设计时，应注意了解邻近建筑物的基础状况、地下构筑物及各项地下设施的位置、标高等，使所设计的基础在建筑物施工及使用时不致对其产生不利影响。同时，应考虑施工期间或建筑物使用阶段地下水对基础持力层可能产生的软化或侵蚀作用。

6.2.4 高层建筑基础应有一定的埋置深度，基础面标高应满足管线埋深要求，并应结合埋置深度的要求设置地下室。基础的埋置深度（由室外地坪至基础底或承台底）宜满足以下要求：

1 一般天然地基或复合地基，可取 $(1/15\sim1/18)H$（H 为建筑物室外地面至主体结构檐口之高度），且不宜小于 3m。

2 岩石地基的埋深可不受上述第一款的限制。

3 采用桩基础时，一般条件下可取 $1/20H$。

6.2.5 埋置深度一般自建筑室外地面算起。如地下室周围无可靠的侧限时，应从具有侧限的标高算起。如有沉降缝，应将室外地坪以下的沉降缝用粗砂填满，以保证侧限。

6.2.6 当建筑功能要求不设地下室或岩石地基的基础深埋确有困难时，在满足地基承载力、稳定性要求及基础底面与地基之间零应力区面积符合规范要求时，基础埋深可比本措施第 6.2.4 条的规定适当放松。

6.2.7 在确定天然地基的基础埋深时，为保证在施工期间相邻的既有建筑的安全和正常使用，基础埋深不宜深于相邻既有建筑的基础。当难以避免新建基础深于相邻既有建筑基础时，其基础之间的净距，应不小于基础之间高差的 2 倍。此要求如不能满足时，必须采取可靠措施。

【说明】：当新建基础深于相邻既有建筑基础时，地下室（如有）侧壁及基础需考虑邻近浅基础扩散应力的影响，设计也应充分考虑新建基础对既有建筑安全的影响，根据新建基础的埋深、尺寸及施工进程采取可靠的措施，必要时辅助监测措施以保证既有建筑安全。

6.2.8 当高层建筑采用天然基础时，通过浅层平板载荷试验确定的地基承载力特征值可按实际情况进行深度修正，通过深层平板载荷试验确定的地基承载力特征值不应进行深度修正。

6.2.9 当高层住宅带有多层裙房或地下室时（图 6.2.9），应根据裙房及地下室基础形式的不同来考虑塔楼基础地基承载力的深度修正。

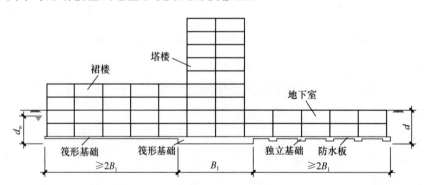

图 6.2.9　天然地基深度修正示意图

1 当裙房或地下室采用筏形基础时，可将基础底面以上范围内的荷载（不考虑活荷载），按基础两侧的超载考虑。当超载宽度不小于基础宽度两倍时，可将超载折算成土层厚度作为基础埋深（两侧不同时取小值）；当超载宽度小于基础宽度两倍时，折算土层厚度尚应与地下室实际埋深对比并按较小值确定。

2 当裙房或地下室采用独立基础或条形基础时，如防水底板厚度不小于 350mm 且底板下未设置泡沫板等软垫层时，则仍可按超载折算成土层厚度作为基础埋深。

3 当裙房或地下室采用独立基础或条形基础，防水底板厚度小于350mm或底板下设置了泡沫板等软垫层时，由于基础的整体性不能保障荷载较为均匀地分摊到地基上，不能采用超载折算土层厚度作为基础埋深，此时计算塔楼基础埋深应从防水底板底面标高算起。

4 当地下水位在裙房或地下室底板面以上时，计算超载应扣减水浮力的作用；当水浮力大于结构自重需设置抗浮措施时，不应考虑超载对埋深的影响。此时，确定基础底面积时基础底面处的平均压应力可扣减水浮力，见下式：

$$p_k = \frac{F_k + G_k}{A} - 10 \times d_w \tag{6.2.9}$$

式中：d_w——地下水位至基础底面高度，计算时不应高于浮力与超载平衡时的水位。

6.2.10 同一结构单元宜避免同时采用摩擦桩和端承桩，也宜避免同时采用浅基础和桩基础。当受条件限制高层建筑的高层部分与裙房部分采用不同的基础形式而又不设沉降缝时，应采取措施以减少高层建筑的沉降，同时使裙房的沉降量不致过小，从而使两者之间的沉降差尽量减小。当预计沉降差可能超过规范时，应优先采用通过设置沉降缝兼防震缝来解决沉降差问题。

【说明】：当同一结构单元难以避免同时采用摩擦桩和端承桩或同时采用浅基础和桩基础时，应采取可靠措施控制好沉降差异量，并估算所产生的差异沉降对上部结构可能产生的影响，必要时应有相应的加强措施。

6.2.11 当整体地下室以上塔楼与裙房之间不设沉降缝时，宜从地下室至裙房区域设置沉降后浇带。后浇带一般设于塔楼与裙房交界处的裙房一侧，封闭时间宜在塔楼主体结构完工之后，但如有沉降观测，根据观测结果证明沉降在主体结构全部完工之前已趋向稳定，也可适当提前。

6.2.12 桩基础布桩应使桩顶受荷均匀，上部结构的荷载重心与桩的形心相重合，并使群桩在承受水平力和弯矩作用方向上有较大的抵抗矩。宜在主体结构的角部、内外墙和纵横墙交叉处等位置布桩，尽量避免在门洞口范围等位置布桩。

【说明】：布置桩位宜尽量使桩基承载力合力点与竖向永久荷载合力作用点重合，让每根桩尽可能地均匀受力且传力直接、明确。

6.2.13 剪力墙下的布桩数量要考虑剪力墙两端应力集中的影响而相对增多，而剪力墙中和轴附近的桩可按受力均衡布置。

6.2.14 多桩承台下的桩应尽量对称布置，其根数一般不少于3根。当少于3根时，应在垂直于单排桩方向设置连系梁加以连接，一般应使梁面与承台面标高一致。在伸缩缝或防震缝处的双柱可共用同一承台。

6.2.15 相邻桩的桩底标高差，对于非嵌岩的端承桩不宜超过桩的中心距，对于摩擦桩不宜超过桩长的 1/10。

6.2.16   桩长的限制应根据桩的受力特点、地质情况及成桩工艺等因素确定，摩擦桩桩长不宜小于 6m，端承桩桩长不宜小于 4m；桩的最大长度限制除考虑施工工艺外，尚应考虑其长径比的限制。预应力管桩长径比不宜大于 120，当管桩穿越厚度较大的淤泥等软弱或可液化土层时，应考虑桩身的稳定性及对承载力的影响。

【说明】：最小桩长的限制主要考虑基桩的竖向承载性状，基岩承载力高及完整性好时，端承桩的最小桩长也可减小，桩长及长径比符合本措施第 6.3.7 条情况时，应按墩基础设计。根据《建筑桩基技术规范》JGJ 94，对于桩侧土情况较差且长径比大于 50 的桩，应进行桩身压屈验算，但并未对各种基桩长径比提出要求。一般情况下，考虑施工垂直度偏差等因素，宜控制桩的长径比不大于 80，在管桩应用实践经验丰富的广东省沿海等地区，采用管桩时可适当放宽长径比的要求，但仍要验算桩基稳定性和考虑对单桩承载力的不利影响。

6.2.17   桩径确定宜参考下述原则：

1   对于以摩擦桩为主的桩宜采用细长桩，当单桩承载力主要由桩端阻力控制时宜采用大直径桩，施工工艺及条件允许时可考虑采用扩底灌注桩，扩底直径不宜大于 3 倍桩身直径。

2   当单桩承载力由桩身混凝土强度控制时，可选用大直径桩或提高桩身混凝土强度等级。

3   对于高层建筑，桩身混凝土强度等级的确定还必须考虑与承台混凝土强度等级的相互配合，两者的强度等级相差不宜超过两级，否则必须验算承台的局部承压。

6.2.18   当桩身穿过较厚的未完成自重固结的人工填土或软弱土层时，桩基础设计应考虑负摩擦阻力对单桩承载力的影响。

6.2.19   桩的中心距应满足下述规定：

1   摩擦型桩的中心距不宜小于 3 倍桩身直径。

2   扩底灌注桩不宜小于 1.5 倍扩底直径，当扩底直径大于 2m 时，桩端净距不宜小于 1m。

3   在确定桩距时尚应考虑施工工艺中挤土等效应对邻近桩的影响。

4   预应力管桩相邻桩的中心距应符合表 6.2.19 的要求。

相邻桩中心距的要求   表 6.2.19

土类与桩基情况		排数不少于 3 排且桩数不少于 9 根的摩擦型桩基	其他情况
挤土桩	饱和软黏土	4.0d	3.5d
	非饱和土、饱和非软黏土	3.5d	3.0d
部分挤土桩	饱和软黏土	3.5d	3.0d
	非饱和土、饱和非软黏土	3.0d	3.0d
非挤土植入桩		3.0d	3.0d

注：1. 桩的中心距指两根桩桩端横截面中心之间的距离；
2. 当纵横向桩距不相等时，其最小中心距应满足"其他情况"一栏的规定；
3. "部分挤土桩"指沉桩时采取引孔或应力释放孔等措施的桩基；
4. 存在液化土层时可适当减小桩距；
5. 当有减少挤土效应的措施时，可以减小桩距，但不应小于 3.0d（d 为桩径）。

【说明】：广东地区目前使用的管桩，按承载力性状分多属于摩擦端承桩，按成桩方法分多属于挤土桩。管桩的平面布置要求，是在现行国家标准《建筑地基基础设计规范》GB 50007和广东省标准《建筑地基基础设计规范》DBJ 15-31关于上述特性桩的布置要求的基础上，结合广东地区工程经验和管桩的特点而提出来的。

6.2.20 桩底进入持力层的深度应根据地质条件、荷载及施工工艺确定，并应考虑特殊土、岩溶发育以及震陷液化等影响，一般情况下宜为1～3倍桩径。嵌岩灌注桩周边嵌入完整和较完整的微风化、中风化硬质岩时，可控制嵌岩深度不小于0.5m。

【说明】：岩溶地区桩端持力层可设置在一定厚度的岩溶顶板上，溶洞顶板厚度不宜小于$3d$，但桩端持力层不得位于未经处理的土洞之上；桩端持力层在斜岩面上时，桩端支承在大于45°斜岩面的钻、冲孔桩，斜面周边的岩层容易被冲坏，单桩竖向承载力计算时不宜考虑桩入岩部分周边的摩擦力，桩端承载力宜乘以系数0.7，避免桩静载试验检测结果达不到设计要求。同时，斜岩面的入岩深度宜按斜面最深处计算以满足要求。

6.2.21 桩端进入中、微风化岩层的嵌岩桩工程，单桩竖向承载力特征值可按广东省标准《建筑地基基础设计规范》DBJ 15-31进行计算，考虑持力层岩样完整程度及沉渣厚度等因素，根据岩样天然湿度单轴抗压强度确定。

【说明】：常用的嵌岩桩竖向承载力计算方法有多种，包括国家标准《建筑地基基础设计规范》GB 50007计算方法、行业标准《公路桥涵地基与基础设计规范》JTG 3363计算方法及行业标准《建筑桩基技术规范》JGJ 94计算方法，设计应注意不同方法的适用条件，承载力计算采用的不同参数，结合桩基静载试验等检测情况进行分析判断。广东省标准的嵌岩桩设计沿用公路行业地基基础设计规范的公式，实践证明是安全可靠的，广东省内嵌岩桩工程应优先采用。

6.2.22 大直径桩类型（包括预制桩及灌注桩）及截面的选择应因地制宜综合考虑当地的施工条件、地质情况、地下水位、场地条件以及上部结构类型、荷载大小与性质等因素，做到技术先进、经济安全、确保工程质量。

【说明】：目前预应力混凝土管桩的桩径已可达到800～1200mm，参考已有工程的经验，直径800mm的预应力管桩，其单桩竖向承载力可达4500kN，基础设计可结合工程实际情况，采用大直径预应力管桩。

6.2.23 设计中选用人工挖孔灌注桩应慎重，设计图纸中应要求施工单位采取施工安全防护措施，其中包括必须有并不限于钢筋混凝土护壁、操作人员在孔下的通风换气条件等。工程建设地为广东省内时，尚应符合《关于限制使用人工挖孔灌注桩的通知》（粤建管字〔2003〕49号）的要求，并配合建设单位会同有关单位向上级主管部门或施工图审查机构提出书面申请和相关资料（含可行性报告），经同意后方可实施。

【说明】：人工挖孔桩施工方便、速度较快、不需要大型机械设备，曾在建筑工程中得到广泛的应用，但挖孔井下作业通风条件差、环境恶劣，且安全难以保障。根据住建部

2022 年正式发布的《房屋建筑和市政基础设施工程危及生产安全施工工艺、设备和材料淘汰目录（第一批）》，人工挖孔桩已列入限制使用的施工工艺，在推广建筑工业化的今天，人工挖孔桩应严格限制使用。

6.2.24 大直径灌注桩的钢筋一般情况下应参照表 6.2.24 设置，对受荷特别大的桩、抗拔桩及穿越液化土层的桩应根据计算及实际情况确定配筋。

大直径灌注桩桩身配筋

表 6.2.24

桩直径 d（mm）	①通长纵筋	最小配筋率（%）	③加劲箍	④螺旋箍	L_N（④筋加密区段）（mm）
800	13ϕ16	0.52	ϕ12@2000	ϕ8@200	≥2000
1000	18ϕ16	0.46	ϕ12@2000	ϕ8@200	≥2000
1200	18ϕ18	0.41	ϕ12@2000	ϕ8@200	≥2000
1400	22ϕ18	0.36	ϕ14@2000	ϕ8@200	≥3000
1600	25ϕ18	0.31	ϕ14@2000	ϕ10@200	≥3000
1800	25ϕ18	0.25	ϕ16@2000	ϕ10@200	≥3000
2000	25ϕ18	0.20	ϕ16@2000	ϕ10@200	≥3000
2200	30ϕ18	0.20	ϕ16@2000	ϕ12@200	≥3500
2400	30ϕ20	0.20	ϕ18@2000	ϕ12@200	≥3500
2600	34ϕ20	0.20	ϕ18@2000	ϕ12@200	≥3500
2800	39ϕ20	0.20	ϕ18@2000	ϕ12@200	≥3500

注：1. 液化土和震陷软土中的桩的配筋范围，应自桩顶至液化深度以下符合全部消除液化沉陷所要求的深度，其箍筋应在表中数值的基础上直径加粗并加密；
    2. 表中通长纵筋是按最小配筋率计算确定，可根据实际情况调整根数及直径；
    3. 当需要利用桩纵筋提高桩身承载力时，箍筋加密段 L_N 应取表中数值与 5d 的大值；
    4. 本表适用于机械成孔灌注桩基础，人工挖孔桩可参考，但桩径不应小于 1200mm。

6.2.25 抗拔桩的设计原则应符合下列规定：

1 应根据环境类别及水土对钢筋的腐蚀、钢筋种类对腐蚀的敏感性和荷载作用时间等因素确定抗拔桩的裂缝控制等级。

2 对于严格要求不出现裂缝的一级裂缝控制等级，桩身应设置预应力筋；要求不出现裂缝的二级裂缝控制等级，桩身宜设置预应力筋。

3 对于三级裂缝控制等级，应进行桩身裂缝宽度计算。

4 非扩底抗拔长桩可根据桩身轴力的变化分段配置抗拔纵筋。

5 当采用嵌岩的人工挖孔抗拔桩时，对于硬岩开挖应主要采用机械开凿与局部采用严格控制爆破当量的小范围爆破结合，以最大限度地减少对桩周土体的影响。

6 桩身裂缝控制等级及最大裂缝宽度应根据是否设置预应力、环境类别和水、土介质腐蚀性等级，按表 6.2.25 规定选用。

桩身的裂缝控制等级及最大裂缝宽度限值　　　　表 6.2.25

环境类别		钢筋混凝土桩		预应力混凝土桩
		裂缝控制等级	$w_{\lim}$（mm）	裂缝控制等级
二	a	三	0.2（0.3）	二
	b	三	0.2	二
三		三	0.2	一

注：1. 水、土为强、中腐蚀性时，抗拔桩裂缝控制等级应提高一级；

　　2. 二 a 类环境中位于稳定地下水位以下的基桩，其最大裂缝宽度限值可采用括号中的数值。

【说明】：当采用预应力技术控制桩身裂缝时，可优先选用缓粘结预应力技术。采用缓粘结预应力筋的施工工艺基本同普通钢筋灌注桩，底板施工后，虽然增加了锚具安装、张拉及封锚工序，但基本不影响总工期，施工工艺简单，质量易于控制。

6.2.26　抗拔桩及地下室结构构件计算裂缝宽度时，当设计采用的最大裂缝宽度的计算式中保护层的实际厚度超过 30mm 时，采用规范最大裂缝宽度的计算式中保护层厚度的计算值可取为 30mm。

6.2.27　当抗拔桩钢筋采用防腐涂层钢筋或钢筋直径加大一级作为腐蚀余量时，经过论证并征得当地审图机构同意后，抗拔桩裂缝宽度也可不作控制。

6.2.28　基础设计应结合场地水条件考虑，在施工时有可能需要降低地下水位，则在施工图上必须注明；施工过程中，若需降低地下水位时，应采取必要措施，避免因降低地下水位而影响邻近建筑物、构筑物、地下设施等的正常使用及安全。

6.2.29　地下水或建筑物所排出废水（如工业废水）有侵蚀性时，基础应做好防护措施。防护措施可以按水的性质、数量等采取不同方法，如采用抗侵蚀混凝土，在基础四周（包括底面）涂刷抗侵蚀涂料等措施。

6.3　常用基础形式

6.3.1　不设置地下室的结构常用浅基础包括柱下独立基础、柱下条形基础（含十字交叉基础）、梁板式筏形基础及平板式筏形基础等，各类型基础适用范围如下：

1　中柱基础面积与受荷面积比≤50%时，宜选用柱下独立基础。

2　中柱基础面积与受荷面积比在 50%~80%之间时，宜选用柱下条形基础或十字交叉基础。

3　中柱基础面积与受荷面积比≥80%时，宜选用筏形基础；当基础梁高≤1200mm（梁高宽比一般不大于 2.5）时，宜采用梁板式筏形基础，否则宜选择平板式筏形基础（可以在板面设置柱帽）。

6.3.2 设置地下室的结构常用浅基础包括柱下独立基础、梁板式筏形基础及平板式筏形基础，各类型基础适用范围如下：

1 中柱基础面积与受荷面积比≤50%时，宜选用柱下独立基础＋防水板。

2 中柱基础面积与受荷面积比＞50%时，宜选用筏形基础；当基础梁高≤1200mm（梁高宽比一般不大于2.5）时，宜采用梁板式筏形基础，否则宜选择平板式筏形基础。

3 当筏形基础外伸长度≥1.5倍板厚（梁高）时，应对浅基础和桩基础进行经济性及建设工期等比较，选择合适的基础形式。

6.3.3 常用桩基础形式包括锤击式（静压式）预应力混凝土管桩、冲（钻、旋挖）混凝土灌注桩、人工挖孔桩、夯扩混凝土灌注桩、长螺旋压灌桩、微型钢管桩等。当符合下列情况时，可采用桩基础、桩筏基础、刚性桩复合地基基础或柔性桩复合地基基础：

1 采用浅基础的地基承载力或变形不能满足设计要求。

2 虽可采用浅基础（包括天然地基、换土地基、强夯地基上的浅基础），但其工程综合造价大于桩基础、桩筏基础或刚性桩复合地基基础综合造价的1.2倍。

3 结合地下室抗浮需求，经济性优于浅基础＋抗浮措施（加大自重或设置抗浮锚杆）。

4 选用柔性桩复合地基基础时，应充分论证其耐久性、经济性及可操作性，宜优先考虑刚-柔性桩结合的复合地基基础。

【说明】：

1. 复合地基是指天然地基在地基土处理过程中土体得到增强或被置换，由天然地基土体和增强体两部分组成的人工地基。增强体分为水平向增强体和竖向增强体。竖向增强体复合地基通常称为桩体复合地基，柔性桩复合地基和刚性桩复合地基较为常用。

2. 刚性桩和柔性桩可按桩土应力比例判别，荷载全部或大部分由桩承担为刚性桩，反之为柔性桩。刚性桩可采用灌注桩或预制桩，柔性桩可采用水泥土搅拌桩或旋喷桩。刚性桩、柔性桩复合地基设计重点为承载力的确定和沉降控制，刚-柔性桩复合地基宜按沉降控制的原则进行设计。

6.3.4 柱下独立基础

1 柱下独立基础基底平面宜取为方形或矩形，矩形基础的长度与宽度之比不宜大于2。

2 基础混凝土强度等级不应低于C25。

3 基础下应设素混凝土垫层，其厚度宜取100mm，混凝土强度等级不应低于C15。

4 当基础边长≥2.5m时，底板受力钢筋的长度可取边长的0.9倍，并交错布置。

5 当两根柱子之间的距离较近或基础底面积较大，以至于不能设计成单独柱基时，可考虑为双柱联合基础。

6 地下室柱下独立基础与防水底板置于同一持力层时，防水底板下宜设置褥垫层或泡沫板等软垫层；或将独立基础与防水底板连为一体按弹性地基进行有限元分析，并对应加强防水底板的配筋构造。

6.3.5 柱下条形基础

1 柱下条形基础可分为柱下单向条形基础和柱网下交叉条形基础。

2 混凝土强度等级不应低于 C25。

3 钢筋混凝土柱下条形基础一般采用倒 T 形截面，由肋梁和翼板组成。

4 柱下条形基础的高度宜为柱距的 1/8～1/4；翼板厚度不宜小于 200mm。当翼板厚度为 200～250mm 时，宜用等厚度翼板；当翼板厚度大于 250mm 时，宜用变厚度翼板，坡度不大于 1∶3，其边缘厚度不宜小于 200mm。

5 一般情况下，柱下条形基础的端部应向外悬臂伸出，其长度宜为第一跨距的 0.25～0.30 倍。

6 基础梁的平面尺寸不宜小于柱的平面尺寸，且柱的边缘至基础梁边缘的距离不应小于 50mm；当条形基础梁宽度不大于柱截面相应边长时，应在基础梁与柱相交处采用水平加腋处理。

7 柱下条形基础宜采用双向条形基础，宜按弹性地基梁计算；当存在扭矩时，尚应作抗扭计算。

8 当条形基础的混凝土强度等级小于柱的混凝土强度等级时，尚应验算柱下条形基础梁顶面的局部受压承载力。

9 柱下条形基础配筋应符合下列规定：

（1）条形基础梁的纵向受力钢筋应根据计算确定，并沿梁上下配置，其配筋率均不应小于 0.2%，纵向受力钢筋的直径不应小于 12mm；

（2）条形基础肋梁顶面和底面的纵向受力钢筋应各有 2～4 根钢筋通长布置，且其面积不应少于纵向钢筋总面积的 1/3；

（3）肋宽 $b \leqslant 350$mm 时，应采用双肢箍；肋宽 b 为 350mm$< b \leqslant 800$mm 时，采用 4～6 肢箍；

（4）箍筋应采用封闭式，其直径不应小于 8mm，间距按计算确定，但不应大于 15d（d 为纵向受力钢筋直径）及 400mm；并在距离支座 0.25～0.3 倍柱距范围内应加密配置；

（5）翼板的横向受力钢筋由计算确定，钢筋直径不应小于 10mm，间距为 100～200mm，分布钢筋直径为 8～10mm，间距不应大于 300mm；

（6）当肋高 $\geqslant 700$mm 时，应在肋高的中部两侧配置直径不小于 14mm 的纵向构造钢筋，该构造钢筋沿肋高方向间距宜为 300～400mm。

6.3.6 筏形基础

1 筏形基础分梁板式和平板式两种类型，应根据工程地质、上部结构体系、柱距、荷载大小以及施工条件等因素确定选型。不设地下室的筏形基础，考虑持力层放置于良好土层，可采用反梁式梁板筏形基础，设地下室的筏形基础，基础兼作地下室底板时宜选用平板式筏形基础，平板筏形基础宜采用向下设置柱帽的方式，柱帽的截面高度、平面尺寸应根据冲切、剪切计算确定。

2 筏形基础的平面尺寸应根据地基土的承载力、上部结构的布置及荷载分布等因素按有关规定确定。对单幢建筑物，在地基土比较均匀的条件下，基底平面形心宜与结构竖向永久荷载重心重合。当不能重合时，在荷载效应准永久组合下，偏心距宜符合下式要求：

$$e \leqslant 0.1W/A \tag{6.3.6}$$

式中：W——与偏心距方向一致的基础底面边缘抵抗矩（mm^3）；

A——基础底面积（mm^2）。

3 筏形基础的混凝土强度等级不应低于C30。

4 筏形基础厚度应满足受冲切承载力、剪切承载力的要求。

5 筏形基础的配筋应符合下列规定：

（1）筏形基础底板厚度小于300mm时，可配置单层钢筋（兼作地下室抗浮时除外）；板厚大于或等于300mm时，应配置双层钢筋；

（2）筏形基础配筋除应符合计算要求外，纵横方向支座钢筋应按不小于0.2%配筋率进行拉通，跨中钢筋应按照实际配筋全跨拉通；

（3）筏形基础的受力钢筋的最小直径不宜小于10mm，间距不应大于1.5倍板厚及200mm；分布钢筋直径为8~10mm，间距为200~300mm；

（4）筏形基础的四角应配置放射状的附加钢筋。

6 采用筏形基础的高层建筑与相连的裙房之间不允许设置沉降缝时，应通过变形计算确定并采取有效的抵抗不均匀沉降措施；设置沉降缝时，高层建筑筏形基础埋深应低于裙房基础的埋深不宜少于2m，沉降缝地面以下处应用粗砂等松散材料填实。

7 筏形基础地下室施工完毕后，应及时进行基坑回填工作。

6.3.7 墩基础

1 圆形基础埋深大于3m、直径不小于1200mm且埋深与基础直径的比小于5或埋深与扩底直径的比小于3的独立刚性（桩）基础，可按墩基础进行设计。

2 墩基础有效长度不宜超过6m，承载力可按天然地基的设计方法进行计算。

【说明】：墩基础适用于岩层埋藏较浅但未能采用天然基础，采用大直径桩基础而桩长又较短的情况。高承载力墩基础不能采用单墩载荷试验时，可采用孔内墩底平板载荷试验、深层平板载荷试验等方法确定承载力。墩基础施工一般采用挖（钻、冲）孔桩的方式成孔，岩层情况较好时可采用扩底墩，墩底扩孔直径不宜大于墩直径的2.5倍。

3 墩基础设计应符合下列规定：

（1）单墩承载力特征值或墩底面积计算不考虑墩身侧摩阻力，墩底端阻力特征值采用修正后的持力层承载力特征值或按抗剪强度指标确定的承载力特征值；以岩层作为持力层时承载力特征值不进行深宽修正；

（2）墩身混凝土强度验算应满足墩的承载力设计要求；

（3）墩底压力的计算、墩底软弱下卧层验算及单墩沉降验算应符合国家标准《建筑地基基础设计规范》GB 50007 地基计算中的有关规定。

4　墩基础的构造应符合下列规定：

（1）墩身混凝土强度等级不宜低于 C25；

（2）墩身采用构造配筋时，纵向钢筋不小于 12 ϕ 16，且配筋率不小于 0.2%，纵筋长度应至墩底，箍筋ϕ 10@250mm；

（3）墩基础与承台的连接构造与大直径桩基础的要求相同；

（4）相邻墩基础底标高一致时，基础位置按上部结构要求及施工条件布置，中心距可不受限制；持力层起伏较大时，应综合考虑相邻墩基础底高差与中心距之间的关系，进行持力层稳定性验算，不满足时可调整墩基础距离或底标高；

（5）墩基础进入持力层的深度不宜小于 1000mm；当持力层为中风化、微风化岩石时，在保证墩基础稳定性的条件下，进入持力层的深度可不小于 500mm。

6.3.8　预应力混凝土管桩基础

1　管桩适用范围及持力层建议：

（1）锤击式管桩基础宜选择强风化或全风化岩、硬黏土、密实砂土等岩土层作为桩端持力层；

（2）静压式管桩基础宜用于覆盖层较软弱、桩端持力层为硬塑～坚硬黏性土层，中密～密实碎石土、砂土、粉土层，全风化或强风化岩层的地质条件；

（3）采用静压式方法沉桩时，场地 3m 深范围内的表土层承载力特征值应不小于 100kPa；如表土层承载力特征值小于 100kPa，应对场地表土层进行处理；

（4）采用小吨位压桩机静压式沉桩时可压入 $N=40\sim45$（N 为修正后标贯击数，下同）的全、强风化岩层；采用大吨位压桩机 $N=45\sim50$ 的全、强风化岩层；

（5）锤击式沉桩可打入 $N\geqslant50$ 的强风化岩层。

【说明】： 经过多年的广泛应用，采用传统柴油锤击式预应力管桩沉桩方式具有丰富的成桩数据及可靠的承载力，但由于环保及噪声等要求，柴油锤击式预应力管桩受限制较多，静压式预应力管桩较锤击式预应力管桩有较大的优势。近年来，液压锤击预应力管桩技术发展，液压打桩锤无油烟污染，其锤击噪声要比柴油锤小 30dB 左右，而且锤击能量大小的选择范围较大，冲击体的质量为 7～30t，落距可从 20～150cm 自动调节，比柴油锤 1.6～1.8m 的落距小得多，用液压锤替代柴油锤已势在必行。设计人员选用管桩桩型及沉桩方式时应考虑噪声、振动、挤土和油烟等污染的环保问题，在环保法规不允许打桩的地方应选择合适的沉桩方式进行管桩施工。

（6）以下情况不宜采用或慎用管桩基础：场地存在较多孤石、障碍物及硬夹层的地层，基岩面上没有合适持力层的岩溶地层，松软土层下直接为中风化、微风化岩层，遇水软化的持力层，或地下水和地基土具有强腐蚀的地层。

【说明】：随着管桩技术的发展，突破不宜采用或慎用管桩基础的场地条件而采用管桩的成功案例也越来越多，提出限制使用要求实际是提醒设计人员在上述地质情况中应用管桩时应有可靠的施工及设计加强措施，如强腐蚀地区可采用耐腐蚀性管桩，存在较多孤石的场地可采用引孔方法穿过，确定基础选型时应结合不利地层的基础施工方案及设计加强措施对工期及造价的影响进行分析。

2　管桩基础沉降量估算

（1）大底盘地下室应分别计算（估算）塔楼及纯地下室沉降量，判断是否需要设置沉降后浇带；

（2）沉降量计算时，应按单桩实际受力值进行计算（估算）；

（3）浅基础和管桩相结合的工程，需充分计算其沉降差；

（4）当管桩计算沉降量与实际沉降量存在较大的差距时，应选择与实际应力水平相适应、有代表性的沉降计算参数，并应重视地区性经验数据。

3　最后贯入度和终压值

（1）有关标准给出的最后贯入度和终压值，一般适用于"适用范围的管桩基础"，对于适用范围外的管桩基础，则仅供参考，需结合当地工程经验现场试桩确定；

（2）管桩的总锤击数及最后 1m 沉桩锤击数应根据当地工程经验确定，最后 1m 沉桩锤击数不宜超过 300 击；

（3）常用液压锤沉桩极限承载力计算估值见表 6.3.8-1～表 6.3.8-3。

HHP14 液压锤沉桩极限承载力计算估值（kN）　　　　表 6.3.8-1

提锤高度（mm） 贯入度（mm）	200～400	500～700	800～1000
70～100	950～2100	2400～3800	3700～5400
40～60	1100～2500	2800～4400	4400～6300
20～30	1300～2900	3300～5100	5000～7300

建议：1. 收锤时，施打外径 400～500mm 的管桩，提锤高度不宜大于 600mm；
　　　2. 收锤时，施打外径 600mm 的管桩，提锤高度不宜大于 700mm。

HHP16 液压锤沉桩极限承载力计算估值（kN）　　　　表 6.3.8-2

提锤高度（mm） 贯入度（mm）	200～400	500～700	800～1000
70～100	1100～2400	2800～4300	4400～6200
40～60	1200～2800	3200～5000	5100～7100
20～30	1500～3300	4600～5800	6100～8200

建议：1. 收锤时，施打外径 500mm 的管桩，提锤高度不宜大于 600mm；
　　　2. 收锤时，施打外径 600mm、700mm 的管桩，提锤高度不宜大于 700mm。

HHP20 液压锤沉桩极限承载力计算估值（kN）　　表 6.3.8-3

贯入度（mm） ＼ 提锤高度（mm）	200～400	500～700	800～1000
70～100	1400～3000	3500～5400	5600～7800
40～60	1600～3600	4000～6300	6500～9000
20～30	1900～4100	5700～7300	7700～10000

建议：1. 收锤时，施打外径 600mm 的管桩，提锤高度不宜大于 600mm；

2. 收锤时，施打外径 700mm、800mm 的管桩，提锤高度不宜大于 700mm；

3. 收锤时，施打外径 1000mm 及以上的管桩，提锤高度不宜大于 900mm。

【说明】：液压锤近年来代替柴油锤在管桩沉桩中得到广泛应用，由于各方对于液压锤的使用尚处于摸索阶段，特别是收锤时的重锤冲程和收锤标准是施工时的难点，施工时习惯性延用柴油锤的施工经验，导致施工过程中特别是收锤时重锤冲程过大而造成桩头破损率偏高。参考广东省标准《锤击式预应力混凝土管桩工程技术规程》DBJ/T 15-22，结合静载试验和试打桩时积累的收锤数据以及对应承载力数据，一般收锤时锤头冲程控制在50cm 左右，通过增加锤击数，控制贯入度达到 20～40mm。

4　预应力管桩基础设计常见问题

（1）未对建设场地的管桩适用性进行分析，桩型及桩尖选用随意性较大；

（2）场地覆盖土层较薄时，设计未采取措施，静压式施工难以满足有效桩长要求；

（3）场地浅层土层软弱松散，采用静压式施工时设计未提出场地表层处理要求；

（4）未考虑相邻桩承台的影响；相邻承台边桩之间距离在（3～3.5)d 之间，两承台总桩数≥9 根时，未按群桩考虑；

（5）桩基础平面图未注明钻孔处"设计参考桩长"和"试桩"位置；

（6）深厚软土层管桩在地面施工时，未能采取有效措施控制基坑开挖、桩机荷载及土方堆填等不利因素对桩垂直度的影响。

5　预应力管桩基础引孔法施工

（1）引孔直径不宜超过管桩直径的 0.9 倍，并应采取防塌孔的措施；引孔深度不宜超过 12m；

（2）宜采用长螺旋钻机引孔，长螺旋钻机可钻进穿透强风化花岗岩层、较高强度硬夹层或孤石，垂直偏差不宜大于 0.5%；

（3）当引孔需穿过硬夹层时，引孔直径可取桩径 $D-20$mm；当引孔进入击数较高强风化岩层较深时，可采用等直径引孔；

（4）引孔宜进入持力层 1m 以减少挤土效应，引孔直径可取桩径 $D-50$mm；

（5）对于持力层较斜、非软弱土层较薄、挤土效应明显等管桩"慎用场地"情况，引孔施工法应结合场地类型、沉桩方式及桩尖形式确定施工措施。

【说明】：预钻孔（引孔）是管桩施工时常采用的措施，用以穿透硬夹层、孤石，减少挤土效应，亦可增加桩的入土深度。根据工程经验和实际情况，引孔的直径应根据现场的土质情况、桩直径、桩的密集程度等因素确定，引孔直径一般可以比管桩直径小 10cm 或 5cm，必要时也可等直径引孔。一般情况下，引孔深度不宜超过 12m，考虑引孔过深时的孔垂直度偏差不易控制，出现引孔偏斜时很难纠偏，容易发生桩身折断事故。当引孔进入击数较高强风化岩层较深时，应注意即使引孔直径较大（桩径 $D-20mm$），仍可能出现沉桩难以至孔底（即"吊脚桩"）的情况，必要时可以采用等直径引孔；引孔内积水时，宜采用开口型桩尖，若用封口型桩尖，也可能出现吊脚桩的不利情况。

6　预应力管桩基础浮桩、送桩、复打（压）

(1) 采用 2～2.2 倍单桩承载力特征值 R_a 静载试验时，沉降量可控制在 15～25mm；

(2) 桩上浮量≤10mm，对单桩承载力和沉降量（15～25mm）影响很小，可以不复打（压）；

(3) 桩上浮量为 10～20mm，对单桩承载力影响较小但沉降量可能偏大时，宜复打（压）；

(4) 桩上浮量＞20mm，可能对单桩承载力和沉降量都影响较大，现场各方应共同研究措施；

(5) 可能会产生浮桩的范围需复打（压）时，送桩长度不宜大于 1m；

(6) 浅层土属于软弱土层时，慎用静压式复压；已截桩头时，慎用锤击式复打；

(7) 不需复打（压）范围的送桩深度：锤击式宜≤2m，如果施工过程中判定送桩时动力消失不明显，可控制≤3m；静压式施工时宜≤6m。

7　预应力管桩基础桩尖选用说明（表 6.3.8-4）

(1) 桩穿越土层由软逐步变硬，特别是强风化持力层上面有较厚的全风化或残积土层时，宜选用十字型桩尖，为节约造价宜优先选尖底十字型；如全风化岩层较薄，强风化岩面倾斜时，则宜选尖底十字型或锯齿十字型桩尖；

(2) 桩穿越土层有砾砂夹层，十字型桩尖不能穿越时，可改用棱锥型桩尖；

(3) 当穿越土层含有孤石或球状花岗岩时，宜选用 H 型钢 I 型桩尖；

(4) 当场地表面为残积土或全风化岩层，土层中含有石块、石英岩脉等软硬不均，桩容易产生位移时宜选用 H 型钢 I 型桩尖；当桩需要穿越中风化沉积岩夹层时宜选用 H 型钢 I 型桩尖；

(5) 当持力层为遇水易软化的岩层且埋藏较浅时，宜选用 H 型钢 I 型桩尖，并加长 H 型钢段；

(6) 当桩群密集及桩距较小时，或在深基坑内打桩等容易引起桩上浮时，宜采用开口型桩尖；

(7) 当有软硬突变，岩面起伏大倾斜如石灰岩地质时，可以先试用锯齿十字型桩尖；

如仍出现桩损坏严重时，则可改用 H 型钢 Ⅱ 型桩尖，宜采用 AB 型管桩，采用静压法施工。

预应力管桩常用桩尖类型表　　　　　　　　表 6.3.8-4

名称	平面图	剖面图	名称	平面图	剖面图
A 平底十字型	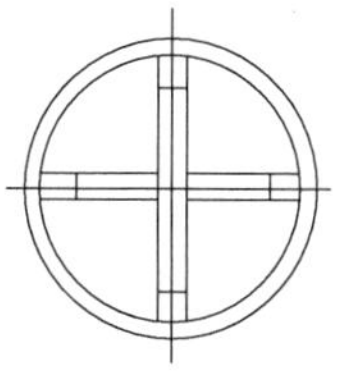	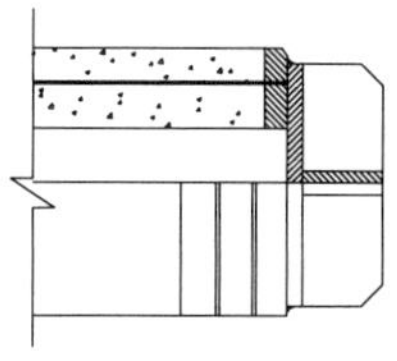	F H型钢Ⅰ型	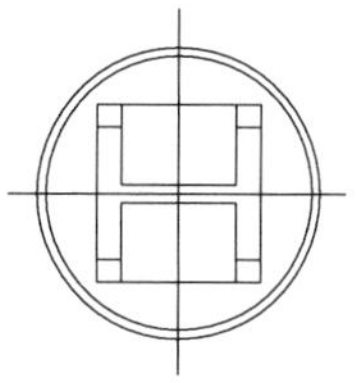	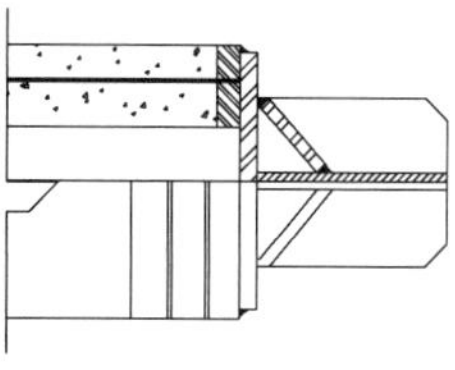
B 尖底十字型	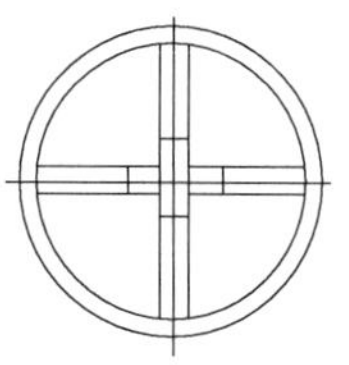	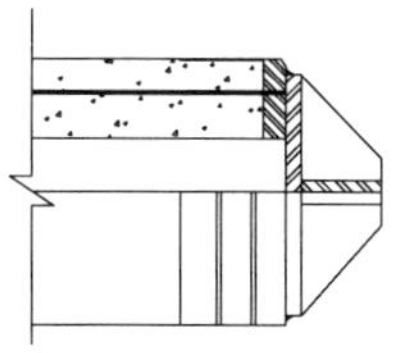	G H型钢Ⅱ型	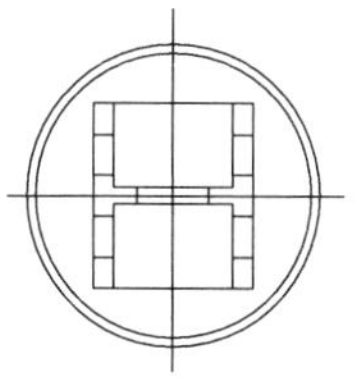	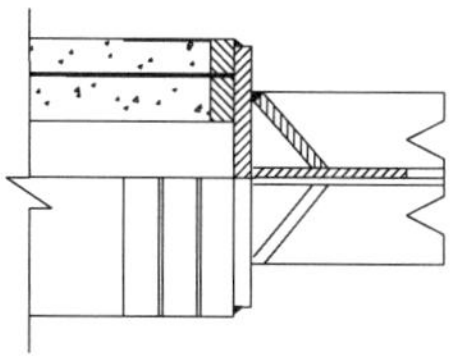
C 锯齿十字型	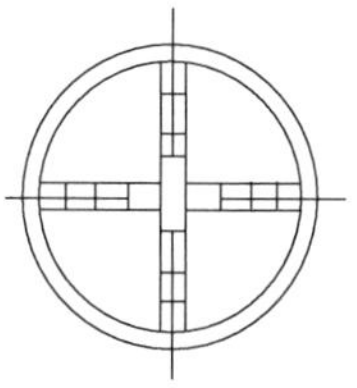	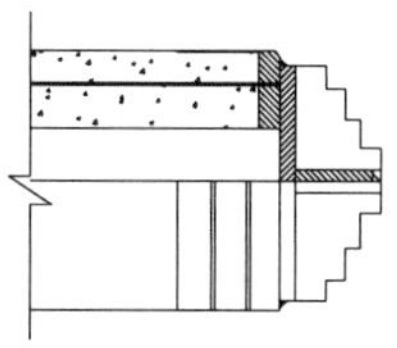	H 开口型	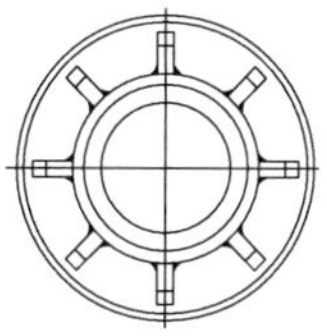	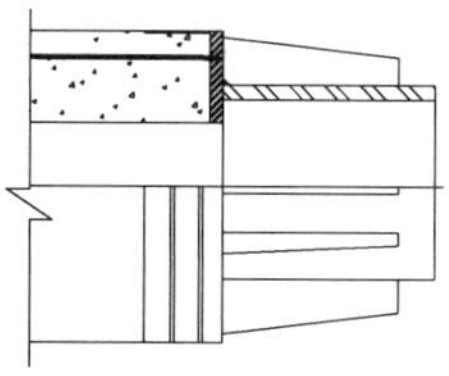
D 四棱锥型	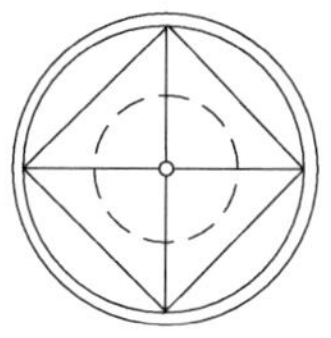	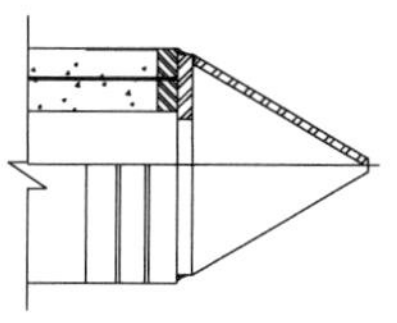	J 锯齿圆型	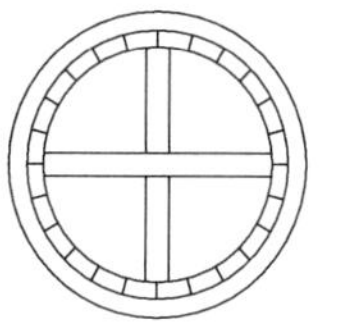	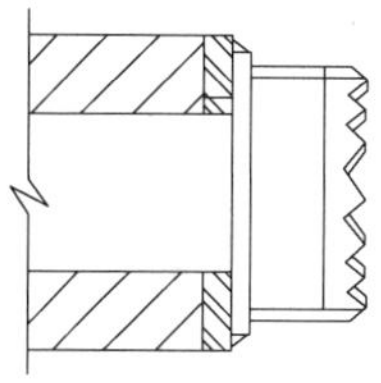
E 六棱锥型	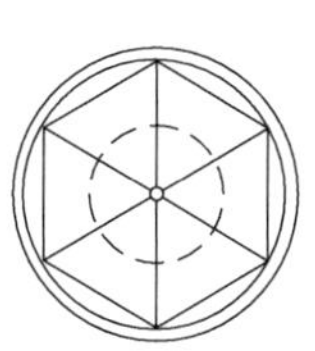	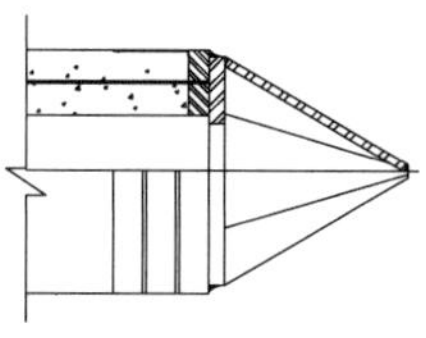	K 一体化桩尖	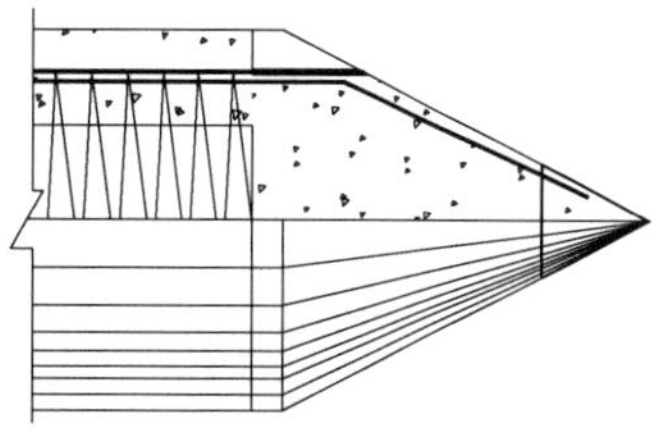	

6.3.9　机械成孔钢筋混凝土灌注桩基础

1　冲击钻机成孔灌注桩

（1）冲孔桩适用于各种地层施工，冲锤可破碎高强度的岩石，入岩进尺较有规律性；桩孔直径通常为 600～2500mm，通过钻头改造可施工 2500mm 以上大直径灌注桩；

（2）冲孔桩冲击土层时的冲挤作用形成的孔壁较为坚固，成孔直径和理论值接近，但在较弱土层段，充盈系数会较大；

（3）冲孔桩总体工效低、设备套数多、用电容量大、振动冲击大，宜优先考虑钻孔或旋挖等其他成孔方式；地铁保护范围或附近有精密仪器使用范围内应慎用冲孔桩；确需使用冲孔桩时，需向地铁保护办公室等机构申报并通过评审方可应用。

2　旋挖钻机成孔灌注桩

（1）旋挖桩机械移动方便，成孔速度快，现场需要用电负荷较小，可通过干作业、泥浆护壁或加护筒成孔；可设计为带扩大头旋挖桩，扩大头宜位于中微风化岩层内；

（2）岩石单轴抗压强度≥15MPa，或卵石、碎石层较厚（厚度≥2m）时，应慎用旋挖桩；岩溶发育岩层应根据岩溶发育程度评估旋挖成孔的可靠性；

（3）旋挖桩在硬质岩层较致密的卵砾石（卵石粒径超过100mm）和孤石层施工较为困难；旋挖桩施工应通过保持孔内水位及控制泥浆质量等措施避免缩颈、塌孔情况；

（4）旋挖桩在软弱土层成孔直径和理论值可能差异较大，软土中充盈系数可为1.2～1.3。

【说明】：钻孔、冲孔及旋挖成孔是最为常见的机械成孔方式，嵌岩桩承载力计算方法一致，不同形式机械成孔入岩能力实际为综合问题，应根据周边环境、岩层情况及设备机械等因素确定成孔方式。岩溶发育地区桩基位置的溶（土）洞已采用填充工艺进行了预先处理或桩基周边采用旋喷帷幕进行了封闭处理的，宜选用泥浆护壁冲击（旋挖）成孔。

3　全套管全回转钻机成孔灌注桩

（1）全套管全回转钻机成孔（以下简称全回转钻孔）能解决特殊场地、特殊工况、复杂地层如流砂、见洞率较高的岩溶区域的灌注桩施工难题，具有低噪声、低振动及安全性能高的特点；

（2）全回转钻孔过程不使用泥浆，作业面较干净，成孔质量高，不易产生塌孔现象，清底干净快捷，沉渣可清至30mm左右；成孔直径标准，充盈系数小；

（3）施工钻机时可以很直观地判别地层及岩石特性；施工时应避免大幅降低地下水位；

（4）全回转钻孔费用比常规机械成孔灌注桩高较多，适用于对工期要求高的复杂岩溶地区、地铁保护范围及对振动敏感的建筑周边等场地的灌注桩施工，对综合效益进行比较分析后可采用。

4　端承型桩和位于坡地、岸边的灌注桩应沿桩身等截面或变截面通长配筋；摩擦型灌注桩配筋长度不应小于2/3桩长；当受水平荷载时，配筋长度尚不宜小于$4.0/\alpha$（α为桩的水平变形系数）。

5　灌注桩试桩要求及结果判断

（1）设计等级为甲级的灌注桩，地基条件复杂、基桩施工质量可靠性低及本地区采用新工艺成桩的灌注桩，施工前应进行试验桩检测并确定单桩极限承载力；

（2）试桩应符合实际工作条件，试桩的成桩工艺和质量控制应严格遵守有关规定；

（3）试桩时应通过岩层渣样的形状、新鲜程度，判断强、中、微风化岩岩性是否与《岩土工程超前钻勘察报告》基本相符；

（4）试桩应分析入岩进尺速度，判断有效桩长是否和"设计参考桩长"基本相符，当实际桩长偏差值≤500mm时，可认为基本相符；

（5）试桩时应对岩溶场地采取的技术措施是否能保证施工安全、成孔质量进行判断；综合考虑试桩成孔过程漏浆、塌孔及充盈系数等情况，与参建各方研究分析可靠的成孔措施。

6 桩的质量应按《建筑地基基础工程施工质量验收标准》GB 50202、《建筑基桩检测技术规范》JGJ 106 及广东省标准《建筑地基基础检测规范》DBJ/T 15-60 等有关规定进行检测，具体方案由有关单位共同研究确定。

（1）灌注桩质量检测问题分为桩身质量问题和持力层问题两大类；桩身质量问题主要包括桩身混凝土质量、强度及桩身完整性未符合要求；持力层问题主要包括持力层岩性未达到要求、持力层岩石单轴抗压强度未达到要求、持力层以下在规定高度范围存在软弱下卧层等；

（2）检测方法应根据检测的目的进行选择，包括桩身质量及承载力检测两类，检测数量根据相关规定确定。见表6.3.9。

灌注桩质量检测方法 表 6.3.9

桩身质量	承载力（桩身、持力层）	备注
（1）钻芯法 （2）声波透射法 （3）高应变法 （4）低应变法	（1）静载法 （2）钻芯法 （3）高应变法 （4）自平衡法	当采用两种或两种以上检测方法时，宜根据前一种方法的检测结果来确定后一种检测方法的受检桩

7 灌注桩工程质量问题处理方法

（1）灌浆（压力灌浆）适用于桩身混凝土存在蜂窝，但桩身混凝土强度满足设计要求的情况；

（2）灌浆（压力灌浆）＋补强钢筋（或钢管），适用于桩身混凝土强度未满足设计要求的情况；设计计算宜根据实测混凝土强度进行复核；

（3）高压旋喷冲洗＋压力灌浆，适用于桩端局部混凝土松散或持力层存在软夹层、沉渣厚度过大等情况；

（4）对于持力层为较破碎的中风化岩层，钻芯岩样比较破碎，可能不能取"圆柱体岩样"时，应根据实际情况综合判断是否符合设计要求及需要补强；

（5）桩质量问题处理后的检查验收，应由工程有关方共同研究确定，尽量在处理施工过程中检查验收，避免继续破损桩身。

8 溶（土）洞处理

（1）溶（土）洞的处理宜遵循先填充、后注浆的原则。对中、大型溶洞及以上宜采用低强度等级素混凝土填充；当溶（土）洞塌陷对周边环境或施工安全影响不严重时，可采用冲孔＋回填块（碎）石的方法；其余溶（土）洞应采用注浆方法处理；

（2）注浆施工顺序：岩溶注浆施工在主体结构桩和支护桩施工之前进行；先外后内，即先处理基坑周边溶洞，再处理基坑内侧溶洞；先大后小，即先处理洞高大且无充填的溶洞，再处理洞高小、有充填的溶洞；溶（土）洞较大时，先灌注砂浆或素混凝土，后灌注水泥浆；

（3）注浆预处理后，灌浆处理区域需 7d 后才可以冲孔；

（4）注浆质量检测：采用钻芯法检测，随机在各桩位 1.5m 范围内布置检测点，检查溶洞充填物胶结情况或裂隙填充情况、钻孔泥浆是否漏失；无充填、半充填溶洞应全充填，抽芯检测采芯率应达到 85％；如检测达不到设计要求，则在该点布置注浆孔，灌浆堵漏。

9　灌注桩后注浆技术

（1）灌注桩后注浆技术可用于各类机械成孔灌注桩及地下连续墙的过厚沉渣（虚土）、桩周泥皮和桩端、桩侧一定范围土体的加固；

（2）对于岩层埋藏较深的超长灌注桩，可通过桩端、桩侧后注浆技术减小桩长，持力层为超深岩层以上硬塑黏土或砂层时，提高灌注桩的承载力，减小桩基的沉降；

（3）后注浆灌注桩应进行试桩，单桩注浆量的设计应根据桩径、桩长、桩端桩侧土层性质、单桩承载力增幅及是否复式注浆等因素确定，并应进行注浆试验，优化并最终确定注浆参数；

（4）后注浆施工过程中，应经常对后注浆的各项工艺参数进行检查；发现异常应采取相应的处理措施；当注浆量等主要参数达不到设计值时，应根据工程具体情况采取相应措施；

（5）超长（大于 60m）后注浆摩擦灌注桩应进行静载试验，静载比例宜提高为 3％，应采用钻芯法进行桩身混凝土及桩底注浆处理质量检测，随机抽取比例不小于 10％。

【说明】：灌注桩后注浆技术通过桩端桩侧后注浆固化桩端沉渣和桩周泥皮，并加固桩底和桩周一定范围的土体，可大幅提高桩的承载力及减小桩基沉降。后注浆技术对于各类机械成孔灌注桩均有良好成效，我院在全国各地不同地质情况下均有采用，成功案例包括昆明西山万达广场（300m 高超高层建筑）、三亚阳光金融广场、广州番禺区复甦新村高层住宅、广州黄埔区大壮映日广场及广州南沙航运中心等项目。其中广州番禺区化龙镇复甦新村高层住宅项目，灌注桩持力层为花岗岩残积土，1000mm 直径摩擦桩长约 40～50m，未经后注浆处理时，两根灌注桩试桩静载检测加载至 7000kN 及 8200kN 时沉降量超过 50mm，与设计要求偏差较大；后经过桩侧后注浆处理，静载检测加载值 7200kN（对应特征值为 3600kN）时沉降值不超过 10mm，满足设计要求。

6.3.10　小直径桩基础

1　直径或边长小于 250mm 的灌注桩、预制混凝土桩、预应力混凝土桩、钢管桩、型钢桩等称为小直径桩，一般适用于场地条件限制的既有建筑基础加固、新建或改扩建多层建筑的桩基础及地基处理。

2 小直径桩加固基础工程设计时应根据桩与基础的连接方式分别按桩基础或复合地基设计，在工程中应按地基变形的控制条件采用。

3 微型钢管桩基础

（1）微型钢管桩一般指成孔直径不大于 250mm，孔内沉（压、打、植）入钢管并注浆或灌注细石混凝土的小直径桩，成孔方式包括干成孔和湿成孔；

（2）具有工程质量可靠、施工速度快及承载力较高的特点；沉桩挤土效应小，对邻近建筑物、构筑物影响较小；但也存在用钢量偏大，造价偏高，泥浆对环境有一定污染的情况；

（3）适用于周边建筑物、构筑物或重要设备对变形、振动有较高要求的场地；在岩溶地区应用时，应避免桩端距离溶洞顶距离过小；

（4）微型钢管桩施工时应在钻孔验收合格后方可注浆，注浆浆液优先采用纯水泥浆，水泥强度等级为 42.5，水灰比不大于 0.6；宜采用分次注浆工艺，注浆压力≥0.3MPa。

4 锚杆静压桩基础

（1）锚杆静压桩为锚杆和静压桩结合形成的桩基施工工艺，利用锚固于原有基础中的锚杆提供反力实施压桩，压入桩为小直径预制桩，一般应用于施工净空较小的既有建筑基础的加固处理；

（2）适用于淤泥、淤泥质土、黏性土、粉土、人工填土等地基加固；压桩力大于4000kN 的压桩机，可穿越 5～6m 厚的中密、密实砂层；岩溶发育地区及土层中有较多孤石、障碍物时宜慎用；

（3）锚杆静压桩具有挤土效应，对周围建筑环境及地下管线有一定的影响；存在桩长空间限制而分段较多，以及承台留孔，锚杆预埋复杂等情况；

（4）应复核既有建筑基础承载力和刚度是否满足压桩要求，不能满足要求时，应先对基础进行加固补强，或采用新浇筑钢筋混凝土悬挑梁或承托梁作为压桩承台；

（5）应合理确定锚杆静压桩的终压值并稳压封桩；同一基础加固时，锚杆静压桩宜对称布置及施工。

6.4 地 基 处 理 技 术

6.4.1 地基处理方案应综合考虑上部结构的类型、荷载大小、地基土质状况、地下水位情况、地基承载力、经济性、基坑支护形式，以及《岩土工程勘察报告》的地基处理方案建议，并结合下述要求确定：

1　应与选择较深持力层的天然地基基础或桩基础方案进行技术、经济、工期综合比较。

2　地基处理方案是否满足小区道路、管线、构筑物等的沉降、沉降差要求。

3　了解当地地基处理经验、施工条件及使用效果。

4　地基处理施工（包括必要的降低地下水位）是否对邻近建筑物、构筑物、地下工程、管线产生不利的影响；是否满足工期要求（包括检测时间）。

6.4.2　常用地基处理方法包括换填垫层法、水泥土搅拌法、堆载预压排水固结法、强夯法等。各种类型地基处理方法的适用范围及设计注意事项详见本措施第 6.4.3～6.4.6 条所述。

6.4.3　换填垫层法

1　适用于处理基底薄层软弱地基（当 $80kPa \leqslant f_{ak} \leqslant 120kPa$ 时，取 $p_k \leqslant 180kPa$）。

2　适用于处理减少基础埋深或基础埋深之间高差的情况。

3　换填厚度不宜大于 1500mm，否则应和其他基础形式或加大基础埋深进行技术、经济、工期比较，并应考虑对基坑的影响。

4　当持力层起伏变化较大时，尚应注意：

（1）未设置地下室时，为满足浅基础埋深和净距关系要求，分析增大基础埋置深度和换填厚度平衡点，需换填的基础宜≤25％基础数量；换填厚度较大时，尚应考虑基坑支护及降水要求；

（2）设置地下室时，为满足浅基础埋深和净距关系要求，应分析基础高度增大和换填厚度的平衡点，换填厚度应结合基坑一并考虑。

5　换填材料技术要求见表 6.4.3。换填垫层做法设计示意见图 6.4.3。

换填材料技术要求　　　　　　　　　　　　　　　　　　表 6.4.3

p_k	垫层材料	压实系数 λ_c	备注
$p_k \leqslant 150kPa$	非软弱土 （具体工程需明确）	0.93	材料含水率≤30％， 碎石边长≤200mm
$150kPa < p_k < 220kPa$	中粗砂：碎石＝3：7	0.95	材料含水率≤30％， 碎石边长≤50mm
$p_k \geqslant 220kPa$	中粗砂：碎石：水泥＝2：7：1	0.97	材料含水率≤30％， 碎石边长≤50mm

6.4.4　水泥土搅拌法

1　水泥土搅拌法适用于处理正常固结的淤泥与淤泥质土、素填土、黏性土、粉土以及无流动地下水的饱和松散至稍密状态的砂土等地基。

2　不应在地下水流动性较大、泥炭土中使用；处理有机质土、pH 值小于 4 的酸性土、塑性指数大于 22 的黏土及腐蚀性土的场地应慎用，并应充分论证其适用性。

3　水泥土搅拌桩长度和 f_{cu} 应符合下列规定：

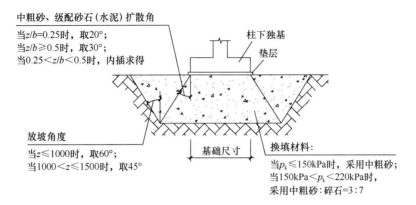

图 6.4.3 换填垫层做法设计示意图

（1）作为建筑物复合地基基础加固体时，搅拌桩宜穿透软弱土层，$f_{cu} \geqslant 1500$kPa（90d 龄期）；

（2）作为道路地基加固体时，搅拌桩宜穿透软弱土层，$f_{cu} \geqslant 1200$kPa（90d 龄期）；

（3）作为提高地基整体滑动稳定性应用时，搅拌桩长宜超过危险滑动面以下 2000mm，$f_{cu} \geqslant 1000$kPa（28d 龄期）；

（4）当作为基坑支护止水桩时，搅拌桩宜进入隔水层 1000mm，$f_{cu} \geqslant 600$kPa（28d 龄期）；

（5）常用桩径 550mm，加固深度不宜大于 15m；当加固深度大于 15m 或存在厚砂层时，优先采用大直径搅拌桩或三轴搅拌桩。

4 水泥宜选用早强型硅酸盐水泥；根据土中酸根离子的类型及含量，选择相应的矿物掺合料；胶凝材料的掺入比宜为 15%～20%，水胶比可选用 0.50～0.60。

6.4.5 堆载预压法

1 适用于处理较厚淤泥和淤泥质土地基，优先用于场地淤泥厚度 $\geqslant 15$m，工期许可的场地地基处理，可优先采用蓄水超载预压（水深取 1500～2000mm）。

2 场地处理一般选用塑料排水板（图 6.4.5）或袋装砂井作为竖向排水体；堆载预压法的设计、施工应分析场地是否存在障碍物影响施工，并应考虑堆载大小和速率对堆载效果和周围建筑物的影响。

3 堆载预压荷载宜大于设计荷载，可根据工程具体情况制定相应的卸载标准，通过控制残余沉降、控制工后沉降和控制沉降速率等确定卸载时间。

4 地基处理后，宜重新进行岩土工程勘察，探孔点约 60m×60m（尽量在原探孔点附近），且不少于 6 点。

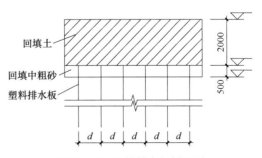

图 6.4.5 塑料排水板剖面图

5　应充分考虑施工后沉降的影响，处理后地基一般不作为建筑物基础持力层，处理范围的小区围墙、建筑物周边园建等设计也应考虑沉降、沉降差的影响。

6.4.6　真空预压法

1　真空预压法适用于淤泥、淤泥质土、吹填土及冲填土等饱和黏性土地基的加固处理，但对塑性指数大于25且含水率大于85％的淤泥、淤泥质土及有机质土，应通过现场试验确定其适用性。

2　真空堆载联合预压法为同时采用真空预压和堆载对地基进行预压的地基处理方法，主要适用于能在加固区形成稳定负压边界条件的软土地基，以及狭窄地段、边坡附近的地基加固。

3　相对于堆载预压法，真空堆载联合预压法具有少堆载、加载快（抽真空无须分级施加）、土体固结快的特点；当地面沉降相同时，可以获得比堆载预压法高的土体密实度和承载力。

6.4.7　强夯法

1　强夯法适用于处理碎石土、砂土、低饱和度的粉土与黏性土、湿陷性黄土、素填土和杂填土等地基；应用于空旷场地的填方地基处理，经济适用，效果良好。

2　强夯置换法适用于高饱和度的粉土与软塑～流塑的黏性土等地基上对变形控制要求不严的工程；强夯置换处理地基，必须通过现场试验确定其适用性和处理效果。

3　填土土质选用时，可采用碎石土、砂土、低饱和度的粉土与黏性土，不得使用淤泥、膨胀性土以及有机质含量大于5％的土。填土中掺入的块体粒径应小于300mm，且应拌合均匀，其余采用级配均匀的细颗粒砂土或黏土，其含量应不小于50％。

4　强夯的有效加固深度和合理的强夯技术参数，应根据现场试夯或地区经验确定。强夯试验要求可根据《建筑地基处理技术规范》JGJ 79、广东省标准《建筑地基处理技术规范》DBJ/T 15-38确定。

5　夯点的夯击次数应按现场试夯的夯击次数和夯沉量关系曲线确定（可由施工单位根据实践经验确定）且应满足最后两击的平均夯沉量不大于50mm，夯坑周围地面不应发生过大隆起，不因夯坑过深而发生提锤困难。

6　强夯处理范围应大于建筑物基础范围，且每边超出基础外缘的宽度不小于4m；强夯地基变形计算应符合现行国家标准《建筑地基基础设计规范》GB 50007的有关规定；夯后有效加固深度内土层的压缩模量应通过原位测试或土工试验确定。

6.5　地下水及地下室抗浮设计

6.5.1　建筑工程抗浮设计应符合以下要求：

1 地下室部分或全部位于抗浮设防水位以下时，应进行抗浮稳定性验算。

2 建筑工程抗浮稳定性应符合下式规定：

$$\frac{G}{N_{w,k}} \geqslant K_w \tag{6.5.1}$$

$$G = \psi_{c1}G_{k1} + \psi_{c2}G_{k2} + \psi_{c3}G_{k3} + \psi_{c4}\sum R_{ta,i}$$

$$N_{w,k} = (\gamma_G h_{w,G} + \gamma_Q h_{w,Q})\gamma_w A$$

式中 G——建筑结构自重、附加物自重、抗浮结构及构件抗力设计值总和（kN）；

$N_{w,k}$——浮力设计值（kN）；

K_w——抗浮稳定安全系数，按表 6.5.1-1 确定；

G_{k1}——建筑结构自重；

G_{k2}——结构内部固定设备、永久堆积物；

G_{k3}——结构内部及上部填筑体，如固定覆土、固定隔墙、降板填料、找平层、面层等；

ψ_{c1}、ψ_{c2}、ψ_{c3}、ψ_{c4}——各项抗浮力的组合系数，见本条第 3 款；

$R_{ta,i}$——各抗拔构件的抗拔承载力特征值；

γ_G、γ_Q——水浮力恒荷载部分、活荷载部分的分项系数，抗浮稳定性验算时均取为 1.0；

A——验算单元的从属面积；

γ_w——水的重度，取 10kN/m³。

抗浮稳定安全系数　　　　　表 6.5.1-1

抗浮工程设计等级	施工期抗浮稳定安全系数 K_w	使用期抗浮稳定安全系数 K_w
甲级	1.05	1.10
乙级	1.00	1.05
丙级	0.95	1.00

【说明】：（1）本条是在《建筑工程抗浮技术标准》JGJ 476－2019（下文简称《浮标》）第 3.0.3 条的基础上适当修改而成；（2）计算 G_{k1}、G_{k2}、G_{k3} 时，不应包含各类水池中的水、灵活隔墙、活动设备、园林绿化等重量，所有使用活荷载也不应计入；另请注意，《浮标》中"R_t"是极限标准值，本措施中"R_{ta}"是特征值，相当于《浮标》中的"N_{ka}"。

3 抗浮稳定性验算时，各项抗浮力的组合系数按表 6.5.1-2 确定。

【说明】：本条依据《浮标》确定；对于 ψ_{c1}、ψ_{c2}、ψ_{c3}，在目前常规计算程序未针对不同类型的抗浮力提供不同的组合系数输入方式时，可偏保守地统一按较低值（即 ψ_{c3}）考虑，亦可根据各抗浮力的比例关系近似折算确定。

抗浮力的组合系数　　　　　　　　　　表 6.5.1-2

组合系数	抗浮力类型	甲级、乙级	丙级
ψ_{c1}	结构自重	1.00	1.05
ψ_{c2}	结构内部固定设备、永久堆积物	0.95	1.00
ψ_{c3}	结构上部填筑体、结构内部填筑体	0.90	0.95
ψ_{c4}	抗拔构件的抗拔力	1.00	1.05

4　对于地下水浮力，最低水位以下的水头（恒水头）$h_{w,G}$ 产生的浮力可视作恒荷载，最低水位以上的水头（活水头）$h_{w,Q}$ 产生的浮力可视作活荷载（图 6.5.1）。当缺乏资料难以确定最低水位时，不同作用效应组合水压力分项系数根据最高设防水位按本措施第 3.4.1 条及本条第 5 款确定。

【说明】：《建筑结构荷载规范》GB 50009 和《建筑结构可靠性设计统一标准》GB 50068 中定义永久荷载为"在结构使用期间，其值不随时间变化，或其变化是单调的并能趋于限值的荷载"；可变荷载为"在结构使用期间，其值随时间变化，且其变化与平均值相比不可以忽略不计的荷载"；《全国民用建筑工程设计技术措施》中，地下水"水位不急剧变化的水压力按永久荷载考虑；水位急剧变化的水压力按可变荷载考虑"。因此，最低水位以下的水压可认为属于不急剧变化的荷载，视作恒荷载；而最低水位与设防水位之间的水压可认为属于急剧变化的荷载，视作活荷载。实际工程设计时往往缺乏资料确定最低水位，一般按最高水位情况考虑地下水作用，并按不同的作用效应组合确定分项系数。

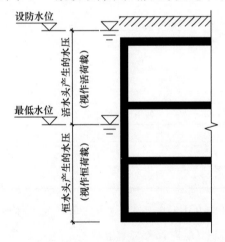

图 6.5.1　地下水浮力水头示意图

5　抗浮结构及构件设计采用的作用效应组合与抗力限值应符合下列规定：

（1）抗浮稳定性验算时［式（6.5.1）］，作用效应应按承载能力极限状态下作用效应的基本组合，其中水浮力分项系数为 1.0；

（2）按单个抗拔构件承载力确定构件数量时，传至地下结构底板底面上的作用效应应按正常使用极限状态下作用效应的标准组合，相应的抗力应采用单个抗拔构件承载力特征值 R_{ta}；

（3）计算抗浮结构及构件内力、对相关构件进行承载力设计时，作用效应应按承载能力极限状态下作用效应的基本组合，其中水浮力分项系数为 1.3；

（4）地下结构底板和抗浮结构及构件的变形计算、裂缝宽度验算时，作用效应应按正常使用极限状态下作用效应的准永久组合，其中水浮力作用可通过对设防水位对应的水浮力乘以折减系数 0.7 的方式确定。

【说明】：考虑到实际工程设计时往往缺乏资料确定最低水位，难以对水浮力区分恒、活属性，其准永久组合可采用对设防水位对应的水头进行折减的方式近似确定，根据以往经验，折减系数大致取 0.7 是比较恰当的；当有可靠资料能确定最低水位而将水浮力分为恒荷载部分与活荷载部分时，则其准永久组合可通过对作为活荷载的部分水浮力乘以准永久值系数的方式确定，目前缺乏水浮力准永久值系数取值的系统研究成果，参考部分文献中地下水位的长期监测数据，可暂取为 $\psi_q = 0.5$。

6 抗浮设计应根据勘察报告并结合工程所在地的历史水位变化情况确定设防水位，设防水位及水压分布应取建筑物设计工作年限内可能产生的最高水位和最大水压。

7 在地下水位之上的坡地建筑应采取针对性的场地地面排水措施。当有完善的地面排水措施，且地下室侧壁外设有可靠的排水二道防线时，可不计水压力。

8 设计文件中应对施工期地下水的降水提出明确的水位控制要求，必要时可根据不同施工阶段提出不同的水位控制标准，并对相应各阶段的施工期抗浮稳定性进行验算。

【说明】：对于地下室较深或施工期较长的项目，单一的水位控制标准将大大增加不必要的施工降水成本，宜根据不同施工阶段提出有针对性的施工降水要求。比如，某项目的分阶段降水要求为：在基础、底板及底层侧壁施工期间要求降水至底板以下 0.5m；而此后至基坑回填之前，则要求降水至底板以上 1～2m；此后至顶板覆土、主要隔墙及面层完工之前，则要求降水至设防水位以下某一标高；此后则可停止降水。

6.5.2 当结构及附加物自重无法满足抗浮稳定性要求时，应相应采取抗浮措施，抗浮方案应进行多方案比选，综合考虑造价（抗浮措施、底板及基础等造价之和）、施工工艺、工期等因素后择优选取，一般可考虑以下一种或多种方式的组合：

1 增加压重：增加顶板覆土、在楼板或底板上增加填料、增加结构自重、底板外挑等；

2 设置抗拔构件：抗拔桩、抗拔锚杆；

3 利用周边相邻跨结构共同受力；

4 控制水浮力：排水限压、泄水降压、隔水控压；

5 利用围护结构设置压顶梁抗浮。

【说明】：增加结构自重可采用加大构件体积或增加混凝土重度的方式，但不宜采用铁砂混凝土，若确需采用，则应相应采取确保结构耐久性的措施；利用周边相邻跨结构共同受力的方式，将会在相关范围的主体结构中引起一定附加内力及变形，不宜优先考虑；若确有需要采用该方式，则应对抗拔构件、底板、上部结构整体建模分析，以计算清楚其实际的共同受力状态。

如出现使用期抗浮满足而施工期抗浮不满足的情况，可降低施工阶段的水位控制标高，也可采取临时压重措施，如可采取加设水袋、沙包、砌块等临时压重措施。

6.5.3 地下水位比基础底面高的建筑，地基承载力验算时一般不考虑水浮力的有利作用；当地下水的最低水位较高且较稳定时，若确有需要，并通过专项论证与专家评审，则地基承载力验算时可适当考虑最低水位对应水浮力的有利作用。

【说明】：地下水浮力可抵消部分上部荷载，但考虑到地下水水位的不稳定性，地基承载力验算时一般不考虑水浮力的有利作用（存在一定风险，不宜优先考虑），仅当项目客观上确有条件时方作考虑，大面积地下室天然地基基础的地基承载力修正可参考本措施第6.2.9条第4款的规定。实际应用时，需要求勘察报告对场地的地下水有足够的观测数据及充分的资料支持，并给出明确的"最低水位"取值，还应通过抗浮方案技术论证。抗浮设计以勘察报告及技术论证专家意见作为设计依据；另外，设计应要求项目建成后对场地的地下水位继续进行长期观测，设定"最低水位"报警值，当水位接近设计"最低水位"值时应采取有效的抗浮或地下水位控制措施。

6.5.4　抗拔锚杆及抗拔桩的设计宜符合以下规定：

1　抗拔桩宜布置在墙、柱下的承台范围内（抗压兼抗拔）；当在底板跨中布置抗拔桩时，应考虑其抗压刚度对底板受力的不利影响。

【说明】：实际上，常用的抗拔桩及抗拔锚杆均具有一定的抗压刚度及承载力，尤其是布置于底板跨中区域的抗拔桩，其抗压刚度一般不低于其抗拔刚度，因此，应在计算分析中考虑其抗压刚度对底板受力的不利影响；对于抗拔锚杆，设计人可根据具体情况判断是否考虑其抗压刚度的影响。

2　采用群桩、群锚抗拔时，除了验算单根抗拔构件的抗拔承载力外，尚应考虑群桩、群锚效应（呈整体破坏时的抗拔承载力验算）。

【说明】：群桩、群锚效应验算是抗浮设计中很容易被忽略的环节，应加以重视。需要特别提醒的是，是否需要验算群桩、群锚效应并没有绝对的标准，不能因为满足了规范的最小间距要求就认为无需验算，设计人应根据具体情况确定。

6.5.5　非预应力抗拔锚杆设计及构造应符合以下规定：

【说明】：各类标准、规范中关于抗拔锚杆的设计要求众多，有些并不统一甚至有冲突，为此，综合梳理后在本措施中明确规定，以便我院内部统一执行。

1　抗拔锚杆的设计包括锚杆构造、锚杆承载力的计算、杆体截面面积的计算和锚杆数量的计算及锚杆的布置。

2　抗拔锚杆的主要构造要求如下：

（1）有机质土、液限 $W_L > 50\%$ 和相对密实度 $D_r < 0.3$ 的土层不得作为永久性锚杆的锚固土层；

（2）锚杆中心距不应小于锚固体直径的6倍，且不小于1.5m；

（3）锚固段直径不应小于150mm；

（4）锚杆钢筋截面总面积不应超过锚孔面积的20%，保护层厚度不应小于30mm，单根钢筋的锚杆钢筋直径不宜大于锚孔直径的1/3；

（5）对于全长粘结型非预应力锚杆，岩层锚杆锚固段长度不应小于3m，土层锚杆不应小于 6m；

（6）锚杆锚固体材料可采用 M30 水泥砂浆、M30 水泥浆或 C30 细石混凝土。

3 电算中对抗拔锚杆与底板（基础）进行整体分析时，应正确输入锚杆的抗拔刚度 k_m，k_m 值应通过现场试验按式（6.5.5-1）确定。在未获得现场试验数据前，可取 $s_a =$ 8～15mm 进行初步计算，具体由设计人根据岩土物理力学参数及锚杆长度而评估确定。

$$k_m = \frac{R_{ta}}{s_a} \qquad (6.5.5-1)$$

式中：R_{ta}——锚杆竖向抗拔承载力特征值；

s_a——抗拔静载试验结果中 R_{ta} 对应的上拔变形值。

【说明】：根据以往大量项目的抗拔锚杆静载试验成果，一般的地质情况下，大部分锚杆的 R_{ta} 对应的上拔变形值约为 8～15mm，以此进行初步计算具有一定的合理性，但仍应该根据具体的现场试验数据修正后作复核。

4 当通过基本试验确定锚杆抗拔承载力特征值时，试验锚杆数量不应少于 3 根；单根锚杆抗拔承载力特征值（R_{ta}）可取试验极限承载力的 0.5 倍。基本试验的锚杆不应用于工程。

5 基础设计等级为甲级的建筑物，单根锚杆轴向抗拔承载力应通过现场试验确定；对于其他建筑物可按式（6.5.5-2）和式（6.5.5-3）估算。

对于岩层锚杆：

$$R_{ta} = \xi_1 \pi D l_a f_{rb} \qquad (6.5.5-2)$$

对于土层锚杆：

$$R_{ta} = \xi_1 \pi D \sum_{i=1}^{n} \lambda_i q_{sia} l_i \qquad (6.5.5-3)$$

式中：D——锚杆锚固段注浆体直径；

l_a——锚杆锚固段有效锚固长度；

f_{rb}——锚杆锚固段注浆体与地层的粘结强度特征值，应由试验确定，当无试验资料时可参见《2009 全国民用建筑工程设计技术措施-结构（地基与基础）》（下文简称《全国措施（地基）》）表 7.3.2-1 和表 7.3.2-2 选用；

ξ_1——经验系数，对于永久锚杆取 0.8，对于临时性锚杆取 1.0；

λ_i——第 i 土层的抗拔系数，可按表 6.5.5-1 取值；

q_{sia}——第 i 土层的锚杆锚固段侧阻力特征值；

l_i——第 i 土层的锚杆锚固段有效锚固长度。

抗拔系数 λ   表 6.5.5-1

土类	λ 值
砂土	0.60～0.70
黏性土、粉土	0.70～0.80

注：锚杆长径比（l/d）小于 20 时，λ 取小值。

【说明】： 经综合对比多本规范、标准，认为《全国措施（地基）》中的计算方法较为合理，故予以采纳；另外，当锚固段总长度大于6m（岩层锚杆）、10m（土层锚杆）时，设计上宜适当再考虑锚固段长度对粘结强度的影响，具体可参见《岩土锚杆与喷射混凝土支护工程技术规范》GB 50086—2015 第4.6.13条。

6 群锚效应：

$$R'_{ta} = 0.5W_1 + R_1 \qquad (6.5.5\text{-}4)$$

$$W_1 = \left[\pi ab \frac{a+b}{48\tan\varphi} + ab\left(L_m - \frac{a+b}{4\tan\varphi}\right) \right]\gamma'_k \qquad (6.5.5\text{-}5)$$

$$R_1 = abq_{ta} \qquad (6.5.5\text{-}6)$$

式中：R'_{ta}——考虑群锚破坏时单根锚杆竖向抗拔承载力特征值（kN）；

　　　W_1——假定上半部分长方形、下半部分圆锥形破裂体内按浮重度计算的岩土体自重荷载标准值（kN）；

　　　R_1——圆锥体破裂面上的岩土体抗拉力特征值（kN）；

　a、b——锚杆平面布置的纵向、横向间距（m）；

　　　r——按锚杆间距简化为圆锥体的计算半径（m），$r = (a+b)/4$；

　　　φ——半锥角（°），取锥尖范围内岩土体平均内摩擦角，宜取30°～45°，小于30°时取30°；

　　　L_m——锚杆总长度（m）；

　　　γ'_k——破裂体内岩土体平均浮重度标准值（kN）；

　　　q_{ta}——锥体破裂面岩土体平均抗拉强度特征值，一般情况下，对于土体、全风化岩、强风化岩、破碎中风化岩均取$q_{ta}=0$；对于中风化岩、微风化岩，q_{ta}按试验结果确定，当无试验数据时可近似取$q_{ta}=\psi C_1 \xi_1 f_{rk}$，其中 ψ 取0.6～0.8，C_1取0.3～0.5，ξ_1取0.05～0.15，f_{rk}为岩石天然湿度单轴抗压强度标准值。

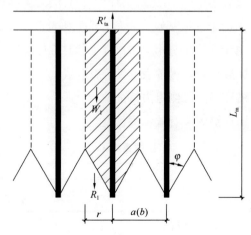

【说明】：综合参考《建筑工程抗浮技术标准》JGJ 476、广东省标准《建筑工程抗浮设计规程》DBJ/T 15-125 等多本标准中群锚、群桩的计算方法，考虑破裂体内按浮重度计算的岩土体自重、破裂面岩体的平均抗拉能力，建立群锚效应下的单根锚杆抗拔承载力计算公式。

7 锚杆杆体截面面积应按下式确定：

$$A_s \geq \frac{2R_t}{f_y} \qquad (6.5.5-7)$$

式中：R_t——单根锚杆抗拔承载力特征值；

　　　　f_y——钢筋抗拉强度设计值。

【说明】：经综合对比多本规范、标准，认为《建筑工程抗浮技术标准》JGJ 476 中的计算方法较为合理，故予以采纳；该公式综合兼顾了"锚杆杆体应力比不大于 0.5""弱腐蚀环境中不验算裂缝时钢筋比计算需要加大一级直径""验收试验最大荷载值不宜超过杆体承载力标准值 0.9 倍"等方面的考虑。

8 锚杆钢筋与保护层浆体之间的锚固长度还应满足下式要求：

$$l_a \geq \frac{N_{td}}{\xi_3 n_s \pi d f_b} \qquad (6.5.5-8)$$

式中：N_{td}——荷载效应基本组合下的锚杆轴向拉力设计值，可近似取 $N_{td}=1.35R_{ta}$；

　　　　n_s——钢筋根数；

　　　　d——钢筋直径；

　　　　f_b——钢筋与锚固注浆体的粘结强度设计值，应由试验确定，当无试验资料时可参见表 6.5.5-2；

　　　　ξ_3——钢筋与浆体粘结强度工作条件系数，对于永久锚杆取 0.60，临时性锚杆取 0.92。

钢筋、钢绞线与浆体之间的粘结强度设计值 f_b 表 6.5.5-2

锚杆类型	水泥浆或水泥砂浆		
	M25	M30	M35
水泥砂浆与螺纹钢筋	2.10	2.40	2.70
水泥砂浆与钢绞线	2.75	2.95	3.40

注：1. 当采用两根钢筋点焊成束的做法时，粘结强度应乘 0.85 折减系数；
　　2. 当采用三根钢筋点焊成束的做法时，粘结强度应乘 0.70 折减系数；
　　3. 成束钢筋的根数不应超过 3 根，钢筋截面总面积不应超过锚孔面积的 20%；当锚固段钢筋和注浆材料采用特殊设计，并经试验验证锚固效果良好时，可适当增加锚杆钢筋用量。

【说明】：本措施综合对比多本规范、标准，确定采纳《全国措施（地基）》中的计算方法。

9 一般情况下，抗拔锚杆可不作裂缝宽度验算。弱腐蚀环境中抗拔锚杆的钢筋直径应比计算要求加大一个级别，中等腐蚀及强腐蚀环境中的抗拔锚杆应按相关标准的要求进行防腐蚀处理。

【说明】：锚杆是承受高应力的受拉构件，其锚固浆体（水泥砂浆、水泥浆）的裂缝开展较大，计算一般难以满足规范要求，设计中应采取相应的防腐蚀措施保证锚杆的耐久性；除了《建筑工程抗浮技术标准》JGJ 476 外，其他国家标准对锚杆均未提出裂缝宽度验算的要求；部分文献表明当应力比小于 0.5 时，锚杆钢筋的腐蚀较慢，因此，认为只要锚杆杆体截面面积满足式（6.5.5-7），即可满足耐久性的要求。如设计依据为《建筑工程抗浮技术标准》JGJ 476 时，尚应按《建筑工程抗浮技术标准》JGJ 476 第 7.5.8 条执行。

10　抗拔锚杆的布置宜遵循"以底板上浮变形趋势指导锚杆平面布置"的原则，以尽量减少底板的整体上浮变形与局部弯曲变形。

【说明】：按上述原则所得的典型锚杆布置示例大致如图 6.5.5-1 和图 6.5.5-2 所示。

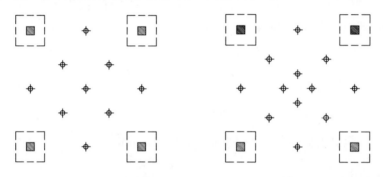

图 6.5.5-1　典型锚杆布置图 1　　　　图 6.5.5-2　典型锚杆布置图 2

11　在满足整体抗浮稳定性的前提下，抗拔锚杆布置应尽量经济，单个抗浮单元（一般为一跨柱网）内抗拔锚杆的承载力利用率不宜低于 75%，整体而言抗拔锚杆的总承载力利用率不宜低于 85%。

12　抗拔锚杆完成后应采用静载试验进行抗拔承载力检验（验收试验）。检验数量不得少于同条件抗拔锚杆总数的 5%，且不得少于 6 根。验收荷载应取抗拔承载力特征值的 2 倍。

13　对于系统锚杆，建议采用统计评价进行承载力检验，当满足下列条件时，可判定所检验的抗拔锚杆验收试验结果满足设计要求：

（1）锚杆抗拔承载力检测值的平均值不应小于锚杆验收荷载；

（2）锚杆抗拔承载力检测值的最小值不应小于锚杆验收荷载的 0.9 倍；

（3）锚杆变形符合《锚杆检测与监测技术规程》JGJ/T 401－2017 第 7.3.4、7.3.5 条的规定；

（4）当设计有要求时，锚杆的总位移量应满足设计要求。

【说明】：参照《锚杆检测与监测技术规程》JGJ/T 401－2017 第 7.3.7 条，考虑到一般建筑工程的抗浮锚杆也是按一定分布规律设置的锚杆群，属于"系统锚杆"，由于系统锚杆是整体受力，故采用"统计评价"的方式对验收试验结果进行评价更为科学，也更符合工程实际情况。

14 验收试验最大试验荷载不应小于验收荷载。当采用统计评价进行检验结果评价时，验收试验最大试验荷载宜取验收荷载的 1.1～1.2 倍，且不宜超过锚杆杆体承载力标准值的 0.9 倍。

15 其他规定：

（1）非预应力锚杆钢筋可采用热轧螺纹钢（HRB400、HRB500），也可采用精轧螺纹钢（PSB930、PSB1080、PSB1200）；

（2）锚杆钢筋顶端应锚入基础或底板内，底板厚度应能满足钢筋直锚段长度不小于 $0.6l_{ab}$ 的要求，确有困难时，应采取在钢筋端部设置锚板等措施确保钢筋锚固的可靠性；

（3）锚杆钢筋底端与孔底距离 Δ，应满足 $50\text{mm}\leqslant\Delta\leqslant150\text{mm}$；

（4）锚杆钢筋宜采用通长钢筋，若确需接长，应采用 I 级机械式连接套筒连接；

（5）锚杆孔注浆压力可取 1.0MPa，注浆体宜掺入微膨胀剂；当在水下注浆时，所配置的注浆体强度应高于锚固体设计强度一级；

（6）若锚杆施工完毕还需进行二次开挖，则应要求施工采取措施保证锚筋不受扰动。

6.5.6 抗拔桩设计及构造应符合以下规定：

1 抗拔桩应按现行行业标准《建筑桩基技术规范》JGJ 94 中抗拔桩的要求进行设计。设计除应进行抗拔承载力及裂缝控制计算外，还应结合抗拔试验的位移实测数据考虑抗拔桩在浮力作用下的向上位移对结构的不利影响。必要时可适当增加底板上部钢筋或根据实测位移进行底板配筋验算。

2 抗拔桩应按照现行行业标准《建筑桩基技术规范》JGJ 94 的要求进行单桩竖向抗拔静载试验。

3 抗拔桩采用预制桩时，宜尽量避免桩身接头（采用单节桩）；当无法避免时，宜尽量减少接头数量并优先采用机械连接（啮合式、抱箍式等）。

4 抗拔桩构造应符合以下规定：

（1）桩顶纵筋应全部锚入承台内，锚入承台的锚固长度不应小于抗震等级为四级时的锚固长度要求。

（2）抗拔桩纵筋需通长设置，钢筋应尽原材开料，减少接头，纵筋接长应采用焊接或机械连接。

（3）螺旋钢箍宜采用 HPB300 级钢筋。纵横钢筋交接处均应焊牢。

6.5.7 施加预应力的抗拔桩或锚杆设计及构造应符合以下规定：

1 施加预应力的抗拔桩或预应力锚杆抗拔承载力特征值 R_{ta}，可按下式确定：

$$R_{ta} \geqslant 1.35\gamma_w N_k \tag{6.5.7-1}$$

式中：R_{ta}——单桩或单根锚杆抗拔承载力特征值；

N_k——水浮力标准值；

γ_{w}——重要性系数；

2 桩体或单元锚杆杆（筋）体受拉承载力应符合下列规定，并满足张拉控制应力的要求。

对于钢绞线或预应力螺纹钢筋：

$$R_{\mathrm{ta}} \leqslant (f_{\mathrm{pyk}}A_{\mathrm{ps}} + f_{\mathrm{yk}}A_{\mathrm{s}})/K \tag{6.5.7-2}$$

式中：A_{s}、A_{ps}——桩体或杆体纵向普通钢筋、预应力筋截面面积；

f_{yk}、f_{pyk}——普通钢筋、预应力筋的屈服强度标准值。

K——安全系数，取$\geqslant 2$。

3 预应力筋的张拉控制应力 σ_{con} 应符合表 6.5.7 的规定。

预应力筋的张拉控制应力 σ_{con}　　　　　　　表 6.5.7

钢绞线	预应力螺纹钢筋	普通钢筋
$\leqslant 0.5f_{\mathrm{ptk}}$	$\leqslant 0.70f_{\mathrm{pyk}}$	$\leqslant 0.70f_{\mathrm{yk}}$

6.5.8 当建筑及设备能长期有效管理及运营时，可采取疏水降压措施，采取疏水降压措施时应注意以下问题：

1 应充分论证长期排水对周边环境的影响，当周边存在对沉降敏感的重要建（构）筑物及管线时应慎用。

2 位于平地上的地下室应具有完整可靠的截水设施（例如落底式地下连续墙），当采用水泥土类止水帷幕时应保证其长期止水效果；位于坡地上的地下室应具备自流自排条件。

3 在强透水地层中使用减压井时，应充分控制单井流量，避免井周水力坡降过大而掏空地层，特别是当地层中存在易随地下水流移动的粉细砂层时应慎用；对于弱透水地层，应设置一定厚度的疏水层（通常由中粗砂和碎石构成）；对位于深厚软弱土层的地下室一般不宜采用疏排水降压方法，当采用嵌岩桩基础时除外。

4 排水设施应优先采用大直径减压井和排水廊道，保证可进人维护及维修。

5 对于有人防要求的地下室，排水设施应布置在非人防区或跨层设置。

6 疏排水降压计算及设计方法可参考行业标准《建筑工程抗浮技术标准》JGJ 476 - 2019、广东省标准《建筑工程抗浮设计规程》DBJ/T 15-125 - 2017。

【说明】：目前以采用桩、锚为主的被动抗浮方法有以下几个特点：（1）地下结构面积、埋深增大，采用抗浮桩、锚的费用急剧增长，工期延长，工程造价也相对较高；（2）抗浮计算分析需要建立在准确的水位观测资料上，当地下水位经常变化而不能准确预测或缺乏长期的水位观测资料时，抗浮设计将存在很大的困难和风险；（3）随着深度增加，地下室施工缝以及桩、锚与底板的交接点防渗问题较难解决；（4）当抗浮事故出现后，对原有桩、锚进行修复的工序相当繁琐，对原有结构破坏较大，且成本高昂。

为弥补被动抗浮方法存在的不足，采用疏排水降压理念的主动抗浮方法逐渐被引入到工程设计中来，该方法早期在水利工程中应用较多，例如坝体中的排水廊道和降低底板扬压力的减压井，为工程抗浮措施的选取提供了重要补充。主动抗浮方法在工期和经济性方面存在较大优势，但也存在地层适应性和环境影响问题，特别是在建（构）筑物和管线密布的城市环境中；以及后期监测、维保的问题，因此在进行主动抗浮设计时应充分考虑和论证。

6.6 地下室结构设计

6.6.1 地下室外墙应根据顶板、底板、中间层板以及与外墙相连的框架柱布置情况确定其计算模式。地下室外墙计算一般应符合以下规定：

1 地下室外墙的主要荷载为：结构自重、地面活荷载、侧向土压力、地下水压力等，一般采用古典的朗肯理论和库仑理论进行计算。

2 无人防荷载组合时，地下室外墙应根据内外表面裂缝宽度限值的要求进行裂缝验算与控制。

3 地下室外墙一般可按以层高为计算跨度的单向板计算（图 6.6.1-1）；当外墙与塔楼剪力墙连在一起或有较强的侧向支承（图 6.6.1-2），且外墙水平方向肋墙间距与层高之比 l/h 小于 2.0 时，可按双向板计算，此时，塔楼剪力墙或侧向支承应考虑外墙水平力产生的不利影响。

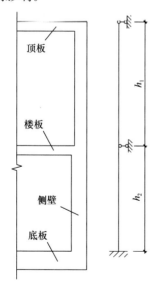

图 6.6.1-1　侧壁计算简图

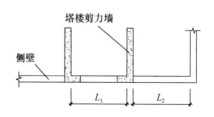

图 6.6.1-2　外墙与塔楼剪力墙连在一起

6.6.2　地下室外墙计算时应考虑地下室楼板周边开洞及车道的影响。必要时应设置拉梁、肋墙或加厚车道板厚度。

6.6.3　当地下室外墙按单向板计算时，水平方向单侧分布钢筋单位宽度上的配筋不应小于单位宽度上的受力钢筋的 15%，且配筋率不应小于 0.2%；对于较长的地下室外墙，为防止竖向裂缝，水平方向单侧分布钢筋配筋率不宜小于 0.25%，钢筋间距不宜大于 150mm。地下室外墙的竖筋置于内侧，水平筋置于外侧。

6.6.4　与地下室外墙相连的结构柱应考虑地下室范围内的土压力、水压力以及地面荷载产生的侧压力等侧向荷载作用的影响。

【说明】： 当地下室外墙与结构柱不相连或仅设置暗柱时，应按单向板计算配筋；当地下室外墙与结构柱相连时，无论结构柱是否有足够的刚度作为外墙的竖向支承构件，结构柱均应考虑侧向荷载的影响，柱位置范围的地下室外墙按单向板计算构造时应设置水平方向加强钢筋。

6.6.5　地下室外墙设置后浇带或变形缝时，宜与地下室底板、顶板位置相协调，保持连贯性。

6.6.6　地下室底板宜优先选用以天然基础或桩承台为柱帽的平板式结构，计算配筋时应考虑天然基础或桩承台的有利影响。

6.6.7　地下室所有底板（包括周边与外侧壁连接的底板）均按周边支座固定的双向板进行计算分析；底板为无梁结构时，需进行复杂楼板有限元计算，计算时应注意有限元的合理划分，判断计算结果的合理性，必要时可采用等代框架等简化算法进行对比分析。

6.6.8　无人防荷载组合时，需验算底板裂缝宽度，迎水面应按《混凝土结构设计规范》GB 50010 要求控制裂缝计算宽度不大于 0.2mm。筏形基础或桩筏基础的筏板可不验算其裂缝宽度。

6.6.9　地下室底板应根据《混凝土结构设计规范》GB 50010 受弯构件最小配筋率的要求确定底、面的通长钢筋，受力较大的区域采用附加钢筋；长度超过 100m 的超长地下室，底板通长钢筋配筋率不宜小于 0.2%，间距不宜大于 150mm。筏形基础或桩筏基础的筏板最小配筋率不应小于 0.15%。

6.6.10　为控制超长地下室底板及侧墙大面积混凝土的裂缝，除设计要求的各项加强措施外，设计图纸上应要求在材料选用时优先选用水化热低、收缩率低和抗裂性高的矿渣水泥，同时施工中应加强养护以减少混凝土的收缩开裂。当混凝土中掺加一定量的粉煤灰时，混凝土可采用 60d 或 90d 龄期强度。

6.6.11　超长地下室宜进行温度效应分析，温差的取值宜根据当地的年平均气温、最大温差并考虑保温措施进行取值。

【说明】：（1）目前对于超长地下室的温度效应一般很少进行精确计算，只是通过构造措施进行保证，随着计算手段的增加及分析水平的提高，建议对超长超大地下室进行较为精确的分析。(2) 地下室侧壁混凝土强度等级太高时易开裂，一般不宜超过 C35。

6.6.12　地下室楼盖宜根据建筑功能、结构刚度、传力特点、工程造价等因素进行选型分析。常用的结构形式有：无梁楼盖、梁大板楼盖、单向梁楼盖、单向密肋楼盖、双向梁楼盖、双向密肋楼盖等多种形式。无梁楼盖包括预应力无梁楼盖、空心无梁楼盖、普通无梁楼盖等；梁大板楼盖包括普通梁＋大板、宽扁梁＋大板、加腋大板等。

6.6.13　地下室设防水位取室外地坪的建筑，首层有覆土及园林绿化要求的地下室顶板无论采用何种建筑防水材料，应按《混凝土结构设计规范》GB 50010 的要求，控制裂缝计算宽度不大于 0.2mm。梁裂缝宽度计算时可考虑楼板作为翼缘的有利作用，不考虑楼板作为翼缘作用时梁裂缝宽度可按 0.3mm 控制。

6.6.14　塔楼范围内首层楼盖及相关范围的地下室顶板一般不应采用无梁楼盖结构，若需采用，应注重板柱节点的承载力设计，通过柱间设置暗梁等构造措施，提高结构的整体安全性；其余区域宜根据选型分析对比后确定。在荷载较大的地下室结构特别是有较厚覆土的地下室顶板，可考虑选用无梁楼盖。

6.6.15　地下室中间楼层楼盖结构宜优先选用主次梁楼盖结构，也可采用有柱帽的无梁楼盖结构；无梁楼盖采用有限元法或等代框架法计算柱上板带的支座钢筋时，应考虑柱帽的有利影响。在综合考虑建筑净空及楼盖经济性的情况下，地下室楼盖结构也可选用空心楼盖结构，空心楼盖的芯模应采用轻质、环保及技术成熟的材料。

6.6.16　主楼以外地下室面积较大时，地下室顶板应根据建筑首层室外布置确定消防车通道范围，非消防车通道范围顶板的施工堆载如无特殊说明一般取 10kN/m²（分项系数取 1.0）。

【说明】：地下室顶板等部位在建造施工和使用维修时，往往需要运输、堆放大量建筑材料与施工机具，施工堆载一般不宜小于 10.0kN/m²；当按《工程结构通用规范》GB 55001 第 4.2.13 条取 5.0kN/m² 时，活荷载分项系数为 1.5，当有临时堆积荷载以及有重型车辆通过时，施工组织设计中应按实际荷载验算并采取相应措施。

6.6.17　对于消防车通道，人防等效荷载可不与消防车荷载组合。当顶板之上有覆土或其他填充物时，消防车轮压应按照覆土厚度折合成等效荷载，具体参看本措施第 3.1.5 条。

6.6.18　地下室顶板应优先采用结构找坡排水，避免设置反梁（车道入口处除外）。

6.6.19　地下室首层楼板或顶板有消防通道、覆土或种植等需求时，应在结构图纸注明荷载限值要求，包括最大覆土允许值、消防车荷载范围、施工荷载限值等，避免施工或使用期间超载对结构带来不利影响。

6.7　地下室逆作法结构设计

6.7.1　地下室逆作法施工适用于地下室层数较多、基坑深度较深或面积较大、周边环境复杂且要求严格控制基坑变形或尽量缩短施工总工期的工程。

【说明】：逆作法是利用地下室的楼盖结构（梁、板、柱）和外墙结构作为基坑支护结构的水平支撑体系和支护体系，由上而下地进行地下室结构施工的方法。逆作法施工阶段整个支护结构体系空间刚度大，能够有效地控制基坑变形，适用于开挖深度大、施工条件比较困难的基坑工程。我院针对不同工程的技术特点及项目的环境特点进行综合分析，选择合理及经济的逆作法流程及优化的结构连接构造，已完成了多个地下室逆作法项目的设计及应用分析。考虑逆作法施工基坑支护设计与主体结构设计相关性较强，关键节点及构造对结构安全影响较大，本措施将逆作法施工结构设计内容列入，供结构设计人员参考。

6.7.2　地下室逆作法施工结构设计应考虑结构各部分的施工顺序、施工进度及取土顺序等因素对其的影响，并应充分考虑土方开挖与运输的方式，确保足够的施工空间。根据结构支撑方式及施工顺序的不同，逆作法可分为下列几种情况：

1　全逆作法：利用地下室楼盖的梁板体系对支护结构形成水平支撑，自逆作面向下依次施工地下结构的施工方法。

2　半逆作法：利用地下室先期浇筑的梁系结构对支护结构形成框格式水平支撑体系，地下室封底后再向上逐层浇筑楼板的施工方法。

3　部分逆作法（中心岛法）：在大面积地下室施工中，利用基坑内沿周边暂时保留的局部平衡土体对支护结构形成水平支撑作用，基坑中部采用由下而上的正作法施工，基坑周边平衡土体范围采用由上而下开挖土方并施工地下室周边楼盖结构的施工方法。

【说明】：采用逆作法施工的工程，设计与施工均较复杂，施工过程中主体结构、支护结构内力分布受施工因素影响而改变。主体结构设计、支护结构设计和施工之间应配合、协调，充分结合结构特点及施工因素选择最优实施方案，确保工程的质量与安全。

逆作法施工的作业空间受到一定限制，设计与施工时应从挖土及运输等方面保证施工空间。为配合土方开挖设备要求的作业空间，逆作法可由上至下逐层施工地下室楼板，逐层开挖土方，也可隔层施工地下室楼板，两层一次开挖土方，直至底板完成。

6.7.3　逆作法施工的支护结构宜采用地下连续墙或排桩，其支护结构宜作为地下室主体结构的全部或一部分。

【说明】：采用逆作法施工时，当支护结构作为地下室主体结构的全部或一部分时，与内衬墙形成组合墙体共同受力，可充分体现逆作法施工降低临时支护造价及缩短总工期的特点。

6.7.4 逆作法施工的结构设计主要包括下列内容：

1 基坑支护结构在各施工阶段的承载力计算，应符合相关规程的有关规定；在各施工阶段的基坑内外土体的稳定性验算，包括整体失稳、抗滑移、抗倾覆和抗隆起验算。

2 逆作法施工的支撑体系和围护结构的内力和变形应采取与施工及使用阶段状态相符的计算模型进行内力分析、截面和变形验算，计算分析宜采用考虑空间作用的整体分析方法。

3 基坑支护结构应按施工期间和作为主体结构外墙使用期间分阶段对其进行受压、受弯、受剪承载力计算，作为主体结构外墙使用期间尚应进行竖向承载力及变形验算。基坑开挖阶段坑外土压力采用主动土压力，永久使用阶段坑外土压力采用静止土压力。

4 立柱的设置方式和施工方法及其在各施工阶段中的承载力和稳定性验算，根据立柱承载力确定上部结构可施工的层数；立柱基础的设计及其承载力和变形验算；采用二次叠合施工方法的立柱尚应考虑叠合施工对构件承载力和构件变形的影响。

5 各施工阶段中水平支撑结构的形式及其承载力计算和稳定性验算。

6 主体结构与支护结构、立柱、支撑结构的连接构造设计。

7 使用阶段有人防要求的地下室，支护结构及内衬墙组成的复合地下室侧壁结构应按人防设计要求满足抗核爆强度与早期防辐射的要求。

【说明】 由于逆作法施工特殊的施工流程及采用主体结构与支护结构相结合的受力体系，逆作法的支撑及支承结构都应进行施工阶段与使用阶段不同的受力状态下构件的承载力及变形验算。地下室各类节点的设计也应考虑与常规施工的不同，既要符合结构设计规范的要求，又要满足逆作法施工工况受荷条件下的受力要求，主体结构及构件计算时尚应根据节点的实际构造情况选择合适的边界条件，以确保结构在施工及永久使用受力状态下的安全。

6.7.5 当基坑支护结构设计为地下室侧壁结构的一部分时，应在支护结构的内侧设置衬墙，衬墙应与支护结构结合紧密形成地下室侧壁结构复合墙，计算时可按叠合构件计算；衬墙厚度宜为 150~350mm，配筋可按构造布置单面或双面钢筋。

6.7.6 逆作法施工的地下室应做好防水设计，根据防水等级的要求做好内衬墙防水及内外墙之间的疏水排水设计。

【说明】 当支护结构在使用阶段作为地下室结构的一部分时，相关的节点连接应使主体结构与支护结构形成整体。为达到地下室防水的要求，还需在支护结构内设内衬墙，内衬墙主要作为防水构件并可与支护结构形成叠合构件共同受力。同时，应按防水要求做好内衬墙防水及墙间的疏水排水设计，一般可沿支护结构四周将底板进行加强处理，并在接触面处设止水条以增强防水能力。内衬墙也可采用与支护结构分离的做法，除内衬墙采用防渗混凝土外，还需在衬墙与支护结构之间设置柔性防水层。

采取的围护结构不同，止水效果差异较大，不管哪种结构，都存在渗水的可能，故一般采用疏排结合的处理措施。

6.7.7　逆作法竖向支承构件优先采用主体结构柱作为施工阶段的立柱，柱网开间不宜小于8000mm×8000mm，立柱宜优先选用钢管混凝土柱、型钢混凝土组合柱。立柱设计及计算宜符合下列规定：

1　立柱设计应考虑的荷载包括地下结构及同步施工的上部结构自重、结构梁板所承受的施工荷载等；当楼盖大开洞时，尚应考虑承受地下结构周边土压力传递的水平作用力。

2　立柱应根据其垂直度允许偏差计入竖向荷载偏心的影响，宜按偏心受压构件设计，长细比不宜大于25。

3　当立柱需外包混凝土形成主体结构框架柱时，立柱的形式与截面设计应与地下结构梁、板和柱的截面相协调，并应采取构造措施以保证结构整体受力与节点连接的可靠性。

4　框架柱位置处的立柱宜在地下结构底板混凝土浇筑完成后，逐层在立柱外侧浇筑混凝土形成地下结构的永久框架柱，临时立柱在永久框架柱完成并达到设计要求后方能拆除。

【说明】：立柱的布置应综合考虑永久结构体系的布置、施工操作空间、立柱桩的承载能力等因素，立柱应具有较高的承载能力，而且又要便于与梁板的连接施工。加工及安装方便并具有类型多样的梁柱节点构造方式的钢-混凝土组合柱是较为合适的立柱形式。

由于逆作法施工时，立柱的位置偏差和垂直度偏差较难控制，立柱除了承受楼盖结构传来的竖向荷载外，同时承受由于水平支撑受力的不均衡时传递的水平力，立柱设计应充分考虑各种不利情况。另外，立柱的计算长度应考虑土对柱的约束较弱的不利因素。

6.7.8　全逆作法施工的钢筋混凝土剪力墙宜在墙转角或端部设置竖向支承的临时立柱（图6.7.8-1、图6.7.8-2），并在逆作面楼层设置剪力墙临时水平托换结构，设计应对施工阶段的托换结构体系进行相关验算。

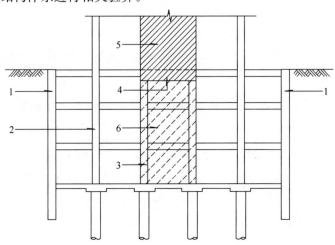

图6.7.8-1　以首层为逆作面的逆作法示意

1—地下连续墙或排桩；2—框架立柱；3—剪力墙支承立柱；4—剪力墙临时
托换梁；5—剪力墙；6—后浇剪力墙

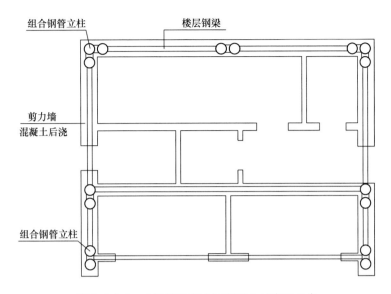

图 6.7.8-2 全逆作法剪力墙临时立柱布置示意

6.7.9 钢筋混凝土剪力墙临时立柱宜选用钢管混凝土柱、型钢混凝土组合柱，并可结合剪力墙的平面布置选用（带约束拉杆）异形钢管混凝土柱（图 6.7.9a）或组合钢管混凝土柱（图 6.7.9b）。

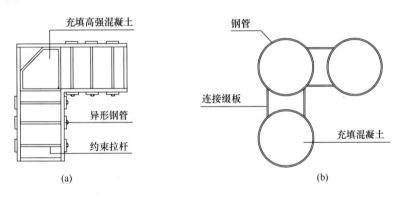

图 6.7.9 剪力墙临时立柱

【说明】：全逆作法施工时剪力墙可参考框架立柱的施工方式，在完成基础及立柱定位的埋设后，利用布置在剪力墙相交和转角等位置处的临时立柱作为地下室逆作法施工时的竖向支承构件，与剪力墙临时托换梁阶段性地支承地面以上若干层的剪力墙的负荷，下部剪力墙的混凝土在逆作法施工过程中后浇并与上部剪力墙形成整体。

6.7.10 地下室逆作法施工应在适当部位预留从地面直通地下室底层的物料垂直运输孔洞，孔洞的设置应满足垂直运输能力和进出材料、设备及构件的尺寸要求，孔洞设置不宜少于两个，孔口面积应保证 40～50m^2。孔洞周边肋梁上应预埋板筋与后浇的混凝土楼板结合成整体；孔洞封堵前，应考虑孔洞对支护结构的不利影响，确保土压力可靠传递。物料运输道路通过的楼板应进行施工荷载复核。

6.7.11　作为逆作法传力的地下室各层楼盖设计及构造应符合以下要求：

1　全逆作法施工以楼盖梁板整浇作为水平支撑体系时，需验算正常使用条件下构件的承载力、刚度和裂缝宽度。

2　采用逆作法施工的地下室现浇钢筋混凝土结构楼板厚度不应小于120mm。地下室梁板结构不宜设置结构缝，当必需设置时，应考虑楼板传递水平力的需要，设置传递水平力的构件。

3　地下室楼板结构不宜有大面积的错层，当结构设计不能避免时应验算高差部位构件的弯、剪、扭承载能力，必要时应采取设置可靠的水平转换构件或临时支撑等措施。

4　对结构楼板的洞口及车道开口部位，当洞口两侧的梁板不能满足支撑的水平传力要求时，应采取在缺少结构楼板处设置临时支撑等措施。

5　半逆作法施工以先施工板下梁系形成杆系水平支撑体时，应按平面框架方法计算内力和变形，肋梁应按偏心受压杆验算构件的承载力和稳定性，并应按叠合梁验算楼盖正常使用条件下的承载力、刚度及裂缝宽度，并满足相应的构造要求。

6.7.12　采用逆作法施工时，立柱桩宜采用灌注桩基础，一柱一桩，灌注桩的直径应满足立柱精确定位的要求。当地下连续墙或排桩设计为地下室侧壁结构的一部分时，应考虑由立柱桩差异沉降及立柱桩与支护结构之间差异沉降引起的结构次应力，并采取必要措施防止有害裂缝的产生。

【说明】：根据各地不同的地质条件，立柱桩的设计存在着较大的差别。立柱桩的设计应满足承载力和变形的要求，一柱一桩基础传力直接，基础与底板的连接构造容易处理，有条件时宜优先选用一柱一桩基础。广东地区最常用的立柱桩是钻孔灌注桩与人工挖孔桩，均有成熟的设计及施工配合技术，尽管人工挖孔桩有定位器安装方便及钢管吊装准确等优点，但随着对人工挖孔桩的限制使用，以及辅助立柱定位及吊装机械的应用，机械成孔灌注桩成为主流的立柱桩形式。

6.7.13　当支护结构作为主体结构的一部分时，水平构件与支护结构的接头可采用如下几种形式：

1　梁与支护结构的连接接头可采用预埋钢筋连接法、预埋钢板连接法、后植筋法等。

2　梁与支护结构的连接当采用刚性接头时，可采用在支护结构中预埋钢筋或预埋钢筋接驳器的连接方式；梁与支护结构的连接采用铰接接头时，可采用预埋钢筋和预埋剪力键的连接形式。

3　地下结构楼板与支护结构的连接可采用预埋钢筋和预埋剪力键的连接形式。

4　地下结构底板与支护结构的钢筋连接应采用钢筋接驳器连接或焊接，底板沿支护结构的周边宜作加强并在连接处设置剪力键增强抗剪能力。

6.7.14　当支护结构不作为地下结构的一部分时，地下室的侧墙与楼板的连接处应设置边梁或暗梁，并在梁中预埋竖向钢筋，连接上下侧墙。

6.7.15   立柱的梁柱节点的设计应考虑梁、板钢筋施工及柱后浇筑混凝土的方便，在各楼层标高位置应设置剪力传递构件，以传递楼层剪力；钢管混凝土柱与梁板之间节点可采用钢牛腿节点或环梁节点等形式。

【说明】：逆作法施工的结构节点设计应满足结构永久受荷状态及施工状态下的承载力要求，同时节点构造必须满足抗渗防水要求，并在施工工艺上具有可操作性。各类连接节点是结构的关键部位，由于节点种类较多且施工较为复杂，设计时应考虑工程的实际情况及施工技术水平，确保施工质量及节点安全。

梁柱节点的设计及构造主要取决于立柱的结构形式，由于地下室的结构形式不同，墙、柱与梁、板的节点形式亦不同，要在满足施工和设计的原则下灵活处理。

6.7.16   立柱与桩基础及底板的连接接头可根据桩型采用图 6.7.16（a）和图 6.7.16（b）的形式。

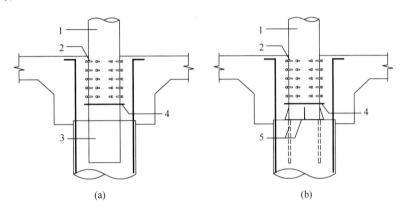

图 6.7.16   立柱与桩基础及底板的连接接头

1—钢管立柱；2—抗剪栓钉或抗剪键；3—埋入段钢管；4—截水板；5—挖孔桩预埋调平定位装置

第 7 章　钢筋混凝土结构设计

7.1　一　般　规　定

7.1.1　钢筋混凝土结构体系的选择应根据使用要求结合抗震设防烈度、建筑高度、结构体型、技术经济指标及施工条件等因素综合考虑。各种钢筋混凝土结构体系有其合理的适用高度、适用高宽比及单位面积自重。

【说明】：钢筋混凝土结构抗震及抗风性能较好，适用范围广，钢材用量和结构造价较优，150m 高度以下体型及规则性较好的高层建筑宜优先选用。高层钢筋混凝土建筑不同结构体系的适用高度及高宽比是结构刚度、承载能力和经济合理性的宏观控制，结构设计可根据有关规范的指标合理选用。平面和竖向均不规则的高层建筑结构，其最大适用高度宜降低 10% 左右。

超出适用高度或合理高宽比时，可通过性能化设计及加强措施等来实现结构抗震及抗风性能的提高；同样，不同的结构体系有合理的单位面积自重，常规结构可参考表 5.5.2 的数值，单位面积自重不合理时应检查设计是否存在问题或采取其他结构体系。

7.1.2　多高层混凝土结构应根据抗震设防烈度、抗震设防类别及场地类别等参数正确确定抗震等级及抗震构造等级，并相应确定抗震措施及抗震构造措施。

【说明】：钢筋混凝土房屋的抗震等级是重要的设计参数，应根据现行国家标准《建筑抗震设计规范》GB 50011 和行业标准《高层建筑混凝土结构技术规程》JGJ 3 的有关要求确定，特殊情况下（如甲类建筑、乙类建筑）需要提高抗震措施或抗震构造措施。例如，当房屋高度超过提高一度后对应的房屋最大适用高度时，则应采取比对应抗震等级更严格的抗震构造措施。

"抗震措施"是指除地震作用计算和抗力计算以外的抗震设计内容，包括建筑总体布置、结构选型、地基抗液化措施、考虑概念设计要求对地震作用效应（内力及变形）的调整措施以及各种构造措施。"抗震构造措施"是指根据抗震概念设计的原则，一般不需计算而对结构及非结构各部分必须采用的各种细部构造，如构件尺寸、高厚比、轴压比、纵筋配筋率、箍筋配筋率、钢筋直径、钢筋间距等构造和连接要求等，一般根据抗震等级来确定。

应注意，广东省标准《高层建筑混凝土结构技术规程》DBJ/T 15-92-2021（以下简称广东省《高规》）提出的"抗震构造等级"概念不同于"抗震等级"，应用广东省《高规》进行设计时，应与《工程结构通用规范》GB 55001 协调，钢筋混凝土结构抗震构造等级对应《建筑与市政工程抗震通用规范》GB 55002 第 5.2.1 条及《混凝土结构通用规范》GB 55008 有关特殊构件确定的抗震等级采用，抗震构造等级对应的构造配筋不应小于相应结构按《建筑与市政工程抗震通用规范》GB 55002 第 5.2、5.3、5.4 节规定的结构构件抗震等级的构造配筋。

7.1.3 当地面以上塔楼建筑与大面积裙楼连成同一结构单元时，可按裙楼结构及塔楼分区域确定抗震等级。

1 当塔楼的抗震等级高于裙楼时，塔楼相关范围（从塔楼周边外延三跨且不小于20m）的裙楼区域的抗震等级按塔楼的抗震等级。

2 当裙楼的抗震等级高于塔楼时，对应于裙楼高度范围内的塔楼按裙楼的抗震等级。

【说明】：这种情况通常为裙楼面积较大、高度较高且采用框架结构体系，一般情况下应避免出现；大面积裙楼可利用楼、电梯间设置剪力墙，形成框架-剪力墙结构。

3 当塔楼为剪力墙结构而裙楼为框架或框架-剪力墙结构时，对应于裙楼高度范围内的塔楼的剪力墙及塔楼相关范围内的框架，其抗震等级应不低于按框架-剪力墙结构确定的抗震等级。

7.1.4 地下室作为上部结构的嵌固部位时，嵌固部位楼层以下一层的上部结构相关范围（从上部结构周边外延两跨）的抗震等级与上部结构相同，嵌固部位以下二层至底层的抗震构造措施的抗震等级可逐层降低一级，但不应低于四级。上部结构影响范围以外的地下室的抗震等级可根据具体情况采用三级或四级。

7.1.5 上部结构嵌固部位应按地下室结构的整体性和结构的楼层侧向刚度比来确定。

1 在确定上部结构嵌固部位时，楼层侧向刚度比的计算不考虑土对地下室侧墙的约束作用。

2 当地下室顶板作为上部结构嵌固部位时，上部结构相关范围宜采用梁板结构，顶板的计算及构造要求应符合《建筑抗震设计规范》GB 50011-2010（2016年版）第6.1.14条的要求，当地下室顶板结构梁截面高度不小于700mm及板跨不大于4.5m时，板厚可适当减小，但不小于150mm。

3 当地下室顶板因楼层侧向刚度比或开设大洞口而不作为上部结构嵌固部位时，需考虑地下室顶板对上部结构实际存在的嵌固作用，可按嵌固部位及地下室顶板两种不同情况进行包络设计；嵌固部位楼层的上部结构相关范围宜采用梁板结构，楼板厚度不宜小于150mm。

4 地下室顶板室外区域因覆土或市政管线要求降低标高时，当室内外高差不大于地下一层层高的1/3，且高低跨位置的梁采取加宽截面、箍筋直径加大、间距加密等加强措施时，可认为楼板连续，楼层侧向刚度比满足要求时可作为上部结构嵌固部位，这种情况下地下室顶板可不作错层考虑（图7.1.5）。

5 当地下室顶板作为上部结构嵌固部位时，塔楼以外的区域可采用厚度不小于450mm的空心楼盖结构，空心楼盖空腔顶板厚度不应小于120mm，折算厚度不应小于200mm，并应在框架柱位置设置主肋梁且肋梁的高跨比不宜小于1/18，主肋梁的纵筋应

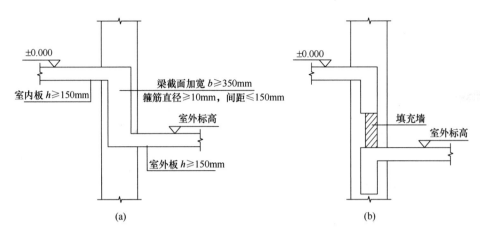

图 7.1.5　地下室顶板室内外高差构造措施

（a）采用；（b）不应采用

满足框架梁的抗震构造要求。

6　非开敞型的地下室，地下各楼层可不考虑结构平面不规则的控制指标（扭转位移比）。

【说明】：上部结构嵌固层位置的确定对结构的整体控制指标（如层间位移角、剪重比等）及楼盖加强措施均有一定的影响，应综合考虑各种情况进行包络设计以确保安全。

地下室顶板作为上部结构的嵌固部位时应满足地上一层侧向刚度不大于相关范围地下一层侧向刚度的 0.5 倍，相关范围指三跨以内或周边外延不大于 20m。

对于嵌固层取在地下一层或以下时，不必再验算上下楼层侧向刚度比，但需考虑地下室顶板对上部结构实际存在的嵌固作用，应同时采取加强首层楼板厚度等构造措施。

对于地下室周边高差较大且形成部分半地下室的情况，当地下一层整体结构侧向刚度大于上部结构侧向刚度 6 倍时，结构嵌固部位可取地下室顶板。

7.1.6　高层住宅结构设计应优先选用钢筋混凝土剪力墙结构体系，塔楼局部因建筑功能及结构承载力需要时，可采用设少量框架柱的剪力墙结构；有转换要求时可采用部分框支剪力墙结构体系；公寓形式的塔楼可采用框架-剪力墙或框架-核心筒结构体系；塔楼以外的裙楼和地下室可采用框架或框架-剪力墙结构体系。

7.1.7　多高层混凝土结构应通过调整平面及立面规则性、采用有效措施加强薄弱部位等，尽可能不设防震缝或少设防震缝。

【说明】：为提高高层建筑整体刚度及抗震性能，塔楼建筑可设缝也可不设缝时，原则上不设缝。当高层建筑塔楼平面超长（大于 80m）且形状过于复杂，或高层塔楼及裙楼整体面积较大且刚度和荷载相差悬殊，或位于不均匀的地基上使不均匀沉降难以控制时，则均应设置防震缝。

高层建筑平面尺寸较大，容纳人数较多时，为了降低部分结构单体的抗震设防类别，通过结构分缝将建筑分成若干结构单体，分缝两边为大跨度悬挑结构，此做法未必合理，结构分缝应优先考虑结构布置合理性及整体性。

7.1.8 当多个高层（住宅）建筑塔楼组合的平面长度超过 55m 时，宜在塔楼间分缝（图 7.1.8），尽量形成长度较小、平面规则结构单元，否则应采取有效措施加强薄弱部位及解决平面超长所带来的不利影响。

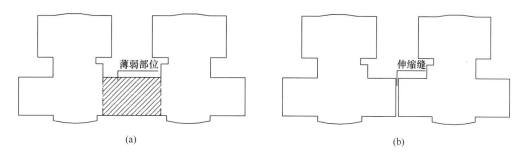

图 7.1.8 塔楼平面分缝示意

（a）组合平面；（b）分塔平面

【说明】：近年来，广东沿海地区高层住宅建筑平面布置较复杂导致多项平面不规则，如单塔平面已存在凹凸不规则、楼板不规则等情况，则不宜多塔连成整体导致抗震更不利及形成超长楼盖。

7.1.9 当裙楼平面长度超过 200m 时，宜在裙楼平面多个塔楼间设置防震缝（伸缩缝），避免形成超长大底盘多塔楼结构。

【说明】：大型商业与住宅综合体项目，特别是近年较多的轨道交通车辆段上盖（TOD）项目，其大底盘规模越来越大，为减小超长平面大底盘结构抗震及温度作用的不利影响，大底盘长度不宜过大，长度超过 200m 时宜分缝。

7.1.10 体型复杂的建筑不设防震缝时，应对结构进行详细分析，充分论证局部应力和变形集中及地震扭转效应产生的不利影响，对远端、转角处的竖向构件配筋、连接部位的梁配筋、板配筋及板厚进行加强。当必须设缝时，应将伸缩缝、沉降缝、防震缝结合考虑，伸缩缝、沉降缝应留有足够的宽度，同时满足防震缝的宽度要求，避免地震时相邻部分互相碰撞而破坏。框架结构设置抗撞墙时，应注意避免不均匀布置抗撞墙使结构产生明显的扭转效应，防震缝宽度应按框架结构确定。

【说明】：如必须设置防震缝时，防震缝应留有足够的宽度，超高层建筑应满足中震作用下两侧结构不发生碰撞的要求，并按一缝多用的原则协调其与伸缩缝或沉降缝的合理布置。

7.1.11 高层住宅建筑的结构布置应充分结合建筑平立面的布置，结构方案及构件布置除满足结构承载力要求外，为提高建筑使用效果，结构布置宜符合以下规定：

1 应尽量使建筑室内空间达到"无梁无柱"的效果，对必须突出的构件，也应当将该构件突出在相对次要的空间，户内空间主次顺序为：客厅、餐厅→过道（主卧室）→主卧室（过道）→次卧室→厨厕→其他空间；

2　应尽量利用主体结构构件配合建筑造型及建筑线条，避免另增设钢筋混凝土构造线条；除建筑立面要求外，应避免竖向构件突出砖墙面；

3　竖向构件在满足承载力及构造要求（轴压比等）的前提下，可往上分级适度收变截面，以减小对建筑使用空间的影响；在条件允许的情况下，竖向构件可采用较高的混凝土等级；

4　高层住宅卫生间一般采用350mm高的沉箱设计，主卧室套间的卫生间原则上采用局部沉板处理，避免在房间中出现明梁，并应通过符合实际受力情况的计算分析加强构造措施；

5　高层住宅屋面、露台宜采用建筑找坡，设计时应考虑建筑找坡的附加恒荷载；

6　斜屋面设计除建筑要求外，不宜设置水平梁板；当结构计算需要设置水平拉梁或立柱时，其位置应协调建筑确定。

7.1.12　本章节内容主要适用于多高层钢筋混凝土结构的设计与构造，高层混合结构及高层钢结构有相关设计内容时可参考应用。

7.2　材　　料

7.2.1　高层建筑混凝土结构宜采用高强高性能结构材料，注重结构的耐久性。

7.2.2　一般情况下，钢筋混凝土结构按设计工作年限50年的要求进行耐久性设计。特殊情况下按耐久性100年要求设计时，应根据《混凝土结构设计规范》GB 50010的相关要求采取构造措施。

【说明】：耐久性100年要求不同于承载力100年要求，耐久性的作用效应与构件承载力的作用效应不同，其作用效应是环境影响强度和作用时间跨度与构件抵抗环境影响能力的结合体，因此保证其构造要求即可。承载力100年要求的混凝土结构，地震作用取值应经专门研究提出并按规定的权限批准后确定，当缺乏当地的相关资料时，可参考《建筑工程抗震性态设计通则（试用）》CECS 160：2004的附录A，其调整系数的范围为：设计工作年限70年，取1.15～1.2；100年取1.3～1.4，同时可适当提高结构抗震措施。楼面和屋面活荷载考虑设计工作年限的调整系数 γ_L 应取1.1。

7.2.3　结构用混凝土强度等级除满足规范相关规定外，应符合下列规定：

1　竖向构件当采用C70及以上的高强混凝土时，应有改善其延性的有效措施：柱宜提高配筋率、配箍率或采用钢管混凝土柱、型钢混凝土柱或钢管混凝土叠合柱或钢筋混凝土芯柱；剪力墙宜设端柱，提高端柱或边缘构件以及分布筋的配筋率、加强对竖向受力钢筋的约束，必要时可采用型钢、钢板或钢管混凝土剪力墙。

2 水平构件与竖向构件的混凝土强度相差不宜超过 5MPa。

3 应慎重采用海砂混凝土，如必须使用时，用于配置混凝土的海砂应作净化处理，并应严格执行现行行业标准《海砂混凝土应用技术规范》JGJ 206 的规定。

4 海边地区工程，地下水属于强碱强腐蚀，混凝土和钢筋应做好防腐措施，混凝土配合比可加 20%～30% 的矿渣料。

5 超长结构采用补偿收缩混凝土及掺入外加剂控制结构裂缝时，配合比方案应经充分论证，必要时应进行试验对比分析。超长地下室混凝土材料的配合比宜满足以下要求：

（1）选用质量稳定、低水化热和含碱量较低的水泥，不得使用早强水泥、C_3A 含量偏高水泥（C_3A 含量不得超过 7%）及立窑水泥；选用坚固耐久的、级配合格、粒形良好的骨料；

（2）混凝土到浇筑工作面的坍落度不宜大于 160mm；

（3）尽量降低拌合水的用量，用水量不宜大于 175kg/m³；

（4）粉煤灰掺量不宜超过胶凝材料用量的 40%，矿渣粉的掺量不宜超过胶凝材料用量的 50%；粉煤灰和矿渣粉掺合料的总量不宜大于混凝土中胶凝材料用量的 50%；

（5）控制砂率 0.35～0.42，水胶比不宜大于 0.5。

【说明】：钢筋混凝土高层建筑的竖向构件采用高强混凝土有助于减轻结构自重、增加有效建筑面积、提高结构的耐久性、节省材料。但高强混凝土（C70 及以上）存在延性不足的问题，应用时应有改善其延性的有效措施。对于水平受弯构件采用高强混凝土易产生收缩裂缝，影响观感及结构的耐久性，不宜采用高强度等级混凝土。

超长地下室采用添加剂控制裂缝的效果受各种因素的影响，如有成功的工程经验并能控制添加剂产品的稳定性和质量，设计时可作为超长地下室的抗裂措施。实际不少工程中在未掺入添加剂的情况下，通过合理的结构布筋（细而密）及施工措施，针对性地做好养护及控制好混凝土材料的配合比，裂缝控制效果也良好。

7.2.4 高层住宅建筑的混凝土强度等级主要采用C25～C60。一般情况下，竖向构件采用C30～C50，梁、板采用C25～C35；在住宅建设当地条件允许下，超高层住宅竖向构件最高强度等级可采用C55 或C60。

【说明】：超高层住宅较多采用剪力墙结构，底部楼层墙厚较大且墙长超过 5m 时应采取措施防止混凝土开裂，采用 C50 等级以上混凝土尤其要注意。

7.2.5 结构设计主要采用 HPB300（φ）、HRB400（Φ）或 HRB500（Φ）牌号的钢筋。一般情况下，钢筋公称直径 $d \leqslant 8mm$ 时采用 HPB300，$d \geqslant 10mm$ 时采用 HRB400。不同直径的钢筋牌号的选择可根据钢筋市场供应情况作调整，同一工程中，应尽量避免同一直径的钢筋采用不同的牌号。当根据受力要求而配置钢筋时，应优选 HRB400 钢筋。

有条件时应推广应用 HRB500 钢筋及 HRB600 钢筋。

【说明】：当施工中需要进行钢筋代换时，除满足规范的规定外，不可随便加大钢筋面积，在抗震设计中，加大钢筋面积经常会造成结构薄弱部位的转移，使构件在有影响的部位发生混凝土的脆性破坏（混凝土压碎、剪切破坏等）。

7.2.6　结构构件钢筋使用的一般规则见表 7.2.6。

钢筋选用表　　　　　　　　　　　　　　表 7.2.6

构件		钢筋强度	备注
楼面板	纵向受力钢筋	HRB400	板面钢筋直径不小于 8mm；构造配筋直径为 8mm 时可采用 HPB300
梁	纵向钢筋	HRB400、HRB500	腰筋和架立筋直径为 8mm 时可采用 HPB300
	箍筋	HRB400	钢筋直径≤8mm 时可采用 HPB300
剪力墙	边缘构件纵筋	HRB400、HRB500	
	边缘构件箍筋	HRB400	钢筋直径≤8mm 时可采用 HPB300
	墙身分布钢筋	HRB400	
框架柱	纵向钢筋	HRB400、HRB500	
	箍筋	HRB400	钢筋直径≤8mm 时可采用 HPB300

【说明】：为提高材料的应用效率及结构的经济性，目前国内多地已广泛应用 HRB500 级钢筋，高烈度区结构构件的受力钢筋推荐应用 HRB500 级及以上钢筋。

7.2.7　当梁、柱钢筋密集时，可采用并筋的布置方式，钢筋间距、保护层厚度、裂缝宽度验算、钢筋锚固长度、搭接接头面积百分率及搭接长度等构造要求应采用等效直径。并筋采用绑扎搭接连接时，应按每根单筋错开搭接的方式连接，钢筋的搭接长度按单筋计算。

7.2.8　楼板钢筋可采用冷轧带肋钢筋（CRB550 级）。需要注意，地下室、转换层及未来存在改造可能的区域的楼板不应采用冷轧带肋钢筋。

7.2.9　钢筋混凝土构件可采用预应力技术控制裂缝及构件变形。超长楼盖可采用无粘结预应力钢筋控制裂缝；大跨度（转换）构件可采用有粘结预应力钢筋或缓粘结预应力钢筋作为受力钢筋并控制构件裂缝。当构件截面受到限制而采用有粘结预应力技术困难时，可以采用缓粘结预应力技术。

1　缓粘结预应力钢筋主要采用极限强度标准值为 1860N/mm² 的钢绞线，常用预应力筋直径为 15.2mm，大直径缓粘结预应力筋直径为 17.8mm、21.8mm 和 28.6mm。有条件时推广应用超高强（2230N/mm²、2360N/mm²）钢绞线。

2　缓粘结预应力钢绞线的外包护套应具有耐腐蚀特性，其主要起到在缓粘结预应力钢绞线制备、运输、施工过程中定型保护作用。同时也直接影响粘结锚固性能，外包护套肋高为关键参数，15.2 规格缓粘结预应力钢绞线肋高不应低于 1.2mm。

3　缓凝胶粘剂是缓粘结预应力的核心，应具有耐腐蚀、固化后强度高等特点，其材料性能应满足表7.2.9的要求。

缓凝胶粘剂性能指标　　　　　　　　　　　　　表7.2.9

项目		指标	
外观		质地均匀，无杂质	
不挥发物含量（%）		≥98	
初始黏度（mPa·s）		$1×10^4$～$1×10^5$（25℃）	
pH值		7～8	
标准张拉适用期对应的标准固化时间		标准张拉适用期（d），容许误差（d）	标准固化时间（d），容许误差（d）
		60，±10	180，±30
		90，±15	270，±45
		120，±20	360，±60
		240，±40	720，±120
固化后力学性能	弯曲强度（MPa）	≥20	
	抗压强度（MPa）	≥50	
	拉伸剪切强度（MPa）	≥10	
固化后耐久性能	耐湿热老化性能	拉伸剪切强度下降率≤15%	
	高低温交变性能	拉伸剪切强度下降率≤15%	

注：1. 不同温度下固化时间和张拉适用期可以参考厂家说明书；

　　2. 可根据用户要求调整固化时间和张拉适用期。

【说明】：随着缓粘结预应力技术的发展，近年来较多工程在大跨度楼盖及超长楼盖中应用缓粘结预应力技术。缓粘结预应力与有粘结预应力技术综合比较，两者存在一些差异：（1）设计计算时摩擦系数不同，导致预应力损失不同，配筋量不同，缓粘结预应力配筋量少于有粘结预应力钢筋；（2）构造措施方面，有粘结预应力技术需要加腋与张拉洞，加腋会增加自重与造价；（3）钢绞线比较方面，有粘结预应力使用钢绞线裸线，缓粘结预应力使用缓粘结钢绞线，缓粘结钢绞线比钢绞线裸线重。综合比较，目前市场上缓粘结预应力钢筋的造价比有粘结预应力筋增加不多（5%～15%），考虑缓粘结预应力技术的可靠性、施工质量的保障性及施工工艺的便捷性，建筑工程中推荐应用缓粘结预应力技术。

缓粘结预应力张拉适用期和固化期依据工程特点可调。一般情况下，每个工程依据工期和所在地区温度特点对应一种缓凝胶粘剂配方。工期不同，所在地区温度不同，配方不同。在张拉适用期内，缓粘结预应力钢绞线可自由张拉，摩擦系数小。张拉适用期过后，摩擦系数增大，不适合张拉。因此，缓粘结预应力钢绞线必须在张拉适用期内完成张拉。

7.2.10　地下室防水混凝土的抗渗等级应符合《地下工程防水技术规范》GB 50108第4.1.4条有关规定，即表7.2.10的要求。

防水混凝土设计抗渗等级　　　　　　　　　　表 7.2.10

工程埋置深度 H（m）	设计抗渗等级
H<20	P8
20≤H<30	P10

7.2.11　地下室底板、楼板及侧墙混凝土强度等级不应超过 C40，一般不宜超过 C35。

【说明】： 地下室侧壁通常为超长且高度（厚度）不大的（薄壁）构件，混凝土强度等级取太高容易引起开裂，除在施工过程中做好养护措施，一般情况下地下室侧壁混凝土强度等级控制不高于 C35，设置预应力时不高于 C40。

7.2.12　耐久性环境类别为一类至三类的混凝土结构应按《混凝土结构设计规范》GB 50010 进行耐久性设计，四类环境可参考现行行业标准《港口工程混凝土结构设计规范》JTJ 267，五类环境可参考现行国家标准《工业建筑防腐蚀设计标准》GB/T 50046 的规定。

7.2.13　填充墙体应采用隔热保温性能良好的墙体材料，砖砌体强度等级不低于 MU5，其他实心块体强度不低于 MU2.5，空心块体强度不低于 MU3.5，蒸压加气混凝土砌块重度不应大于 7.5kN/m³，普通混凝土小型砌块及混凝土多孔砖的重度不应大于 14kN/m³；砌筑砂浆强度等级不应低于 WM M5 或 DM M5。砌体填充墙构造柱、圈梁及过梁混凝土强度等级取 C25。

7.3　常 规 结 构 设 计

7.3.1　高层建筑的剪力墙及框架柱沿竖向宜贯通房屋全高。当顶层取消部分墙柱而形成空旷大房间，或底层采取部分框支剪力墙，或取消中部楼层部分剪力墙时，应采取有效措施防止由于刚度突变及受剪承载力突变而产生的不利影响。高大空旷的房间不宜设置在建筑物的两端。

7.3.2　楼层平面复杂、周边楼面外凸、内凹较多，楼板孔洞较多较大的结构应考虑楼板变形对结构产生的附加影响，相应采取有效的构造措施，必要时应考虑楼板变形所产生的附加内力与变形。

7.3.3　高层建筑结构设计中，不宜将墙柱截面尺寸的改变与混凝土强度等级的改变设于同一楼层中，混凝土强度等级的改变通常应在竖向构件截面改变处向上延伸一至二个楼层。

7.3.4　框架结构应设计成双向梁柱抗侧力体系，主体结构除个别部位外，不应采用铰接。

7.3.5 框架结构不得采用由砌体墙承重的混合形式。

【说明】：框架结构中的楼、电梯间及局部出屋顶的电梯机房、楼梯间、水箱间等，也不应采用砌体墙承重，应采用框架承重，砌体墙仅能用于填充墙。

7.3.6 抗震设计时甲、乙类以及高度大于 24m 的丙类建筑，原则上不应采用单跨框架结构；高度不大于 24m 的丙类建筑不宜采用单跨框架结构。如必须采取单跨框架时，应采取必要的加强措施并进行抗震性能设计，结构抗震性能目标不应低于 B 级。

【说明】：单跨框架结构是指整栋建筑全部或绝大部分采用单跨框架的结构，不包括仅局部为单跨框架的框架结构。一般情况下，某个主轴方向均为单跨框架时定义为单跨框架结构；结构布置时可使框架结构多跨部分的侧向刚度不小于结构总侧向刚度的 50%，以规避单跨框架结构。

7.3.7 框架结构的楼梯宜采取措施减小楼梯构件对整体结构的影响；楼梯构件与主体结构整浇时，应考虑楼梯构件对结构刚度及地震作用的影响；梯梁或梯板支承在框架柱上时，应注意避免框架柱易形成短柱，框架柱的构造应相应加强。

【说明】：通过梯段下端设置滑动支座可以基本消除楼梯构件对框架刚度的影响，滑动支座的做法可以参考《混凝土结构施工图平面整体表示方法制图规则和构造详图（现浇混凝土板式楼梯）》22G101-2、《建筑物抗震构造详图（多层和高层钢筋混凝土房屋）》20G329-1。

7.3.8 框架结构应尽量减少梁柱节点处的梁交汇数量，必要时可以采取调整结构布置、加大柱截面、设置柱帽等措施。

7.3.9 框架梁梁上开洞的位置应尽量设置于剪力较小的梁跨中 1/3 区域内；开洞较大时，应验算其承载力。

7.3.10 结构设计应考虑填充墙对主体结构的影响，填充墙及隔墙宜选用轻质墙体，填充墙在平面和竖向宜均匀布置，应避免因填充墙形成上、下层刚度变化过大加剧结构的扭转效应或形成软弱层。

【说明】：底部为开敞空间而上部较多填充墙或上下楼层填充墙数量相差较多的框架结构，底部楼层或填充墙较少楼层应按薄弱楼层进行地震剪力放大，也可采用填充墙与主体结构柔性连接的方式，充分考虑填充墙布置对主体结构的影响。

7.3.11 剪力墙结构的布置应符合以下规定：

1 应双向布置剪力墙，形成空间结构。抗震设计时，应避免形成单向布置剪力墙并以跨高比较大的框架梁连系另一方向短墙肢的结构。

2 剪力墙的布置应结合建筑平面，采用长短墙结合的方式，不应全部或大部分采用短肢剪力墙或较短墙肢剪力墙，短肢剪力墙承担的底部倾覆力矩不宜大于结构底部总倾覆力矩的 50%。

3 B 级高度高层建筑以及抗震设防烈度为 9 度的 A 级高度高层建筑，不宜布置短肢剪力墙，不应采用具有较多短肢剪力墙的剪力墙结构。

4 剪力墙不宜过长，较长剪力墙宜设置跨高比较大的连梁将其分成长度较均匀的若干墙段，各墙段的高度与墙段长度之比不宜小于3，墙段长度不宜大于8m。（注：筒体墙段长度可大于8m，但墙段的高度与墙段长度之比不宜小于4。）

【说明】：短肢剪力墙是指截面高度不大于1600mm，且截面厚度小于300mm的剪力墙；当墙肢高厚比小于3时，宜参照《混凝土异形柱结构技术规程》JGJ 149设计。

7.3.12 应尽量对剪力墙洞口进行规则化处理，使剪力墙上的洞口上下对齐，避免出现错洞墙和叠洞墙，一、二、三级剪力墙的底部加强部位不宜采用错洞墙，全高均不宜采用叠洞墙。当无法避免错洞墙和叠洞墙时，应采用有限元方法进行计算分析并对应加强洞边墙肢构造。

7.3.13 高层建筑中的楼梯间墙体为建筑外墙时，应避免出现竖向多层无楼板约束的单片剪力墙，当无法避免时，应按《高层建筑混凝土结构技术规程》JGJ 3或广东省标准《高层建筑混凝土结构技术规程》DBJ/T 15-92的规定验算剪力墙的稳定性。

7.3.14 楼（屋）面梁不宜支承在连梁上，可采取设置过渡梁、斜梁等方法（图7.3.14），避免连梁作为楼（屋）面梁的支座，当无法避免时，应采取可靠措施，提高连梁的受剪承载力。

【说明】：提高连梁受剪承载力的措施主要有：设置交叉钢筋或对角暗撑，设置抗剪型钢或钢板等。

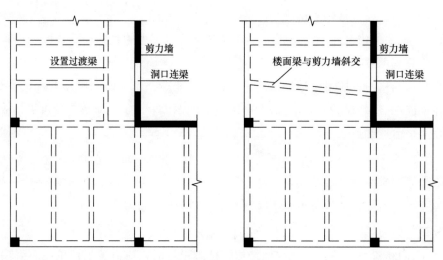

图7.3.14　楼面梁与连梁避让方法

7.3.15 抗震设防烈度为9度的剪力墙结构和B级高度的高层剪力墙结构不应在外墙开设角窗；高层剪力墙结构不宜在外墙角部开设角窗，必须设置时应加强其抗震措施：

1 抗震计算时应考虑扭转耦联影响；

2 角窗两侧的墙肢厚度宜适当加大，不宜小于250mm；应避免采用短肢剪力墙和单片剪力墙，宜在窗端设置与窗台同宽的端柱；

3 角窗两侧墙肢宜提高抗震等级，并按提高后的抗震等级满足轴压比限值的要求；

4 角窗两侧的墙肢应沿全高设置约束边缘构件；

5 转角窗房间的楼板宜适当加厚，配筋适当加强，板筋应双层双向设置；转角窗两侧墙肢间的楼板宜设暗梁；

6 转角窗窗台悬挑梁的高度不宜过小，梁高度可取上下窗间高度，使其与端柱形成一个通过梁抗扭刚度来传递弯矩及剪力的抗侧力结构。同时加强悬挑梁的配筋构造，纵向钢筋与腰筋应通长配置，腰筋按抗扭腰筋配置。

7.3.16 剪力墙底部加强部位及其相邻上层剪力墙的厚度及数量应避免剧烈变化，以免出现剪力墙轴压比突变问题。

7.3.17 框架-剪力墙结构应设计成双向抗侧力体系，在建筑物纵横两个主轴方向布置剪力墙，剪力墙宜布置在建筑物的端部附近、楼电梯间、平面形状变化处及荷载较大处；结构两个主轴方向的抗侧刚度宜接近，剪力墙的间距不宜过大，应满足《高层建筑混凝土结构技术规程》JGJ 3 的相关规定。

7.3.18 框架-剪力墙结构中的楼梯间周边宜设置剪力墙；当楼梯间周边未设置剪力墙，而楼梯构件与结构整浇时，楼梯及周边构件对结构的影响及其抗震措施应按框架结构的相关要求进行设计。

7.3.19 框架-剪力墙结构的框架部分承受的地震倾覆力矩大于结构总地震倾覆力矩的80%时，结构属于少墙框架结构，结构中框架承担了大部分的地震作用，工作性能接近框架结构，应按以下要求进行设计：

1 框架部分的设计要求应按框架结构采用，框架部分的抗震等级和轴压比按框架结构执行；剪力墙部分的抗震等级和轴压比按框架-剪力墙结构的规定采用。

2 结构高度不宜超过框架结构的适用高度；结构高度超过框架结构的适用高度时，框架部分的抗震构造措施宜比框架结构适当提高。

3 结构计算分析应考虑剪力墙与框架协同工作，其框架部分的地震剪力值应采用框架结构模型和框架-剪力墙结构模型二者计算结果的较大值进行设计，其位移指标应按框架-剪力墙结构的规定采用，不满足时应进行结构抗震性能分析论证。

7.3.20 框架-核心筒结构的核心筒与框架之间宜采用现浇梁板体系，当侧向刚度满足要求时也可采用预应力平板、空心楼盖或扁梁等楼盖形式；当侧向刚度难以满足规范要求时，可采用加大构件截面、设置加强层或支撑等措施提高结构刚度。

7.3.21 框架-核心筒结构的筒体内部楼板厚度不宜小于150mm，板筋双层双向通长设置，单层单向最小配筋率不小于0.25%。

7.3.22 高烈度或风荷载较大地区的超高层建筑，中震作用下偏心受拉的剪力墙构件应采用特一级构造，拉应力超过混凝土抗拉强度标准值时可根据受力要求提高纵向分布钢筋配筋率或设置型钢。轴拉、小偏拉剪力墙的竖向及水平分布钢筋最小配筋率按本措施第 7.5.9 条第 12 款确定。

7.3.23　异形柱结构指竖向承重柱以异形柱为主的结构，结构形式可采用框架结构或框架-剪力墙结构。根据受力需要，异形柱结构中的框架柱，可全部采用异形柱，也可部分采用普通框架柱。

1　异形柱结构主要适用于高度不超过 60m 的多高层住宅建筑，填充墙应优先采用轻质墙体材料，填充墙的厚度应与异形柱的肢厚协调一致。异形柱结构中不应采用由砌体墙承重的混合结构形式。抗震设计时，异形柱不应采用多塔、连体等复杂结构形式。

2　异形柱框架结构楼梯梯板下端支座按滑动支座设计时，结构计算时可不将楼梯构件作为斜支撑输入整体计算；砌体填充墙内应设置间距不大于层高且不大于 4m 的构造柱，采用钢丝网砂浆面层加强，并在半层处加一道圈梁；构造柱及圈梁应与框架柱有可靠拉结。

3　异形柱结构设计时，可采取下列措施提高节点承载力：

（1）加大柱截面，减小柱轴压比；

（2）加宽梁截面或梁端加水平腋，增加节点约束；

（3）采用纤维混凝土节点或钢纤维混凝土节点，提高节点承载力；

（4）将节点区改为矩形截面。

4　异形柱结构梁柱配筋设计时，应注意钢筋排放，尤其是梁柱节点区，钢筋接头应避开节点区，确保钢筋净距和节点区混凝土浇筑质量满足要求。

7.4　复杂与新型结构设计

7.4.1　竖向构件（剪力墙或框架柱）在结构底部或其他部位竖向间断时，应设置转换结构构件；当高层建筑楼层竖向构件转换面积超过 10% 时，应按带转换层高层建筑进行设计及构造。结构选型及设计时宜符合下列要求：

1　转换结构构件可采用梁、桁架、空腹桁架、箱形结构、斜撑等；必要时可采用厚板转换；大跨度转换结构构件应考虑竖向地震作用。

2　转换结构宜优先采用梁式转换结构，不宜采用多于二次以上的转换；部分框支剪力墙结构应尽量避免次梁承托剪力墙方案，必要时应进行转换梁的应力分析，以应力校核配筋并加强构造措施。

3　转换梁包括框支剪力墙结构的框支梁和托柱的框架梁，框支梁属于偏心受拉的转换梁，转换梁纵筋及箍筋构造要求比框架梁更高，应满足强制性标准及条文的设计要求。

4　当上部剪力墙布置复杂、方向多变时，可采用板式转换结构，转换板的下层框支柱顶宜设置柱帽，其性能目标不低于转换梁性能目标要求；框支柱轴压比应符合表 7.4.1

的要求，轴压比不满足要求时，应加大柱截面尺寸或提高混凝土强度等级。

框支柱轴压比限值　　　　　　　　　　表 7.4.1

抗震等级	特一级	一级	二级
轴压比限值	0.5	0.6	0.7

注：1. 表中数值适用于剪跨比大于 2 的柱，剪跨比不大于 2 但不小于 1.5 的柱，其数值应按表中数值减小 0.05；剪跨比小于 1.5 的柱，其轴压比限值应专门研究并采取特殊构造措施；

2. 表中数值适用于混凝土强度等级不高于 C60 的柱，当混凝土强度等级为 C65～C70 时，轴压比限值应降低 0.05；当混凝土强度等级为 C75～C80 时，轴压比限值应降低 0.10。

5 当上部剪力墙与转换梁偏置或上部剪力墙与落地墙偏置时，分析时应考虑偏心对转换梁、落地墙及相关构件的不利影响。

6 托柱转换桁架斜腹杆的交点、空腹桁架的竖腹杆与上部框架柱的位置应尽量重合，避免二次转换，转换桁架的节点应加强配筋及构造措施。

7 跨度不小于 16m 的转换桁架及上部结构应进行施工模拟分析，并采取相应的变形控制措施；托换层数不少于 10 层的转换桁架宜进行防连续倒塌分析。

8 框架-核心筒上部结构周边采用剪力墙提高结构刚度时，宜采用刚度平滑过渡的斜墙转换，斜墙斜率不宜大于 1∶5，必要时根据应力分析结果对下部承受较大水平作用的框架梁进行加强。

9 立面退台收进时外框架柱可采用托柱梁转换的方式，收进尺寸不大于 4m 时可采用搭接柱的转换方式，搭接柱高度与收进尺寸比不宜小于 2∶1，搭接柱及相关楼层框架梁应根据应力分析结果进行构造加强，受拉框架梁纵筋应通长设置，腰筋不小于 Φ16@200。

【说明】：转换结构通常为竖向构件间断形成的，从支承构件位置可分为下支承（托）、上支承（吊）或整体结构（多层桁架、拱架等）支承等方式，从竖向构件间断位置可分为内部转换结构和悬臂（悬挂）转换结构，本节主要针对内部托墙或托柱结构进行规定。

7.4.2 轨道交通站场与枢纽上盖建筑转换结构可根据上盖建筑结构体系及站场和枢纽的建筑布置、工艺要求和结构特点等，分别采用抗震、隔震及消能减震（振）设计；抗震设计时，应采用结构抗震性能设计方法进行分析和论证；结构设计与构造宜符合以下要求：

1 当建筑及工艺条件允许时，宜尽量在顺轨道方向及不影响建筑功能等区域设置落地剪力墙形成部分框支剪力墙结构；采用全框支剪力墙结构时，转换层的结构布置宜尽可能使传力路径直接，不宜采用多次转换设计，必要时可采用厚板转换。

2 全框支剪力墙结构指转换层及以下为框架及框支框架，转换层以上为剪力墙、框架-剪力墙或框架-筒体结构的带转换层的结构；全框支结构设置转换层的位置，7 度及以上抗震设防区不宜大于 3 层，6 度时可适当放松。

3 全框支剪力墙转换结构应具有合理的屈服机制，保证在遭遇罕遇地震时上盖结构具有良好的弹塑性耗能能力，转换构件具有适宜的承载能力，不发生影响生命安全的破坏；转换层及以下框架、框支框架的抗震等级按部分框支剪力墙结构的框支框架确定，抗震性能目标应比转换层以上结构提高一级。

4 转换层及以下框架和框支框架应满足以下构造要求：

（1）框支柱宜采用型钢混凝土柱、钢管混凝土柱、内置圆钢管混凝土的叠合柱或钢筋混凝土芯柱，采用钢筋混凝土柱时，截面尺寸不宜小于1400mm×1400mm；抗震等级为一级的框支柱轴压比不宜大于0.5，抗震等级为二级的框支柱轴压比不宜大于0.6；

（2）底部钢筋混凝土框架柱和框支柱配筋率当7度（0.15g）、8度抗震设防时按特一级构造，框架柱竖向钢筋配筋率边柱、中柱不小于1.4%，角柱不小于1.6%，框支柱全部竖向配筋率不小于1.6%，体积配箍率不小于1.6%；7度（0.1g）及以下抗震时按一级构造，竖向钢筋配筋率边柱、中柱不小于1.2%，角柱不小于1.4%，体积配箍率不小于1.5%；

（3）转换层楼板厚度不宜小于180mm，混凝土强度等级不宜低于C40，应双层双向配筋，每层每向配筋率不小于0.25%；转换层楼板不宜开洞，需要开较大洞口时，洞口需设置配筋加强带或边梁，配筋加强带或边梁宽度不小于2倍板厚，截面总配筋率不少于1%。

5 当全框支剪力墙结构无地下室、采用桩基础时应验算桩基的水平承载力，验算时可考虑桩承台侧土水平抗力的有利作用；当无地下室、采用浅基础时，应验算基础的抗滑移稳定性，验算时可考虑基础侧土水平抗力的有利作用。

6 轨道交通站场与枢纽上盖建筑不设缝长度不宜大于200m；对超长结构，应进行温度应力计算，并采取有效措施减少温度应力对结构的影响。

7 地震高烈度区（8度及以上）的全框支剪力墙结构宜采用隔震或消能减震技术。

【说明】：近年来，随着城市轨道交通的发展，轨道交通站场与枢纽综合开发项目越来越多，包括地铁系统的车辆停修（车辆段）和后勤保障基地，以及TOD综合开发项目。由于上下部竖向构件不连续，多采用转换结构进行转换，其中全框支剪力墙结构是新型结构，属于现行《建筑抗震设计规范》GB 50011、《高层建筑混凝土结构技术规程》JGJ 3和《高层民用建筑钢结构技术规程》JGJ 99未列入的结构形式。

全框支剪力墙结构应具有合理的屈服机制，可遵循"强下部，弱上部"设计的原则，通过合理设计，使罕遇地震作用下大部分地震能量耗散在上盖结构，从而减小底框的地震作用，确保转换构件满足性能设计的要求，不发生影响生命安全的破坏。全框支剪力墙结构的框支柱严格按照广东省标准《高层建筑混凝土结构技术规程》DBJ/T 15-92进行设计及构造，框支柱有较高的受剪承载力和压弯承载力，可承担全部的地震剪力和弯矩。框支框架满足受剪承载力、考虑重力二阶效应的压弯承载力要求，具有合理的屈服机制，即上部剪力墙先于下部框支框架屈服，抗震性能目标比上部剪力墙提高一个等级，且框支柱的截面尺寸不应太小并采取更严格的抗震构造要求，可保证实现预期的屈服机制。

7.4.3 高层建筑连体结构应根据连接体跨度、高度合理选择结构形式，连体结构的各独立部分宜有相同或相近的体型、平面和刚度，结构选型及设计时宜符合下列要求：

1 连接体结构应优先采用钢结构及型钢混凝土结构，连接体可采用梁、桁架或拱架等结构形式。

2 应重视连接体两端结构连接方式，连接处理方式根据建筑方案与布置来确定，可采用刚性连接、铰接或滑动连接等，一般情况下宜采用刚性连接。

3 当连体结构采用拱结构时，应合理解决拱推力对结构产生的附加水平力的问题。结构设计可利用拱脚拉杆承受拉力而形成自平衡体系，拱结构也可以采用滑动支座的方式与两侧结构形成弱连接，或以两侧多跨框架及剪力墙结构承受推力形成刚性连接的整体拱架结构。

4 连接体与塔楼为斜向连接时，应考虑斜向风荷载和斜向及双向地震输入进行结构计算，宜考虑竖向地震作用和温度作用，连体结构平面长度超过200m时宜进行行波效应分析。

5 连接体与塔楼结构采用滑动、弹性或摩擦摆等非刚性支座连接时，应考虑支座传给塔楼的竖向荷载及由于摩擦等影响产生的水平荷载，抗震计算时应根据支座形式计算连接体对塔楼的影响。当连接体设置阻尼器时，应考虑连接体的阻尼器和塔楼结构的共同作用。

【说明】：连接体结构自身重量应尽量减轻，跨度较大的连接体结构从抗震性能、施工操作难度等方面考虑，应尽量考虑采用钢结构；连接体各层荷载可通过桁架或拱架结构托吊传递。

连体结构受力复杂，采用刚性连接时，结构的分析与构造更容易把握，当连接体位于建筑物上部时（建筑物顶部1/3高度范围），应优先考虑采用刚性连接；当连接体位于建筑物底部时（建筑物底部1/3高度范围），可考虑采用滑动连接或刚性连接。

7.4.4 拱架结构可应用于高层建筑大跨度楼盖或连体结构的连接体，结构设计应根据不同跨度、矢跨比及荷载等实际情况采用不同的结构技术方案，结构设计、计算及构造应符合下列要求：

1 宜采用两侧多跨框架及剪力墙结构承受推力而形成刚性连接的整体拱架结构，连接体可利用拱脚拉杆承受拉力而形成自平衡体系，拱结构以滑动支座的方式与两侧结构形成弱连接。

2 拱肋宜采用（矩形）钢管混凝土结构，吊杆及下弦拉杆宜采用设置预应力的钢筋混凝土构件或钢构件；拱脚节点的设计和构造应保证水平作用的可靠传递。

3 结构分析应重点分析拱架结构的抗震性能、整体稳定、拱推力传递及楼盖舒适度等关键问题；对拱架结构楼盖宜采用弹性楼板及无楼板模型进行分析及包络设计。

【说明】：对应于特定体型的高层建筑，拱架结构由于其独特的受力优势，在高层建筑大跨度连体结构上具有较好的适用性，我院已在多个高层建筑项目中成功应用。对于拱架结构这一特殊的结构体系，结构设计应特别关注拱架结构的动力特性、内力构成、整体稳定、抗震性能、楼盖舒适度、关键节点构造及施工模拟等技术问题，通过合理的设计与构造、计算与试验的研究论证，采取相应的加强措施，以确保结构满足承载力及正常使用要求。

7.4.5　钢筋混凝土巨型框架结构由跨层巨型空间框架主结构及次结构组成，结构布置应力求使各层刚度中心与质心重合，以减少结构的扭转效应；结构设计应充分发挥各构件的承载力，尽量减少不必要的构件，主结构与次结构的主次受力要分明，传力路线要简单。

1　巨型框架竖向构件的数量不宜过多且应尽量用大间距，优先布置在平面的中部交通核心区域或四角附近，角筒或巨柱应尽量置于外沿并各向对称布置。

2　主结构竖向构件宜有相匹配的竖向承载力，以减少轴向压缩变形差异对水平承重构件内力的影响；主结构水平承重构件高度间隔不宜悬殊，各层刚度相差不宜超过 20%。

3　主结构水平承重构件可采用钢筋混凝土大梁或桁架结构，水平构件与竖向构件的连接应为刚接，从而使整体结构具有较大的抗侧刚度。

4　次框架（结构）竖向构件宜采用重力柱，当次框架的顶层柱与上一个水平承重结构相连时，应考虑上一个水平承重结构的变形对次框架内力的影响，尽量避免次框架柱产生拉力或托、吊受力不清的情况。

5　次框架（结构）采用重力柱时，结构楼盖梁与重力柱宜铰接，重力柱宜采用钢柱或钢管混凝土柱，楼盖宜采用钢-混凝土组合楼盖。

6　结构设计应从内力分析和构造处理等方面对立体交叉施工作业进行充分的考虑。

【说明】：巨型框架结构是由若干大间距布置的巨型竖向构件和每隔若干楼层设置的较大水平承重构件组成跨层巨型空间框架的主结构，以及在若干层高度的大空间内按建筑布局灵活设置小尺度的次结构组成。巨型结构的竖向构件除承受较大的轴力外，还要承受较大的倾覆力矩、扭转力矩和水平剪力，钢筋混凝土筒体具有较好的抗侧刚度和抗扭刚度，同时能承受较大轴力，是巨型框架结构较理想的竖向构件。

由于高层建筑要求的电梯井、楼梯间和管道井等一般相对集中布置在平面的中部或四角附近，较容易利用墙体形成闭合或基本闭合的钢筋混凝土筒体作为巨型框架竖向构件的首选位置；水平承重层则可设在避难层、中间设备层和"空中花园"层等楼层。配合高强材料、型钢混凝土和预应力技术，可进一步减小构件截面及改善构件的受力性能，并可创造更多的建筑实用空间。

巨型结构中次框架柱为重力柱及轴力较小时，可采用钢柱或钢管（混凝土）柱，以方便与楼盖实现铰接连接；当采用钢筋混凝土楼盖时，也可采用钢筋混凝土柱。

7.4.6 悬挂结构主要由筒体（支承）结构、悬臂构件、吊杆和悬挂楼层构成。适应建筑底层或上部若干楼层形成大空间、架空层的要求，结构设计应根据结构高度、悬挂跨度及悬挂楼层荷载等情况合理确定结构类型及构件选型，结构设计、计算及构造应符合下列要求：

1 利用建筑竖向交通核形成单个或多个落地筒体，筒体可采用钢筋混凝土结构、组合结构、钢（支撑）结构；筒体宜对称布置，力求各层刚度中心与质心重合，以减少结构的扭转效应；钢筋混凝土筒体抗震等级按框架-筒体结构的规定提高一级采用，已为特一级时可不提高。

2 根据建筑高度及层数采用单道或多道悬挂结构；采用多道悬挂结构时，各道悬挂楼层高度宜相近，避免侧向刚度和受剪承载力突变；悬臂构件可利用跨层空间采用悬臂大梁或悬臂桁架；计算分析应考虑竖向地震作用。

3 吊杆宜采用钢构件或预应力混凝土构件，吊挂楼层宜与吊杆及筒体形成铰接，楼盖宜采用钢-混凝土组合楼盖；应考虑悬挂楼层楼盖的舒适度，必要时采取减震（振）技术。

4 应重视关键节点设计，特别是悬挂节点的设计，并应根据应力分析进行节点构造加强。

5 应采取措施控制大跨悬臂构件的变形，根据结构施工和构件安装方案进行施工模拟分析，并根据分析结果考虑悬臂结构的预变形及荷载变形。

【说明】：悬挂结构适用于特定的建筑造型和空间要求，属于带转换层结构，也属于巨型结构，结构及重要构件设计及计算可参考本措施第7.4.1条及第7.4.5条。

7.4.7 作为常用的超高层建筑结构体系，框架-筒体结构体系可采用非直线随形外框架柱以适应特殊建筑平面及特殊立面的要求，特殊体型框架-筒体结构的设计及构造宜符合以下要求：

1 不同形式（纺锤形、曲折形、退台收进等）外框架柱对结构整体刚度及变化影响不同，在外框稀柱转折楼层对核心筒产生附加水平作用，应进行细致的传力分析并采取加强措施。

2 应重视外框柱转折等楼层的楼盖传力，宜采用弹性楼板及无楼板模型进行包络设计，楼盖拉力较大时可通过型钢混凝土构件或预应力构件提高承载力。

3 退台收进式框架-筒体结构应根据偏心效应及刚度突变等不利情况进行竖向构件的刚度协调和构造加强。

4 应重视非荷载效应的影响，进行精细化的施工模拟分析。

【说明】：常规体型稀柱框架-筒体结构因建筑功能的适应性及结构效率较高，是超高层建筑常用的结构体系，一般为（切角）矩形和方形平面，竖向规则性良好，外框周边框架完整，而特殊体型框架-筒体结构则包括不规则平面、外框不封闭、斜柱、曲折柱及退台收进等情况，多数属于平面、竖向不规则高度超限结构，应重点关注结构控制性指标及针对性的抗震加强措施。

7.4.8 重力柱-核心筒结构楼盖梁与重力柱、核心筒铰接，重力柱主要承受竖向荷载，水平力及其产生的倾覆弯矩由核心筒承担，结构设计及构造应符合下列要求：

1 重力柱-核心筒结构核心筒的抗震性能目标不宜低于 B 级。

2 底层重力柱的计算长度可取 1.25 倍层高，其余各层柱可取 1.5 倍层高。

3 重力柱-核心筒结构中重力柱宜采用钢管混凝土柱或钢管混凝土叠合柱，楼盖宜采用钢-混凝土组合楼盖，核心筒可采用钢筋混凝土剪力墙、钢管混凝土剪力墙或型钢混凝土剪力墙。

4 底部加强部位核心筒外墙的水平和竖向分布筋配筋率不宜小于 0.5%；其他部位剪力墙水平和竖向分布筋配筋率不宜小于 0.4%。

【说明】：重力柱-核心筒结构体系的结构受力明确，核心筒承担全部的水平荷载（风、地震等）作用效应，重力柱主要承受竖向荷载，材料强度得到充分的利用，可显著减小柱截面；重力柱-核心筒需保证楼盖的面内刚度和受弯、受剪承载力，使核心筒可以通过楼盖系统维持外围重力柱的稳定。其结构设计与构造可参考广东省标准《高层建筑混凝土结构技术规程》DBJ/T 15-92-2021 的相关规定。

重力柱-核心筒结构的重力柱宜采用钢管混凝土柱或钢管混凝土叠合柱，楼面梁宜采用钢梁以实现梁柱节点的铰接构造；核心筒需要较高的承载力和延性，宜采用内置钢骨或钢管混凝土剪力墙。

7.4.9 一向少墙剪力墙结构为沿一个主轴方向剪力墙数量多而另一方向剪力墙数量少的剪力墙结构，剪力墙抗震等级应按剪力墙结构确定，框架架梁的抗震等级按框架-剪力墙结构确定，设计及构造应满足以下要求：

1 少墙方向宜尽可能多布置剪力墙，并在两侧及内部相关部位进行加强，形成较完整的框架结构或框架-剪力墙结构，避免两个主轴方向结构动力特性相差较大。

2 一向少墙剪力墙结构适用高度按剪力墙结构，层间位移角（或顶点位移）限值应按剪力墙结构控制，并应进行大震下弹塑性位移角的校核。

3 框架方向短墙肢截面高宽比不大于 4 时（或一字墙），该向剪力墙边缘构件应按框架柱的抗震构造。

【说明】：一向少墙结构近年多用于广东省内高层或超高层住宅结构设计，此类结构沿主轴一个方向剪力墙数量多时，该向呈弯曲型变形特征，而另一方向剪力墙数量少，呈弯剪型变形特征，结构体系可定义为剪力墙及框架-剪力墙结构。

7.5 构件设计与构造

7.5.1 钢筋混凝土楼盖设计应采取保证楼面整体刚度的构造措施：

1 楼层优先采用现浇钢筋混凝土梁板体系；楼板的厚度应满足本措施第 7.5.4 条的规定。

2 装配式钢筋混凝土建筑薄弱楼盖区域不宜采用叠合板。

3 复杂平面建筑应考虑楼板变形对结构产生的附加影响，采取有效的构造措施，必要时应考虑楼板变形所产生的附加内力与位移。

4 楼盖跨度不大于 12m 时，尽量采用少次梁的单向肋梁体系或十字梁双向板体系。

7.5.2 防火分区隔墙下应设梁，并满足消防耐火极限要求。

【说明】：现行《建筑设计防火规范》GB 50016 规定"防火墙应直接设置在建筑的基础或框架、梁等承重结构上，框架、梁等承重结构的耐火极限不应低于防火墙的耐火极限"，梁耐火极限要求达到 3h，其保护层厚度应不小于 45mm；此时，梁除正常的混凝土保护层厚度外，可增设水泥砂浆抹灰面层。

7.5.3 大跨度混凝土楼盖应进行竖向自振频率验算并按使用功能确定控制自振频率标准，住宅和公寓不宜低于 5Hz，办公和旅馆不宜低于 4Hz，大跨度公共建筑不宜低于 3Hz；楼盖竖向振动加速度不应超过行业标准《高层建筑混凝土结构技术规程》JGJ 3 表 3.7.7的限值。

7.5.4 梁板结构普通楼板设计与构造应满足以下要求：

1 钢筋混凝土结构楼板厚度应满足强度及刚度的要求，大跨度楼盖应满足舒适度要求，居住建筑尚应满足隔声要求，一般情况下楼板厚度不应小于 100mm，屋面楼板厚度不应小于 120mm，大底盘屋面板厚度不应小于 150mm。

2 除工程建设当地另有规定外，高层住宅标准层楼板厚度不应小于 100mm，有管线暗敷的楼板厚度不应小于 110mm，板的厚度规格模数一般取 10mm；常用的住宅楼板最小厚度按表 7.5.4-1 取用。

住宅最小楼板厚度取值 表 7.5.4-1

位置		结构板最小厚度（mm）
电梯厅		120
户内板	厨、卫、房、阳台	100
	客厅	120
屋面板	高层	120
	裙楼屋面、露台	120

3　电梯厅、加强部位及薄弱连接部位板厚一般取 150mm，并设置不小于 Φ10@200 的双层双向拉通钢筋。屋面板拉通钢筋不宜小于双层双向 Φ10@200。

4　普通地下室顶板厚度不宜小于 160mm，塔楼外地下室顶板且有覆土时不宜小于 250mm。当地下室顶板作为上部结构的嵌固端时，楼板厚度不宜小于 180mm；当地下室顶板结构梁截面高度不小于 700mm 且板跨不大于 4.5m 时，板厚可适当减少，但不应小于 150mm。混凝土强度等级不宜低于 C30，应采用双层双向配筋，每层每个方向的配筋率不宜小于 0.25%。

5　部分框支-剪力墙结构的转换层楼板厚度不宜小于 180mm，除计算要求外，板配筋不应小于双层双向 Φ10@150；与转换层相邻的上、下层楼板应根据实际情况加厚，板厚不宜小于 150mm，板配筋双层双向拉通，配筋率不小于 0.2%。当框支转换范围较小时，可仅对框支转换梁相连的板按转换层楼板进行加强，其他部位楼板可取 120～150mm。转换层楼板不宜采用冷轧带肋钢筋。

6　除机房、厨房及卫生间等间隔较小空间外，楼板跨度一般不宜太小，板跨以 3～4.5m 为宜。当板上有隔墙而未设梁时，可根据总说明相关条文统一采取加强措施，但在板配筋计算时要按等效荷载法考虑隔墙荷载。

7　悬挑跨度 $L \geqslant 1200$mm 的楼层悬臂结构，无特殊要求时宜采用梁板结构。当悬挑跨度 $L < 1200$mm 且其降板高度未超过相邻板厚时，可采用悬臂板式结构，其根部厚度不应小于 $L/10$ 且不小于 100mm。悬臂板面钢筋直径不宜小于 10mm，并应进行挠度及裂缝验算，板面裂缝宽度控制不应大于 0.2mm，施工中应有可靠措施保证板面筋的固定，板面筋应直伸入内跨板内。

8　钢筋混凝土楼板宜按弹性板计算，板与边梁连接及支座两侧板面标高相差大于梁宽时可按简支边计算，对于按简支计算的板支座，支座构造面筋不应小于 0.15%。板与剪力墙连接，以及连续支座、支座两侧板面标高相差小于梁宽时及确认边梁可作为嵌固时可按嵌固端计算配筋。

9　楼板受力钢筋间距建议采用 100mm、120mm、150mm、180mm、200mm，局部附加钢筋后间距不宜小于 75mm。除分布钢筋外楼板钢筋间距不应大于 200mm。

10　考虑温度收缩的板配筋（如屋面板），可利用原有的板底、面筋拉通布置，也可另行设置构造分布筋，但应与原有钢筋按受拉要求搭接或在周边支座锚固。当面筋采用拉通筋布置，其支座实际需要的配筋量不足时，可采用另加相同间距的短筋补足。

11　因建筑使用要求而局部降板的较大跨度楼板，可做成折板的形式；当局部降板并要求板底平整时，可做成楼板局部变厚的形式，板厚变化不宜超过 50mm。有条件时，宜在变厚位置设置暗梁，薄板区域宜双层双向配筋，并应按薄板厚度计算配筋，同时应满足厚板区域的最小配筋率。

12　除悬臂板、柱支承板之外的普通楼板受力钢筋的最小配筋率见表 7.5.4-2，每米板宽内的钢筋截面面积见表 7.5.4-3。

楼板受力钢筋的最小配筋率（%）　　　　　表 7.5.4-2

钢筋	f_y	混凝土强度等级					
牌号	(N/mm²)	C25	C30	C35	C40	C45	C50
HPB300	270	0.212	0.238	0.262	0.285	0.300	0.315
HRB400	360	0.20	0.20	0.20	0.214	0.225	0.236
HRB500	435	0.15	0.15	0.162	0.177	0.186	0.196

每米板宽内钢筋截面面积　　　　　表 7.5.4-3

钢筋间距	钢筋直径及每米板宽内的钢筋截面面积（mm²）									
(mm)	6	8	10	12	14	16	18	20	22	25
75	377	670	1047	1508	2053	2681	3393	4189	5068	6545
100	283	503	785	1131	1539	2011	2545	3142	3801	4909
120	236	419	654	942	1283	1676	2121	2618	3168	4091
150	188	335	524	754	1026	1340	1696	2094	2534	3272
180	157	279	436	628	855	1117	1414	1745	2112	2727
200	141	251	392	565	770	1005	1272	1571	1901	2454

13　当建筑使用要求设置转角窗，且转角窗处混凝土墙间无直线拉结连梁时，转角窗部位楼板厚度不应小于 120mm；在两边墙（柱）间宜设暗梁，暗梁宽度不宜小于 500mm，暗梁底、面纵筋不宜小于 5Φ14。

14　大跨度异形楼板应按实际形状通过计算确定配筋，转角位置加设板角筋或暗梁；暗梁一般作为抗裂措施而不作为板筋的支座，暗梁宽度一般可取 4 倍板厚。

15　对于工业厂房的首层地面，为了防止地面沉降影响设备的使用，设计图纸应注明首层地面的土层承载力要求，并注明设备对沉降特别敏感时尚应进行地基处理，或采用钢筋混凝土楼板。

7.5.5　无梁楼盖根据荷载大小、受冲切承载力要求、建筑要求可设计成有柱帽和无柱帽无梁楼盖。柱帽可设计成锥形、矩形或两者混合形式。无梁楼盖设计除满足现行国家标准和行业标准的相关要求外，尚宜满足下列要求：

1　板柱结构适用于多层建筑，板柱-剪力墙结构适用于多、高层抗震设计且抗震设防烈度不超过 8 度的建筑。

2　无梁楼盖跨度有柱帽时不宜大于 12m，无柱帽时不宜大于 9m。

3　在结构嵌固层及相关范围内一般情况下不应采用无梁楼盖结构；若需采用，应注重板柱节点的承载力设计，通过柱间设置暗梁等构造措施，提高结构的整体安全性。

4　条件允许时宜将无梁楼盖周边伸出边柱外侧，伸出长度（边柱中心至板外缘距离）宜不大于相应边跨的 0.4 倍。当无法外伸时，平面周边应设置边梁，边梁宽度不宜小于板厚的 1.5 倍，高度不应小于板厚的 2.5 倍。

5　对于无梁楼盖内力计算分析，规则结构可采用等代框架法，其他结构应采用有限元法。

6　无梁楼盖宜优先选择设置柱帽、托板、柱帽＋托板的节点形式，柱帽或托板的长宽不宜小于长跨跨度的 0.35 倍，柱帽高度不宜小于板厚的 1.5 倍，托板高度不宜小于板厚的 0.75 倍，柱帽或托板应与板柱一次整体浇筑。

7　可以采用设置抗冲切钢筋、抗剪栓钉、设置型钢剪力架或提高混凝土强度等级等措施来提高节点的抗冲切承载力。

8　采用无梁楼盖时，应采取措施减小板柱节点两侧不平衡弯矩的影响，板柱节点冲切验算时应考虑节点不平衡弯矩，并适当留有富余度。

9　应在设计文件中对施工、使用过程中的荷载限值、覆土厚度等注意事项进行详细说明，以确保结构安全。

10　穿越无梁楼盖的后浇带，其底部钢筋不宜全部断开，宜贯通设置或隔一断一，后浇带封闭时应采用搭接焊连接。

【说明】：无梁楼盖应尽量采用方形柱网，当采用矩形柱网时长宽比不宜大于 1.5。根据住建部《关于加强地下室无梁楼盖工程质量安全管理的通知》，结构设计过程中应在图纸中对相关事项进行说明：

（1）在无梁楼盖工程设计中考虑施工、使用过程的荷载并提出荷载限值要求，注重板柱节点的承载力设计，通过采取设置暗梁等构造措施，提高结构的整体安全性。要认真做好施工图设计交底，向建设、施工单位充分说明设计意图，对施工缝留设、施工荷载控制等提出施工安全保障措施建议，及时解决施工中出现的相关问题。

（2）对已经投入使用的地下室无梁楼盖进行认真排查，不得随意增加顶板上部区域的使用荷载，不得随意调整地下室上部区域景观布置、行车路线、停车场标志灯，需要调整的必须经原设计单位或具有相应资质的设计单位对荷载进行确认后方可调整。

7.5.6　密肋楼盖分双向密肋楼盖和单向密肋楼盖，目前新型密肋楼盖肋间通常采用成品芯模填充。一般肋间距为 500～1200mm，肋宽为 80～120mm。密肋楼盖设计应符合下列要求：

1　当单向密肋楼盖肋梁跨度大于 5m 时，应增设横肋，保证肋梁侧向稳定。

2　采用双向密肋楼盖时，板格长短边之比不宜超过 1.5，肋宽不宜小于 100mm。一般需将与柱相连网格填实，形成与肋梁同高的实心板域，增强柱周楼板的抗冲剪能力。

3　肋间距不超过 500mm 时，密肋楼盖可采用拟板法计算并配筋；肋间距大于 500mm 时，密肋楼盖应按梁板体系计算并配筋。

7.5.7　空心楼盖应满足承载力、刚度和舒适度的要求，并应具有良好的整体性。抗震设计时空心楼盖结构周边应采用设置框架梁，楼、电梯间等楼板较大开洞处，宜设置边梁。空心楼盖肋梁、板的保护层厚度尚应满足耐久性和有关防火等级要求。对有人防和消防（消防通道）要求的空心楼盖结构以及直升机停机坪的屋盖结构，尚应满足有关标准的要求。

1 空心楼盖结构按支承方式可分为刚性支承楼盖、柔性支承楼盖和柱支承楼盖；按芯模的不同可分为薄壁箱（管）、蜂巢芯、叠合箱等形式。空心楼盖按跨厚比不同可分为厚空心楼盖和薄空心楼盖，一般以 1/22 板跨为界限；按柱帽形式可分为暗柱帽、明柱帽。

【说明】：空心楼盖应用在大跨度（>12m），重荷载（>10kN/m²）楼盖结构中具有较明显的经济性优势；用在一般跨度（8~9m），常规荷载（4kN/m²）结构时，造价基本持平，建筑效果、施工速度方面有一定优势；在小跨度（<6m）楼盖结构中，经济性上无优势，不推荐采用。由于空心楼盖存在芯模产品规格较多、产品质量和构造要求不统一、施工质量难以保证等情况，造成不少项目楼板施工后出现开裂、板底蜂窝较为严重、后浇带处芯模受破坏等现象，设计时应重点关注。

薄壁箱（管）是最常用的一种空心楼盖形式，即芯模永久内置、底板顶板现浇的一种空心楼盖形式；蜂巢芯空心楼盖即无底板密肋空心楼盖；叠合箱空心楼盖是底板、顶板预制，肋梁现浇的一种空心楼盖形式。

2 空心楼盖应满足以下构造要求：

（1）内置填充体形成的现浇混凝土空心楼盖上、下翼缘的厚度宜为板厚的 1/8~1/4，但不应小于 50mm；考虑防水要求的地下室顶板及屋面板，应采取可靠的防水措施及防水混凝土，地下室顶板空腔顶板厚度不应小于 120mm，屋面板空腔顶板厚度不宜小于 90mm，空腔顶板应双层双向配筋。

（2）空心楼盖应沿受力方向设肋，肋宽宜为填充体高度的 1/8~1/3，当填充体为填

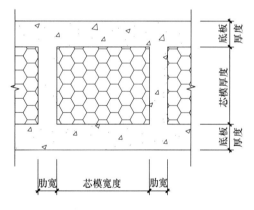

图 7.5.7-1 上、下翼缘厚度及肋宽示意图

充管、填充棒时，不应小于 50mm；当填充体为填充箱、填充块时，不宜小于 70mm；当肋中放置预应力筋时，肋宽不宜小于 80mm。如图 7.5.7-1 所示。

（3）柱支承楼盖应在柱周边设置实心区域，实心区域应按设计要求配筋；实心区域厚度应满足受冲切承载力要求，长度不宜小于楼盖跨度的 1/6，且不宜小于 $C_1 + 3h_s + 200mm$，如图 7.5.7-2 所示。

【说明】：边柱、角柱附近的楼板应符合图 7.5.7-2 的规定。空心楼盖内承受较大集中荷载的部位不宜布置芯模，可参照本条确定楼盖实心区域，此时图中柱（柱帽、托板）的外轮廓线可看作集中荷载作用区域的外轮廓线。

（4）无底板密肋空心楼盖采用梁宽大于柱宽的宽扁梁时，宜在柱周边设置实心区域，

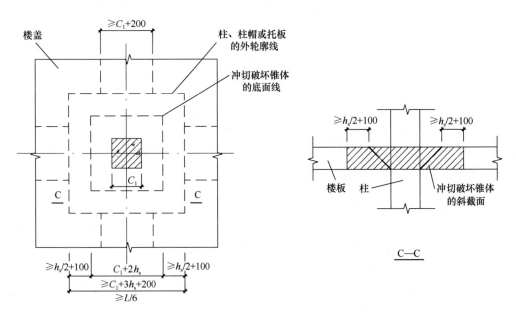

图 7.5.7-2　柱支承楼盖实心区域示意图

宽度为柱边缘外不小于 1.5 倍板厚。在肋中配有负弯矩钢筋的范围内，除满足计算要求外，尚宜配置构造用的封闭箍筋，箍筋直径不应小于 6mm，间距不大于肋高，且不应大于 200mm。面板应配置双向钢筋网，直径不小于 6mm，间距不大于 300mm。

（5）无底板密肋空心楼盖柱帽边向外延伸 1m 范围板内所有肋梁（包括暗梁）内箍筋宜加密布置，箍筋间距为 100mm。

（6）当现浇混凝土空心楼盖需要设置后浇带时，后浇带的宽度及间距应符合有关规定要求，后浇带范围室内部分可放置填充体，室外部分宜做成实心板，如图 7.5.7-3 所示。

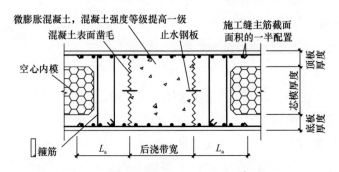

图 7.5.7-3　露天现浇混凝土空心楼盖后浇带详图

（7）当需要在施工完成后的空心楼盖上开洞时，其位置、大小及加固方案应符合下述要求：①抗震等级为一级时，暗梁范围不应开洞；②柱上板带相交共有区域应避免开洞；③柱上板带与跨中板带共有区域不宜开较大洞口；④经设计人员同意，洞口尺寸为 300～500mm 时，按图 7.5.7-4 加固；洞口尺寸为 510～1000mm 时，按图 7.5.7-5 加固。

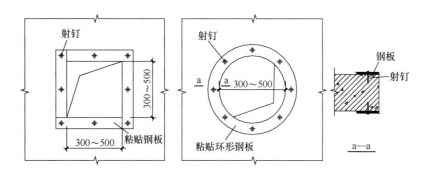

图 7.5.7-4　洞口尺寸为 300～500mm 时的做法详图

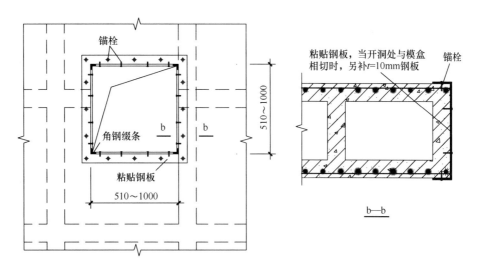

图 7.5.7-5　洞口尺寸为 510～1000mm 时的做法详图

3　空心楼盖节点应满足以下构造要求：

（1）当板跨不小于 10m 时，宜设置柱帽；

（2）柱对板的冲切验算内容包括柱边冲切、柱帽变阶处、实心板到空心板的过渡部位，如图 7.5.7-6 所示；

【说明】：空心楼盖的柱帽分正柱帽和反柱帽两种，以加厚托板位于板下方和上方来区分，一般正柱帽为常规做法，反柱帽常用于地下室覆土顶板。相同长度、厚度正柱帽与反柱帽，受冲切承载力差别较大，需引起重视，以图 7.5.7-7 为例说明，空心楼盖混凝土强度等级为 C30，不配置箍筋和弯起钢筋的柱帽受冲切承载力，正柱帽为 4785kN，反柱帽为 3114kN，反柱帽受冲切承载力仅为正柱帽的 65.08％。

（3）提高空心楼盖板柱节点受冲切承载力的措施包括：①设置抗冲切钢筋提高板柱节点的受冲切承载力，抗冲切钢筋为箍筋和吊筋；②内埋钢结构抗剪架，提高板柱节点的受冲切承载力，抗剪架可采用型钢制作，通常采用工字钢；③设置抗冲切栓钉；④当柱网尺寸较大时设置柱帽或托板，柱帽区采用较高强度等级的混凝土。

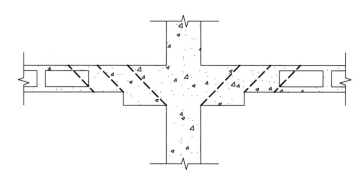

图 7.5.7-6   冲切验算示意图

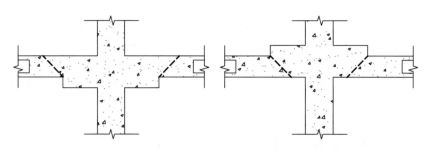

图 7.5.7-7   正柱帽与反柱帽冲切验算示例

7.5.8   梁设计与构造应满足以下要求：

1   梁截面设计要求：

（1）梁截面高度主要根据梁跨度、所承受的荷载大小及主体结构刚度的要求确定。当为了降低建筑楼层层高而限制梁高或者采用宽扁梁形式时，确定梁的截面尺寸除需注意挠度的控制外，还应全面衡量由此而产生的技术经济指标的合理性；

（2）支承次梁的框架梁与次梁的梁高高差不宜小于 50mm，如支承梁的下部配置双排钢筋，则其与相交梁梁高之高差宜≥100mm。十字梁、井字梁及悬臂梁端的封口梁的梁高高差不受此限制；

（3）高层建筑裙楼及地下室楼层采用典型的肋形楼盖布置时，为了方便设备管道的架设及争取尽量大的楼层净高，纵向框架梁截面高度宜与平行方向的次梁同高；

（4）梁截面的高宽比一般情况下取 2～3，框架梁截面宽度不应小于 200mm，跨度较悬殊的连续梁（包括框架梁），其截面高度可分别按其跨度大小取不同数值，截面宽度宜取一致，以利梁面筋的贯通；

（5）单跨或多跨带外悬臂的梁，其第一内跨梁之高度不宜小于悬臂梁根部高度，当第一内跨梁高小于悬臂梁根部高度时，宜设置梁加腋过渡（悬臂梁支座处为较大截面框架柱时除外）。

2   抗震等级一、二级的框架梁应有 1/4 的面筋拉通，且拉通面筋数量与箍筋肢数相对应，不足时应配置架立筋。当梁跨大于 3m 且梁面筋直径大于 16mm 时，在满足拉通钢筋面积不少于 1/4 面积要求的同时，可用 Φ14 搭接通长；对于三级及以下的框架梁，可用 Φ12 搭接通长。

3 高层建筑标准层较多时，应按楼层分段配筋。

4 框架梁纵向钢筋可按计算结果采用不同直径的钢筋搭配设计，但同一截面上受力纵向钢筋的直径等级差别不宜超过二级。

5 框架梁与剪力墙垂直墙肢方向相连时，结构整体计算时梁端支座可按铰接考虑，但支座面筋应按不小于梁底配筋量的 40% 设置，梁的水平钢筋应伸入剪力墙并应符合钢筋锚固要求。钢筋锚固段的水平投影长度，抗震设计时不宜小于 $0.4l_{abE}$；当锚固段的水平投影长度不满足要求时，应采取其他可靠的锚固措施。

6 不与竖向抗侧力构件相连的次梁，可按非抗震设计。一端与竖向构件相连、一端与框架梁相连的梁，可按其受力特性，根据实际情况确定是否按框架梁进行抗震设计。如图 7.5.8 所示，次梁 L1 及 L2 一端与剪力墙沿墙肢方向相连，另一端与梁相连时，与墙相连端应按抗震设计，其要求应与框架梁相同，与梁相连端构造可按非抗震设计。次梁 L3 一端与剪力墙垂直墙肢方向相连，另一端与梁相连时，次梁可按非抗震设计。

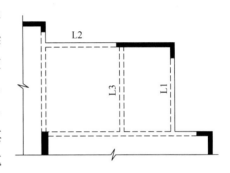

图 7.5.8　框架梁及次梁连接示意

7 计算需要抗扭的框架梁，宜设置拉通筋及抗扭腰筋。除满足抗扭计算要求之外，梁的腰筋按表 7.5.8-1 构造配置。

腰筋构造配置　　　　　　　　　　　　　　　　　　　　表 7.5.8-1

h_w (mm) ＼ b (mm)	200	250	300	350	400	500
450	4Φ8	6Φ8	6Φ8	4Φ12	4Φ12	4Φ12
500	4Φ8	6Φ8	6Φ8	4Φ12	4Φ12	4Φ14
550	6Φ8	6Φ8	4Φ12	4Φ12	4Φ12	4Φ14
600	6Φ8	6Φ8	4Φ12	4Φ12	6Φ12	4Φ14
650	6Φ8	6Φ8	6Φ10	6Φ10	6Φ12	6Φ12
700	6Φ8	8Φ8	6Φ10	8Φ10	6Φ12	8Φ12
750	6Φ8	8Φ8	6Φ10	8Φ10	6Φ12	8Φ12
800	8Φ8	8Φ8	8Φ10	8Φ10	6Φ12	8Φ12
850	8Φ8	8Φ10	8Φ10	8Φ10	10Φ10	8Φ12
900	8Φ8	8Φ10	8Φ10	8Φ12	10Φ10	8Φ12

注：1. 表中为设置在梁两侧的总腰筋配筋值，且对称配置；

　　2. 此表用于一般情况，地下室及超长塔楼需另外按计算确定。

8　梁截面配筋除满足计算及抗震设防要求外，截面高度大于 800mm 的梁箍筋直径不宜小于 8mm，截面高度不大于 800mm 的梁箍筋直径不宜小于 6mm。梁中配有计算需要的纵向受压钢筋时，箍筋直径不应小于纵向受压钢筋最大直径的 0.25 倍。

9　梁在集中荷载作用下，宜优先考虑由附加箍筋承受集中力；受力较大时，可采用附加箍筋及吊筋共同受力，吊筋应成对设置。当主、次梁同高时，集中荷载应全部由箍筋承担。钢筋混凝土梁承受集中荷载的附加横向钢筋承载力见表 7.5.8-2。

钢筋混凝土梁承受集中荷载的附加横向钢筋承载力（kN）　　　表 7.5.8-2

共同承载力 / 吊筋承载力			吊筋规格											
			Φ12		Φ14		Φ16		Φ18		Φ20		Φ22	
			45°	60°	45°	60°	45°	60°	45°	60°	45°	60°	45°	60°
箍筋承载力			115	141	157	192	205	251	259	317	320	392	387	474
箍筋规格	Φ8	双肢	163	278	304	320	355	368	414	422	480	483	555	550	637
		四肢	326	441	467	483	518	531	577	585	643	646	718	713	800
	Φ8	双肢	217	332	358	374	409	422	468	476	534	537	609	604	691
		四肢	434	549	575	591	626	639	685	693	751	754	826	821	908
	Φ10	双肢	339	454	480	496	531	544	590	598	656	659	731	726	813
		四肢	679	794	820	836	871	884	930	938	996	999	1071	1066	1153
	Φ12	双肢	489	604	630	646	681	694	740	748	806	809	881	876	963
		四肢	977	1092	1118	1134	1169	1182	1228	1236	1294	1297	1369	1364	1451

注：1. 梁高 h≤800mm 时，吊筋弯起角度取 45°；梁高 h＞800mm 时，吊筋弯起角度取 60°；

　　2. 吊筋按 2 根计算承载力，附加箍筋按两侧各 3 道计算承载力；

　　3. 其他钢筋牌号时应另作计算。

10　电梯检修吊钩应采用 HPB300 钢筋或 Q235B 圆钢制作，设计可根据表 7.5.8-3 选择吊钩。

电梯吊钩选用　　　表 7.5.8-3

吊钩承受荷载（kN）	≤20	25	31	38	49	61	70	100
HPB300 钢筋	1Φ14	—	—	—	—	—	—	—
Q235B 圆钢	1Φ16	1Φ18	1Φ20	1Φ22	1Φ25	1Φ28	1Φ30	1Φ36

注：额定载重量 3000kg 以下的电梯，吊钩承受荷载不应小于 20kN，额定载重量大于 3000kg 的电梯，吊钩承受荷载不应小于 50kN。

11　除设计特别注明外，楼层梁架立筋宜按表 7.5.8-4 配置，架立筋根数应与箍筋肢数匹配。一般情况下，次梁在跨中可按表 7.5.8-4 设置架立筋而不需设置通长面筋，对于承受荷载较大同时跨度也较大的次梁（如地下室顶板），可采用部分支座面筋通长代替架立筋。

梁架立筋选取 表 7.5.8-4

梁类型	梁跨度		
	$L<4m$	$4{\leqslant}L<6m$	$L{\geqslant}6m$
次梁	Φ8	Φ10	Φ12
框架梁、框支梁	Φ10	Φ12	Φ14

12 次梁按主梁输入时，两端宜设置为铰接支座。一般情况下，铰接支座可按表 7.5.8-4 规定的架立筋要求配置面筋，但支座面筋不应小于底筋面积的 25%。

13 框架梁最小配筋率为 0.3%，次梁最小配筋率按规范要求。梁的纵向钢筋配筋率宜控制在 0.6%～1.2% 之间，不宜大于 2.5%，不应大于 2.75%。

14 支承于框架柱上的悬臂梁可按非框架梁的配筋构造处理。悬臂梁跨度较大时应考虑竖向地震作用，一般情况下悬臂梁底筋可根据跨度及梁宽按表 7.5.8-5 选用。

悬臂梁底筋选取 表 7.5.8-5

梁宽 b（mm） 跨度 L	$L{\leqslant}3m$	$3m<L{\leqslant}4m$	$4m<L<5m$
200	2Φ14	2Φ16	—
250～300	3Φ12	3Φ14	—
350～500	4Φ12	4Φ14	4Φ16

15 当框架梁内力由水平作用控制，支座底筋较大而跨中底筋较小时，可采用另加支座底筋的形式配置钢筋。

16 连续梁配筋时，支座两侧的钢筋直径尽可能相同，以便钢筋贯穿支座，避免两侧不同的钢筋都在支座锚固，造成节点钢筋过密，影响节点混凝土浇筑。

17 当梁下部纵筋根据计算要求不需要全部伸入支座时，不伸入支座的梁下部纵筋截断点距支座边的距离不宜大于 $0.1l_n$（l_n 为本跨梁的净跨值），同时应保证梁端混凝土受压区高度满足《混凝土结构设计规范》GB 50010 第 11.3.1 条的要求。

18 当楼板与框架梁整浇时，框架梁端受弯承载力可考虑梁有效翼缘宽度范围内楼板钢筋的作用，梁有效翼缘宽度宜取两侧各 4 倍板厚且不大于梁高，边梁外侧有效翼缘宽度不应超出楼板范围。

19 两端与剪力墙在平面内相连的梁为连梁，跨高比小于 5 的连梁应按《高层建筑混凝土结构技术规程》JGJ 3 第 7 章的要求设计。跨高比不小于 5 的连梁宜按框架梁设计，其抗震等级与所连接的剪力墙抗震等级相同，特一级的连梁要求同一级。

20 连梁的设计应保证连梁在多遇地震和风荷载作用下处于弹性或基本弹性的工作状态。当跨高比较小的连梁超筋时，应以"强剪弱弯"为设计原则进行连梁的截面及配筋调整，一般设计规定如下：

（1）减小连梁截面高度或增大连梁跨度，减小连梁计算内力；

（2）连梁的弯矩及剪力可进行塑性调幅，但在结构计算中已对连梁进行了刚度折减时，其调幅范围应限制或不再调幅。一般情况下，经全部调幅后的弯矩设计值不宜小于调幅前（完全弹性）的 80%（6、7 度）和 50%（8、9 度），并不小于风荷载下连梁弯矩；

（3）当连梁破坏对承受竖向荷载无明显影响时，可考虑在大震作用下连梁不参加工作，按连梁两端铰接的计算简图进行第二次多遇地震作用下的内力分析，墙肢截面按两次计算的较大值计算配筋，第二次计算时位移可不限制；

（4）连梁采用底、面对称配筋，单侧纵筋配筋率应满足表 7.5.8-6 的要求；

连梁单侧纵筋配筋率　　　　　　　　　　　表 7.5.8-6

跨高比	$l/h_b \leqslant 0.5$	$0.5 < l/h_b \leqslant 1$	$1 < l/h_b \leqslant 1.5$	$1.5 < l/h_b \leqslant 2$	$2 < l/h_b \leqslant 2.5$	$l/h_b \geqslant 2.5$
最小配筋率（%）	0.2；$45f_t/f_y$	0.25；$55f_t/f_y$	0.25；$55f_t/f_y$	0.4；$80f_t/f_y$	0.4；$80f_t/f_y$	0.4；$80f_t/f_y$
最大配筋率（%）	0.6	0.6	1.2	1.2	1.5	2.5

注：当连梁纵向钢筋超过最大配筋率时，应按实配钢筋进行连梁"强剪弱弯"验算。如连梁受剪承载力不满足且无法处理时，该连梁可按最大配筋率控制并复核"强剪弱弯"，并按抗剪不超筋的连梁截面进行第二次计算以加强两侧墙肢的受弯及受剪承载力。

（5）跨高比较小的连梁，可通过水平缝设为双连梁或多连梁，但应进行合理的等效截面计算，并确保双连梁或多连梁的"强剪弱弯"设计原则；

（6）可采用连梁内设置型钢、交叉钢筋或暗撑的方式提高连梁的受剪承载力。

21　剪力墙连梁箍筋应沿梁全长加密，间距取 100mm，抗震等级三级及以下的连梁箍筋间距最大可用 @150。连梁箍筋配筋构造时，可参考表 7.5.8-7 配置。

连梁箍筋　　　　　　　　　　　表 7.5.8-7

抗震等级	梁宽（mm）					
	200	250	300	350	400	450
一级	Φ10@100（2）	Φ10@100（2）	Φ10@100（3）	Φ10@100（4）	Φ10@100（4）	Φ10@100（4）
二级	Φ8@100（2）	Φ8@100（2）	Φ10@100（4）	Φ10@100（4）	Φ10@100（4）	Φ10@100（4）
三级	Φ8@100（2）	Φ8@100（2）	Φ8@100（4）	Φ8@100（4）	Φ10@100（4）	Φ10@100（4）
四级	Φ6@100（2）	Φ8@100（2）	Φ8@100（4）	Φ8@100（4）	Φ8@100（4）	Φ8@100（4）

注：此表为采用 C30 混凝土时的箍筋最小用量，当配筋率大于 2% 时，箍筋最小直径应增加一级并复核连梁配筋。

22　门窗洞口处框架梁或连梁，当梁底离洞顶距离小于 200mm 时，应进行兼作过梁的构造设计。

23　支承于框架柱及剪力墙上的悬臂梁，其纵筋配筋构造可按非抗震要求进行设计。

24　大跨度次梁支承在框架梁上时，要注意计算模型和数据的合理性，宜采用两个以上软件计算比较，采用能合理反映支座刚度的程序，也可偏安全地采用刚接计算控制支座配筋、铰接计算控制跨中配筋的包络设计。

25　当梁受力配筋计算结果偏大，采用加大梁截面方法减少受力钢筋时，注意梁腰筋、箍筋等构造钢筋需相应增加，应综合考虑加大梁截面的经济性。

7.5.9 墙柱设计及构造应满足以下要求：

1 框架柱宜优先采用矩形截面，若建筑需要可采用圆形、L形、T形、十字形截面等。当为矩形截面时，截面宽度及高度可取不小于框架计算层高的 $1/15 \sim 1/20$，且宽度和高度不应小于 300mm，截面高度与宽度比值不宜大于 3，且应取以 50mm 为整数的倍数递进加宽加高；圆形截面直径不应小于 350mm。

2 柱截面尺寸沿建筑物高度分级缩小，为避免柱子竖向刚度产生突变，每侧每次收级不宜超过 100mm。

3 柱纵筋宜采用 HRB400 级及 HRB500 级的钢筋均匀布置。钢筋直径不宜小于 12mm，纵向钢筋配筋率不应大于 5%。矩形截面柱的角筋直径宜大于柱侧纵向钢筋直径一级或两级，当柱配筋由内力控制且单侧配筋较多时，其角筋可采用并筋的配置形式。

4 柱箍筋除最外围采用封闭箍筋外，其他部位可以采用拉筋；计算框架柱及剪力墙边缘构件复合箍筋的体积配箍率时，应扣除重叠部分的箍筋体积。

5 当地下室顶板作为上部结构的嵌固端时，地下室柱截面每侧的纵向钢筋面积除应满足计算要求外，还不应少于地上一层对应柱每侧纵向钢筋面积的 1.1 倍。一般情况下，可采用地下一层增加纵筋的办法，增加的纵筋应在地下室顶层梁板内弯折锚固，不能直伸上地上一层或采取放大地上一层纵筋作为地下一层纵筋的做法。

6 当剪力墙厚度小于 300mm 时，应尽量避免设计为一字形截面剪力墙，当不可避免时，其墙厚在底部加强部位不应小于层高的 1/12，其他部位不小于层高的 1/15，且不应小于 200mm。重力荷载代表值作用下的一字形截面剪力墙的轴压比限值不应超过表 7.5.9-1的限值，底部加强部位墙肢约束边缘构件的纵向钢筋配筋率不应小于 1.2%，其他部位不应小于 1.0%。

一字形截面剪力墙轴压比限值 表 7.5.9-1

结构构件	抗震等级		
	一级（9度）	一级（6、7、8度）	二、三级
一字形截面剪力墙	0.4	0.5	0.6

7 具有较多短肢剪力墙的剪力墙结构应设置筒体或一般剪力墙。在规定的水平地震作用下，筒体和一般剪力墙承受的第一振型底部倾覆力矩不宜小于结构底部地震倾覆力矩的 50%，任一层短肢剪力墙的水平剪力应满足不小于基底剪力的 20% 的要求，不满足时应作调整。

8 一、二、三级短肢剪力墙的轴压比，在底部加强部位分别不宜大于 0.45、0.50、0.55，一字形截面短肢剪力墙的轴压比限值再相应减小 0.1，在底部加强部位以上分别不宜大于 0.50、0.55、0.60。短肢剪力墙全部纵向钢筋的最小配筋率应满足表 7.5.9-2 的要求。

短肢剪力墙全部纵向钢筋最小配筋率（%）　　　　　　　　表 7.5.9-2

短肢剪力墙部位	抗震等级	
	一、二级	三、四级
底部加强部位	1.2	1.0
其他部位	1.0	0.8

9　当仅少量剪力墙不连续，需转换的剪力墙面积不大于剪力墙总面积的 8% 时，可不将整个结构体系按部分框支剪力墙结构考虑，应加大框支梁两侧相邻的楼板厚度及配筋，转换构件的抗震等级应提高一级，特一级时不再提高。

10　抗震等级为一、二、三级的剪力墙底部加强部位及其上一层的墙肢端部应设置约束边缘构件；当剪力墙底层墙肢底截面（不包含部分框支剪力墙结构中的剪力墙）在重力荷载代表值作用下的轴压比小于 0.1（一级 9 度）、0.2（一级 6、7、8 度）、0.3（二、三级）时可不设约束边缘构件。

【说明】： 将剪力墙底层墙肢底截面的轴压比作为是否设置约束边缘构件的判断依据，是以底部加强高度范围内的剪力墙厚度不变或均匀变化为基础，当剪力墙墙底截面的轴压比不是最大值时，应以底部加强高度范围内墙肢的最大轴压比来确定是否设置约束边缘构件。对于特殊位置的剪力墙，如部分框支剪力墙结构的剪力墙，或框架-筒体结构筒体角部剪力墙等规范、标准规定重点加强部位剪力墙，最大轴压比即使满足可不设置约束边缘构件要求，也应设置约束边缘构件；对于超 B 级高度超过 50% 的超限高层建筑，底部加强部位以上剪力墙的约束边缘构件宜设置至轴压比不小于 0.3 的楼层。

对于框架-筒体结构的核心筒墙体配筋，广东省《高规》规定"底部加强部位核心筒角部和门洞两侧均应设置约束边缘构件，其他部位的核心筒角部和门洞两侧宜设置约束边缘构件"。此条规定在实际设计时可采用"非底部加强区的角部设置约束边缘构件，门洞两侧设置构造边缘构件"的措施，但需加强门洞两侧构造边缘构件的纵向配筋。

11　剪力墙结构的竖向和水平分布钢筋不应单排配置。剪力墙截面厚度不大于 400mm 时，可采用双排配筋；墙厚为 450～700mm 时，宜采用三排配筋。各排分布钢筋之间拉筋的间距不应大于 600mm，直径不应小于 6mm；在底部加强部位，约束边缘构件以外的拉筋间距宜适当加密。

12　轴心受拉、偏心受拉剪力墙竖向钢筋的直径不应小于 14mm。轴拉、小偏拉剪力墙的竖向钢筋最小配筋率按式（7.5.9-1）计算，水平向钢筋的最小配筋率按式（7.5.9-2）计算。轴拉、小偏拉剪力墙竖向钢筋的最小配筋率要求见表 7.5.9-3。

$$\rho_{min} \geqslant \frac{f_t}{f_y} \tag{7.5.9-1}$$

$$\rho_{min} = \frac{A_s}{bh_0} \geqslant 0.5 \frac{f_t}{f_y} \tag{7.5.9-2}$$

式中：f_t——混凝土抗拉强度设计值；

$\quad\quad f_y$——钢筋抗拉强度设计值。

轴拉、小偏拉剪力墙竖向钢筋的最小配筋率（％）　　　　表 7.5.9-3

混凝土强度等级	C30	C35	C40	C45	C50	C55	C60	C65	C70	C75	C80
HRB400 钢筋	0.40	0.44	0.48	0.51	0.53	0.55	0.57	0.58	0.59	0.61	0.62
HRB500 钢筋	0.33	0.36	0.39	0.41	0.43	0.45	0.47	0.48	0.49	0.50	0.51

【说明】：本条参考广东省《高规》DBJ/T 15-92-2021 第 7.2.7 条规定。小偏心受拉剪力墙指剪力墙肢（包括一字形、L 形、Z 形、T 形、槽形等）全截面受拉的剪力墙，大偏心受拉剪力墙指截面部分受拉、存在压区的剪力墙。计算时，翼缘宽可按实际取值。考虑到地震往复作用，大偏心受拉剪力墙的截面最小配筋率偏安全地按式（7.5.9-1）确定。中震作用下小偏心受拉构件是否需要配置型钢可根据其具体受力情况由设计人确定，配置普通钢筋可满足要求时可配普通钢筋，需要配置型钢时则配置型钢。

13 错层结构错层处平面外受力的剪力墙，截面厚度不应小于 250mm，并应设置与之垂直的墙肢或扶壁柱，墙水平和竖向分布钢筋的配筋率不应小于 0.5％。

14 剪力墙按构造要求配置的水平、竖向分布钢筋可按表 7.5.9-4 设置。考虑现行规范规定的剪力墙分布钢筋配筋率与钢筋牌号无关，当工程建设当地有节能及采用高强钢筋的规定时，可根据工程实际情况调整表中的钢筋牌号。

剪力墙分布钢筋构造要求　　　　表 7.5.9-4

墙厚（mm） ＼ 配筋率	0.25％	0.30％	0.35％	0.40％	0.50％
200	2×Φ8@200	2×Φ8@150	2×Φ10@200	2×Φ10@175	2×Φ10@150
250	2×Φ8@150	2×Φ10@200	2×Φ10@175	2×Φ10@150	2×Φ12@175
300	2×Φ10@200	2×Φ10@150	2×Φ12@200	2×Φ12@175	2×Φ12@150
350	2×Φ10@175	2×Φ12@200	2×Φ12@175	2×Φ12@150	2×Φ14@175
400	2×Φ10@150	2×Φ12@175	2×Φ12@150	2×Φ14@175	2×Φ14@150
450	3×Φ10@200	3×Φ10@150	3×Φ12@200	3×Φ12@175	3×Φ12@150
500	3×Φ10@175	3×Φ12@150	3×Φ12@175	3×Φ12@150	3×Φ14@175
550	3×Φ10@150	3×Φ12@200	3×Φ12@175	3×Φ14@150	3×Φ14@150
600	3×Φ10@150	3×Φ12@175	3×Φ12@150	3×Φ14@175	3×Φ14@150

15 剪力墙约束边缘构件阴影部分（图 7.5.9）的箍筋原则上应采用封闭箍筋，阴影区外区域可采用拉筋。

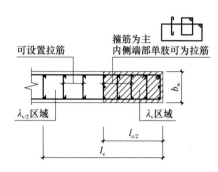

图 7.5.9　约束边缘构件箍筋示意

16　当楼面梁平面外支承在无壁柱或翼墙的剪力墙墙肢上时，剪力墙的厚度不宜小于梁宽，楼面梁跨度大于 4m 时剪力墙应设置暗柱，暗柱的一般设计规定如下：

（1）暗柱的截面高度为墙的厚度，暗柱的截面宽度取梁宽加 2 倍墙厚并不大于 600mm；

（2）暗柱的纵向钢筋（或型钢）应通过计算确定，抗震等级为一、二、三、四级时，纵向钢筋的总配筋率分别不应小于 1.0%、0.8%、0.7% 和 0.6%；

（3）暗柱应设置箍筋，抗震等级一、二、三级时箍筋直径不应小于 8mm，四级时不应小于 6mm，且均不应小于纵向钢筋直径的 1/4；抗震等级一、二、三级时箍筋间距不应大于 150mm，四级时不应大于 200mm。

17　单向少墙肢的剪力墙结构中，一字形剪力墙的设计应满足以下规定：

（1）8 度地区的高层建筑，一字形剪力墙应设置翼墙或端柱，且其翼墙长度不应小于 3 倍墙厚或端柱截面边长不应小于 2 倍墙厚；7 度地区的高层建筑，约束边缘构件长度不应小于墙厚的 3 倍；

（2）一字形剪力墙约束边缘构件的竖向钢筋除应满足正截面受压（受拉）承载力计算要求外，设防烈度 6、7、8 度时配筋率分别不应小于 1.4%、1.6% 和 2.0%；箍筋配箍特征值应比普通墙肢的数值分别增加 0.02、0.03、0.04 采用；

（3）沿结构平面外围布置的一字形剪力墙周边楼板厚度不应小于 120mm，双层配筋百分率不应小于 0.25%；

（4）与一字形剪力墙垂直布置的梁端纵筋锚固应有可靠的措施保证锚固效果，梁端纵向钢筋配筋量应比计算值增大 10%。

18　女儿墙采用砌体加构造柱及配筋的做法，仅适用于常规高度的女儿墙，高层建筑或超高层建筑的女儿墙设计应慎重，当悬挂广告牌、承受较大风荷载或考虑地震鞭梢效应时，应作专门计算和设计。

19　对承受较大风压的外墙或隧道（管廊）隔墙，以及设备机房的间隔墙高度较高时，应注意计算复核并加密圈梁和构造柱，同时应在建筑图纸中注明构造柱的位置，必要时采用钢筋混凝土墙。

7.5.10　节点设计及构造应满足以下要求：

1　梁与柱混凝土强度等级相差不大于 5MPa 时，或强度等级相差超过 5MPa 但节点四周约束较好且节点强度验算满足设计要求时，梁柱节点混凝土可与梁一同浇筑，否则应采取钢丝网分开浇筑或按柱混凝土强度等级浇筑。

2　框架节点核心区箍筋的间距和直径应符合表 7.5.10-1 的要求。

框架节点核心区箍筋最大间距和最小直径		表 7.5.10-1
抗震等级	箍筋最大间距（采用较小值，mm）	箍筋最小直径（mm）
一	6d, 100	10
二	8d, 100	8
三	8d, 150	8
四	8d, 150	6

3 对一、二、三级抗震的框架节点核心区，配箍特征值及箍筋体积配箍率分别不宜小于表 7.5.10-2 中的值。当框架柱的剪跨比不大于 2 时，其节点核心区体积配箍率不宜小于核心区上、下柱端体积配箍率中的较大值。

框架节点核心区最小配箍特征值和体积配箍率		表 7.5.10-2
抗震等级	最小配箍特征值	最小体积配箍率（%）
一	0.12	0.6
二	0.10	0.5
三	0.08	0.4

4 宽扁梁柱节点核心区箍筋应符合普通框架柱节点核心区的构造要求，柱截面外的节点外核心区可配置附加水平箍筋和竖向拉筋（图 7.5.10），一、二级框架拉筋直径不宜小于 10mm，三、四级框架不宜小于 8mm。

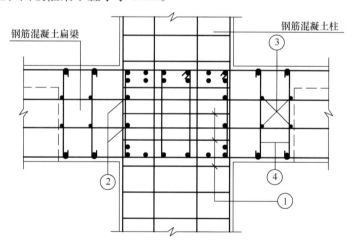

图 7.5.10 柱截面外的节点外核心区配筋示意

①—柱内核心区箍筋；②—核心区附加腰筋；
③—核心区附加水平箍筋或拉筋；④—节点外核心区拉筋

【说明】：宽扁梁节点外核心区指两向宽扁梁相交面积扣除柱截面面积部分，该区域两向梁箍筋相交，钢筋施工较困难且影响节点混凝土浇筑质量，可以附加水平箍筋和竖向拉筋代替箍筋，加强节点外核心区的约束作用。

5 对于配筋复杂、钢筋数量多且密集的梁柱节点区域，应对梁的有效高度进行折减后计算复核配筋、挠度及裂缝。在满足裂缝和挠度的基础上，尽量选择大直径的钢筋以减少钢筋数量，必要时应绘制详图表达。

7.6　装配式混凝土结构设计

7.6.1　装配整体式剪力墙结构，当采用铝模现浇外墙时，外墙宜全部采用剪力墙；内凹角处，应预留不小于400mm净宽的铝模施工操作空间。

【说明】：当采用铝模现浇外墙时，外墙目前主要有两种做法。第一种做法是部分预制部分现浇，在预制与现浇的交界处采用拉缝做法，目前拉缝的做法还缺乏必要的研究，实际工程应用中在长期变形的状态下容易开裂渗漏，所以不建议采用；如一定要采用，则需要进行更深入的研究，并进行更细致的构造，确保构造不渗漏，并尽量避免拉缝墙对主体结构刚度及承载力的影响。第二种做法就是全部采用剪力墙，这种做法可以是全现浇剪力墙；也可以是部分预制部分现浇，只是在交界处对预制构件预留钢筋以及设置粗糙面，现场施工时完全浇筑在一起，不做拉缝，这种全现浇剪力墙做法对结构的整体刚度影响较大，模型计算应与实际情况相符。

7.6.2　预制框架柱截面除满足强度及刚度要求外，应充分考虑梁柱节点施工的便利性，预制框架柱应遵循大直径、数量少的原则。框架柱配筋率不宜过大，灌浆套筒连接时不应采用双排钢筋或并筋。框架梁的受扭钢筋、梁角部钢筋，应伸入节点后浇区内锚固。

7.6.3　高层建筑采用预制楼梯时，楼梯间外侧剪力墙可能存在内外侧均无连接的情况，此时应注意验算墙体稳定性，必要时应采取相应的措施。

7.6.4　采用预制飘窗等有洞口的构件时，应尽量避免出现开口型构件，防止运输或吊装过程中出现损坏，必要时应设置临时支撑构件保证运输及安装时不损坏。

7.6.5　叠合板除应按照现行国家及地方标准进行设计外，还应符合下列规定：

1　单向板四周及接缝宜按双向板构造。

2　在叠合板区域尽量取消次梁，宜采用大开间楼板。

3　叠合板的预制板厚度不宜小于60mm，设有预埋管线的后浇混凝土叠合层厚度不宜小于80mm；薄弱连接部位必须采用叠合板时，现浇层厚度不应小于120mm。

4　叠合板上的传料孔长边方向应与叠合板桁架纵筋的方向保持一致，避免桁架钢筋被打断。

5　叠合板板间的整体式接缝宜设置在叠合板的次要受力方向上，宜避开最大弯矩截面，应避免密缝拼接位置出现拉应力。

7.6.6　预制梁截面宽度应充分考虑下部钢筋在节点区的间距，其间距宜满足《混凝土结构设计规范》GB 50010 的相关要求；不同方向的预制梁宜采用不同的梁截面高度，梁的截面高差应大于 50mm，同一方向的梁，计算及构造需要的梁下部钢筋应交错布置锚入节点区。

7.6.7 预制次梁宜单向布置，次梁与主梁可采用铰接或刚接连接。当次梁不直接承受动力荷载且跨度不大于 9m 时，可采用企口形式铰接连接，其上部配筋不小于 2⏀12；当采用刚接连接时，主梁上宜预留连接钢筋或内螺母与次梁下部钢筋受压搭接，并应符合现行行业标准《装配式混凝土结构技术规程》JGJ 1 的有关规定。

7.6.8 装配式建筑结构中，预制构件的连接部位宜设置在结构受力较小的部位，其尺寸、形状及重量应符合下列规定：

1 应满足建筑使用功能、模数、标准化要求，并应进行优化设计。

2 应根据预制构件的功能和安装部位、加工制作及施工精度等要求，确定合理的公差。

3 应满足制作、运输、堆放、安装及质量控制要求。

4 预制构件拆分时，应考虑单个构件自重对塔式起重机选型的影响。

7.6.9 当主体结构中设置预制混凝土构造墙体时，应充分考虑构造墙对主体结构刚度和承载力的不利影响。

【说明】： 构造墙与主体结构的可靠连接可能造成水平作用下的刚度重分配，而对主体结构构件承载力造成影响。底层构造墙下方的梁，可能形成实际的结构转换梁，从而造成安全隐患，结构设计时应予以重视，应采取措施降低此类风险。

7.6.10 采用后浇混凝土、砂浆、灌浆料或坐浆料连接的预制构件结合面，构件深化设计时应给出抗剪槽或粗糙面要求。

7.6.11 应避免把楼梯间隔墙放置在预制楼梯踏步上。

【说明】： 预制楼梯的支座一般为滑动支座，隔墙如放置在预制楼梯的踏步上，支座滑动时，隔墙可能会倾覆；且会导致两侧的梯板宽度不同，降低标准化程度，可能增加成本。

7.6.12 预制构件深化设计应符合以下要求：

1 构件深化设计的深度应满足建筑、结构、设备和装修等各专业以及构件制作、运输、安装、检测、维护等各环节的综合要求。

2 对于布置方向不同、尺寸相近、镜像关系等相似关系的构件，应分别绘制构件详图，避免吊装错误。

3 构件深化设计应在装配式混凝土建筑各专业的施工图基础上进行，不得随意更改原设计的意图，构件深化图纸应经施工图设计单位审核确认，避免影响结构安全。

7.6.13 预制构件吊点位置设计应经过受力计算确定，吊点边距应满足计算和构造要求，避免出现吊件（环）被拔出的情况。

7.6.14 采用预制混凝土雨篷时，应对雨篷的抗倾覆进行验算，必要时应与主体结构进行可靠连接。

第 8 章　高层混合结构和钢结构设计

8.1　一般规定

8.1.1　钢-混凝土混合结构是指由钢构件、钢筋混凝土构件、钢与混凝土组合构件三类构件中，任意两种或两种以上构件组成的框架结构、剪力墙结构、框架-剪力墙结构、板柱-剪力墙、筒体结构以及巨型框架-核心筒结构等。

【说明】：对于钢-混凝土混合结构，本措施采用我院主编的广东省标准《高层建筑钢-混凝土混合结构技术规程》DBJ/T 15-128 中的定义，包括由全部构件为组合构件的结构，钢构件与钢筋混凝土组成的结构，钢构件与组合构件组成的结构，钢筋混凝土构件与组合构件组成的结构等。本章主要论述此类高层混合结构及钢结构的设计及构造，多层混合结构及钢结构可参照采用，对于符合《高层建筑混凝土结构技术规程》JGJ 3 定义的混合结构尚应满足相应的设计与构造要求。

《高层建筑混凝土结构技术规程》JGJ 3 定义的混合结构系指由外围钢框架或型钢混凝土、钢管混凝土框架与钢筋混凝土核心筒所组成的框架-核心筒结构，以及由外围钢框筒或型钢混凝土、钢管混凝土框筒与钢筋混凝土核心筒所组成的筒中筒结构。为减小外围框架柱的截面，全部或局部采用钢管混凝土柱、型钢混凝土柱或钢管叠合柱等形式框架柱，但框架梁仍为钢筋混凝土梁的结构，并不属于《高层建筑混凝土结构技术规程》JGJ 3 定义的混合结构。

8.1.2　钢与混凝土组合构件是由钢与混凝土组合而成并共同受力的结构构件，包括型钢混凝土梁、（U 形）外包钢-混凝土组合梁、型钢混凝土柱、钢管混凝土柱、钢管混凝土叠合柱、型钢混凝土剪力墙、钢管混凝土剪力墙、内藏钢板混凝土剪力墙、外包钢板混凝土剪力墙、带钢斜撑混凝土剪力墙等。

8.1.3　高层混合结构可根据工程项目的特点及需要，采用沿竖向为不同结构体系的混合结构，或组成结构体系为不同类型组合构件的混合结构。对于规范中未列出的特殊形式的混合结构及组合构件的设计，应进行专门研究，并通过试验验证其合理性。

【说明】：在工程应用中，组合构件的组合方式多种多样，所构成的混合结构体系也很多，可根据受力情况采用合适的组合，如沿竖向组合的框架-核心筒混合结构（图 8.1.3-1），及同一楼层采用多种构件进行组合的框架-核心筒混合结构（图 8.1.3-2）。随着混合结构的发展，还会有新的组合方式出现，设计人员应根据工程实际情况灵活应用，对于新型混合结构及组合构件应进行详细的分析及充分的论证。

8.1.4　高层钢结构可采用钢框架、钢框架-支撑、框架-核心筒、筒中筒、桁架筒体、束筒及巨型框架等结构体系。混合结构和钢结构高层建筑常用结构体系和适用高度应符合相关规范和标准的规定，平面和竖向不规则的结构，最大适用高度应适当降低。

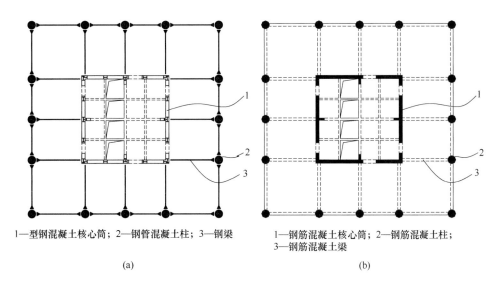

1—型钢混凝土核心筒；2—钢管混凝土柱；3—钢梁   1—钢筋混凝土核心筒；2—钢筋混凝土柱；
3—钢筋混凝土梁

(a)   (b)

图 8.1.3-1　沿竖向结构体系组合的混合结构示意图

（a）下部结构平面图；（b）上部结构平面图

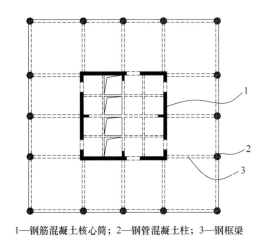

1—钢筋混凝土核心筒；2—钢管混凝土柱；3—钢框梁

图 8.1.3-2　抗侧力构件组合的混合结构示意图

8.1.5　混合结构高层建筑在风荷载及多遇地震作用下按弹性方法计算的层间位移角宜满足本措施第 4.3.3 条的规定，钢结构高层建筑在风荷载及多遇地震作用下按弹性方法计算的层间位移角不宜大于 1/250。

【说明】：混合结构可根据结构体系的特点按《高层建筑混凝土结构技术规程》JGJ 3有关章节及广东省标准《高层建筑钢-混凝土混合结构技术规程》DBJ/T 15-128 确定多遇地震作用下层间位移角限值及罕遇地震作用下弹塑性层间位移角限值。

8.1.6　混合结构在多遇地震作用下的阻尼比可取为 0.03～0.04；风荷载作用下楼层位移验算和构件设计时，阻尼比可取为 0.02～0.04。

【说明】：结构阻尼比受到众多因素影响，包括结构高度及动力特性等因素，难以准确确定。试验研究及工程实践表明，一般带填充墙的高层建筑的阻尼比约为 0.02（钢）、0.05（混凝土），且随着建筑高度的增加而减小，混合结构的阻尼比位于 0.02～0.05 之间。另外，风荷载作用下，结构的塑性变形一般较设防烈度地震作用下小，故抗风设计时阻尼比应比抗震设计时小。阻尼比可根据建筑高度和结构形式选取不同的值，建议高度大于 200m 或高宽比大于规范限值的超高层建筑阻尼比取低值。

8.1.7　混合结构和钢结构高层建筑结构的布置宜使结构具有合适的刚度和合理的传力方式，避免出现明显的薄弱部位及薄弱层。不应采用严重不规则的结构体系，结构布置宜符合以下规定：

1　混合结构沿高度采用不同类型结构构件时，应设置不少于 2 层的过渡层，且构件的抗弯刚度变化不宜超过 30%。

2　对于转换层、加强层、空旷的顶层、顶部突出部分、钢-混凝土混合结构与混凝土结构的交接层及邻近楼层，应采取可靠的过渡加强措施。

3　地下室顶板作为上部结构计算嵌固端时，竖向构件中的型钢、钢板或钢管等可不延伸至基础，但宜穿过底部加强部位并至少向下延伸一层。当上部结构嵌固端在地下室其他楼层时，竖向构件中的型钢、钢板或钢管等宜延伸到计算嵌固端下一层。

4　筒中筒结构体系中，当外围钢框架柱采用 H 形截面柱时，宜将柱截面强轴方向布置在外围筒体平面内；角柱宜采用十字形、方形或圆形。

5　框架-核心筒结构体系中，连接外框与内筒的楼盖梁不宜支承于内筒的连梁上，不能避免时，连梁宜按罕遇地震作用下抗剪不屈服验算，或采用设置型钢梁等有效措施。

6　钢框架部分采用支撑时，宜采用偏心支撑和耗能支撑，支撑宜双向连续布置，框架支撑宜延伸至基础。

8.1.8　高层混合结构和钢结构建筑的楼盖应具有良好的水平刚度和整体性，确保整个抗侧力结构在任意方向水平荷载作用下能协同工作，并宜符合下列要求：

1　框架梁为钢梁时，楼面宜采用压型钢板-现浇混凝土组合楼板、钢筋桁架楼承板-现浇混凝土组合楼板，楼板与钢梁应可靠连接；框架梁为组合构件时，楼面宜采用钢筋混凝土现浇楼板。

2　机房、设备层、避难层及伸臂桁架上下弦杆所在楼层的楼板宜采用钢筋桁架楼承板-现浇混凝土组合楼板，采用压型钢板组合楼盖时宜采用闭口型压型钢板，现浇楼板厚度不宜小于 150mm。

3　对楼板开大洞部位和薄弱部位，应采用现浇混凝土楼板，宜在计算分析的基础上采取适当的加强措施，必要时可设置水平支撑。

8.1.9　当高层建筑结构高宽比较大，尤其核心筒高宽比偏大时，可利用建筑避难层和设备层设置结构加强层，提高结构抗侧刚度以满足水平作用下结构水平位移限值，加强层设计应符合下列规定：

1 加强层形式包括伸臂桁架、周边带状桁架及深梁等。

2 设置加强层时，应采用"有限刚度"的结构加强层减小结构刚度突变，布置方式上优先考虑环带桁架，伸臂桁架次之，宜采用钢结构桁架。

3 加强层设置数量和位置应作敏感性分析，在满足刚度的基础上，对结构刚度贡献、结构造价影响、构件设计施工难度、建筑使用效果等多方面进行分析，采取综合效益最优方案。

4 伸臂桁架上下弦杆宜延伸至剪力墙体内贯通；墙体与伸臂桁架连接处宜设置型钢柱，型钢柱宜至少延伸至伸臂桁架高度范围以外上、下各一层。

5 伸臂桁架与外围框架柱宜采用铰接或半刚接；周边带状桁架与外框架柱的连接应采用刚接。在高烈度地区，当伸臂斜杆后安装时，应验算施工阶段未安装伸臂斜杆时的抗震性能。

8.1.10 外围框架梁与柱应采用刚性连接，楼面梁与钢筋混凝土筒体及外围框架柱的连接可采用铰接或刚接，加强层框架柱与筒体角部相连的框架梁宜刚接。

8.1.11 当楼板与钢梁设置可靠连接时，结构弹性分析宜考虑钢梁与现浇混凝土楼板的共同作用，弹性计算时钢梁刚度放大系数应按组合梁刚度确定，组合梁翼板有效宽度可按《钢结构设计标准》GB 50017 的相关规定进行计算，梁的刚度可取钢梁刚度的 1.2～1.5 倍。结构弹塑性分析时，楼板的刚度宜进行折减，折减系数视楼板受力损伤或破坏程度选择 0.5～0.3；对加强层不宜考虑楼板与钢梁的共同作用。

8.1.12 竖向荷载作用计算时，宜考虑钢柱、钢管混凝土柱与钢筋混凝土核心筒竖向变形差异引起的结构附加内力，必要时可采用措施控制框架柱与核心筒的竖向变形差，将变形差引起的结构附加内力影响降到最低。

8.1.13 高度大于 300m 的超高层建筑应考虑竖向压缩变形引起的楼面标高误差，高度大于 250m 的超高层建筑宜考虑竖向压缩变形引起的楼面标高误差，并在各避难层作压缩变形预留。

【说明】：随着建筑高度的增加，超高层的竖向压缩变形差增大，其对结构产生的次内力不容忽视，累积变形还可能进而影响结构高度，并影响幕墙的安装，因此，应在施工阶段考虑变形预留。如是偏筒结构，重力荷载下的变形差影响更大，需作充分分析并采取措施予以部分释放。

8.1.14 对于风控结构变形及承载力的超高层建筑，横向风振影响很大，且结构刚度越小影响越大，应充分考虑横向风振的不利影响；对于正方形或矩形平面的建筑，通过角部钝化能有效削弱横向风振的影响。

【说明】：建筑角部作削角或凹角处理能有效减弱横风向效应，可在方案阶段给出合理建议，并结合风洞试验分析结构风振加速度。

8.1.15 抗震设计时，高层建筑钢-混凝土混合结构构件应根据抗震设防分类、烈度、结构类型和房屋高度采用不同的抗震等级，并应符合相应的计算和构造措施要求。

8.1.16 高层混合结构和钢结构在确定性能目标时，应对钢构件提出应力比限值要求。

8.1.17 高层建筑混合结构和钢结构中的梁、柱、墙和楼板应进行防火设计。组合构件和钢构件的防火设计应满足以下要求：

1 结构各构件的耐火极限应符合现行国家标准《建筑设计防火规范》GB 50016 的规定，其中外包钢板混凝土剪力墙的耐火极限宜按柱的耐火极限确定。

2 钢管混凝土柱应根据《钢管混凝土结构技术规范》GB 50936 和《建筑钢结构防火技术规范》GB 51249 等标准的有关规定进行防火设计。钢管混凝土柱可根据其荷载比、火灾下的承载力系数等参数不采取防火保护措施或采取防火涂料、水泥砂浆保护层等防火保护措施。

3 外包钢混凝土组合构件宜采用防腐防火一体的防护涂层设计，应确保外层防火涂层与中间防腐涂层的附着力，避免防火涂层的剥落。

8.2 材 料

8.2.1 高层混合结构和钢结构用钢材的性能、技术条件与质量要求应符合国家现行有关标准的规定。钢材的力学性能应包括屈服强度、抗拉强度、断后拉伸率、冲击功等基本力学性能指标，以及断面收缩率与屈强比等附加性能指标。对 GJ 钢板，除保证屈服强度值符合规定要求外，尚应保证其区间值符合相应标准的规定。

8.2.2 对综合性能要求较高的构件，宜选用高层建筑结构用钢板（GJ 钢板）等高性能钢材。8 度、9 度抗震设防的高层混合结构及钢结构框架、支撑及伸臂桁架所用厚钢板，宜选用符合现行国家标准《建筑结构用钢板》GB/T 19879 的 GJ 钢板。

【说明】：高层建筑混合结构及钢结构应优先选用高性能钢材，梁、柱、（钢板）墙等构件的钢材宜采用 Q355 钢、Q390 钢、Q420 钢、Q460 钢和 Q345GJ 钢，根据承载力和抗震性能的需要，除考虑高强度等级钢材和超厚板钢材外，可在特殊要求的结构中采用耐火结构钢及耐候钢，提高钢结构抗火性能和耐久性能。

8.2.3 与抗侧力偏心支撑相连接的耗能框架梁，其钢材屈服强度不应大于 355MPa。防屈曲支撑选用低屈服强度钢材时，其屈服强度不应大于 245MPa，屈强比不应大于 0.8，断后伸长率不应小于 40%。

8.2.4 焊接约束应力较大或沿板厚方向受较大拉力部位的厚板，节点设计应有合理的构造。对板厚不小于 40mm 的厚板宜要求附加抗撕裂（Z 向）性能保证，其 Z 向性能等级不应低于按现行国家标准《厚板方向性能钢板》GB/T 5313 规定的 Z15 级。

【说明】：厚钢板存在各向异性，Z 向性能指标较差，考虑抗撕裂性能问题实质上是焊接问题，而结构使用阶段的外拉力并非主要影响因素。解决方法是节点设计应有合理的构造，焊接时采取有效的焊接措施，减小接头区的焊接约束应力等。对厚度大于或等于40mm 的钢板，应符合现行国家标准《厚度方向性能钢板》GB/T 5313 中有关 Z15 级的断面收缩率指标的规定，采取相应措施后可不再要求更高的抗撕裂性能。

8.2.5 承重结构用焊接圆钢管不应采用径厚比（D/t）过小的钢管，径厚比不宜小于 15（Q235 钢）或 20（Q355 钢）。

8.2.6 高层建筑钢结构采用铸钢节点时，铸钢件壁厚不宜大于 150mm，当壁厚较大时，应考虑厚度效应引起屈服强度等力学性能的降低。

【说明】：当高层混合结构或钢结构的节点存在多向杆件交汇、节点截面限制、受力复杂且内肋板难以施焊等情况时，可采用铸钢节点。对于铸钢件的选用标准，依据现行国家标准《钢结构设计标准》GB 50017 的规定，铸钢的材质与性能应分别符合现行国家标准《一般工程用铸造碳钢件》GB/T 11352 和《焊接结构用铸钢件》GB/T 7659 的规定。由于铸钢件强度及性能不如轧制钢板，价格又较高，选用铸钢件时应进行优化比选与论证。

8.2.7 混合结构或钢结构楼盖采用压型钢板组合楼板时，宜采用闭口型压型钢板，压型钢板的技术参数应符合现行国家标准《建筑用压型钢板》GB/T 12755 的规定。采用钢筋桁架楼承板时，宜采用不拆卸底层材料的钢筋桁架楼承板，不同底层材料的钢筋桁架楼承板应符合相应标准的规定。

【说明】：压型钢板和钢筋桁架楼承板为钢结构建筑常用的楼盖形式。其中，闭口型压型钢板可增加组合楼板的有效厚度和刚度，提高楼盖使用的舒适度和隔声效果，并便于吊顶构造。参考现行国家标准《建筑用压型钢板》GB/T 12755，组合楼盖用压型钢板宜采用闭口型板。常用的钢筋桁架楼承板采用镀锌薄钢板底板，尽管可拆卸底板的钢筋桁架楼承板可一定程度地回收材料，但由于底板拆卸工作增加施工步骤且工效不高，因此建议采用不拆卸底层材料的钢筋桁架楼承板。

组合楼板用压型钢板应根据腐蚀环境选择镀锌量，可选择两面镀锌量为 $275g/m^2$ 的基板。组合楼板不宜采用钢板表面无压痕的光面开口型压型钢板，且基板净厚度不应小于0.75mm。作为永久模板使用的压型钢板基板的净厚度不宜小于 0.5mm。

8.2.8 钢结构连接用焊条、焊丝和焊剂等焊接材料的选用应按强度、性能与母材相匹配的原则选用。当两种不同钢号钢材焊接时，宜选用与强度级别较低钢号匹配的焊条或焊丝。重要承重构件连接及焊接接头中板厚≥25mm 的连接宜选用低氢型焊条。

8.2.9 钢结构所用紧固件与连接件的选用应符合下列规定：

1 一般结构的抗拉、抗剪连接螺栓与安装螺栓宜采用 C 级普通螺栓（4.6 级或 4.8级）；因受力需要，且加工精度有保证又方便现场施工时，亦可采用强度更高的 A、B 级普通螺栓（5.6 级、8.8 级）。当有防松要求时，应配置防松垫圈或双螺帽。

2　主要承重构件（梁、柱等）的现场连接应采用高强度螺栓，直接承受动力荷载的结构或高层钢结构等重要构件的螺栓连接应选用高强度摩擦型螺栓。在一般承重构件中，可采用扩大孔的高强度螺栓连接。

3　在摩擦型或承压型连接中，可选用大六角高强度螺栓（8.8级或10.9级），或抗剪扭型高强度螺栓（10.9级）。

4　对剪力不大的端板接头，宜选用承压型连接或抗滑移系数较低的摩擦型连接。对承压型连接的螺栓宜控制螺纹不在剪切面内。

5　高强度螺栓的性能、规格和技术条件应符合有关规定。各类高强度螺栓的预拉力、抗滑移系数应符合现行国家和行业标准《钢结构设计标准》GB 50017、《钢结构高强度螺栓连接技术规程》JGJ 82 的规定。

6　应按承载力计算需要选用栓钉的直径和规格。栓钉的焊接技术要求应符合现行协会标准《栓钉焊接技术规程》CECS 226 的规定。

【说明】：高强度螺栓的大六角型和扭剪型是指高强度螺栓产品的分类，摩擦型和承压型是指高强度螺栓连接的分类，在选用螺栓强度级别时，应注意大六角螺栓有 8.8 级和 10.9 级两个强度级别，扭剪型螺栓仅有 10.9 级。

在型钢混凝土组合构件中，采用作为抗剪连接件的栓钉，应该是符合现行国家标准《电弧螺柱焊用圆柱头焊钉》GB/T 10433 规定的合格产品，不得用短钢筋代替栓钉。

8.3　设计与构造

8.3.1　组合梁中的型钢、钢板宜沿构件全长设置，当组合梁中的型钢在支座和跨中分段设置时（图 8.3.1-1）。构件设计应基于钢筋混凝土构件设计原理，充分考虑内置分段型钢对承载力和刚度的增大作用；轴向受力时，可仅考虑钢筋混凝土的作用。设计时应满足下列要求：

1　为加强内置分段型钢与混凝土的粘结，型钢的腹板应设置栓钉、附加肋板或焊接钢筋段（图 8.3.1-2）。

2　型钢与钢筋混凝土过渡区的连接长度应满足下列条件：

（1）当型钢与梁纵向钢筋搭接时，单段型钢的长度应大于梁高且不得小于 600mm，并满足梁的主筋搭接长度要求；

（2）当型钢与梁纵向钢筋焊接时，应有不小于梁纵筋总面积的 50% 与型钢可靠焊接，单段型钢的长度应满足焊接连接长度要求且不宜小于 600mm（图 8.3.1-3a）；

（3）型钢与梁纵向钢筋可以采用机械连接，单段型钢的长度应不小于 $25d$（d 为梁纵筋最大直径）且不宜小于 600mm（图 8.3.1-3b）；

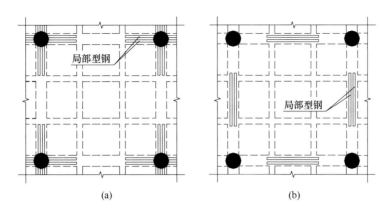

图 8.3.1-1 局部型钢混凝土梁示意图

（a）梁端局部型钢；（b）梁跨中局部型钢

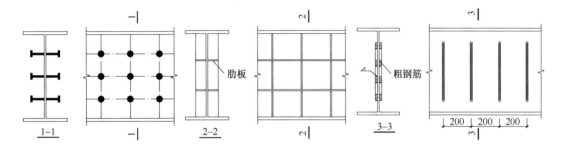

图 8.3.1-2 型钢腹板栓钉、附加肋板或粗钢筋焊接示意图

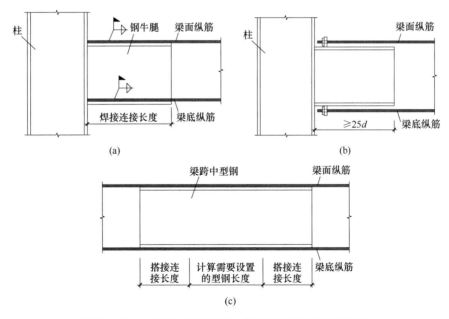

图 8.3.1-3 型钢与钢筋混凝土过渡区的连接长度示意图

（a）纵筋与型钢焊接长度；（b）纵筋与型钢机械连接长度；（c）梁跨中型钢搭接长度

（4）梁跨中分段设置型钢时，单段型钢的长度应不小于计算所需的型钢长度与两倍搭接长度的总长度（图 8.3.1-3c）。

【说明】： 沿构件全长设置型钢、钢板形成型钢混凝土组合构件的设计与构造应符合《组合结构设计规范》中的有关规定。分段加强型钢混凝土组合构件是根据构件的受力情况，有针对性地在局部位置（受力最大处）设置型钢以提高构件在该处的受弯、受剪承载力，从而达到减小截面、节省材料的目的，组合梁分段设置型钢的设计及构造应符合本条规定。

8.3.2　钢梁及混合结构中钢构件板件宽厚比、长细比等构造要求应满足《钢结构设计标准》GB 50017 或《组合结构设计规范》JGJ 138 等标准规范的有关规定。钢梁开孔加强等构造应满足以下要求：

1　钢梁腹板开孔应满足整体稳定和局部稳定要求，并应进行实腹及开孔处的受弯承载力验算，以及开孔处顶部和底部 T 形截面受剪承载力验算。

2　腹板开孔梁，当孔形为圆形或矩形时，应符合下列规定：

（1）圆孔孔径不宜大于梁高的 0.7 倍，矩形孔口高度不宜大于梁高的 0.5 倍，矩形孔口长度不宜大于梁高及 3 倍孔高；

（2）相邻圆形孔口边缘间距不宜小于梁高的 0.25 倍，矩形孔口与相邻孔口的距离不宜小于梁高及矩形孔口长度；

（3）开孔处梁上下 T 形截面高度均不宜小于梁高的 0.15 倍，矩形孔口上下边缘至梁翼缘外皮的距离不宜小于梁高的 0.25 倍；

（4）不宜在距梁端相当于梁高的范围内开孔，不应在隔撑与梁柱连接区域范围内设孔。

3　开孔腹板补强宜符合下列规定：

（1）圆孔直径小于或等于 1/3 梁高时，可不予补强，当大于 1/3 梁高时，可用环形加劲肋加强，也可用套管或环形补强板加强；

（2）圆形孔口加劲肋截面不宜小于 100mm×10mm，加劲肋边缘至孔口边缘的距离不宜大于 12mm；圆形孔口用套管补强时，其厚度不宜小于梁腹板厚度；用环形板补强时，若在梁腹板两侧设置，环形板的厚度可稍小于腹板厚度，宽度可取 75～125mm；

（3）矩形孔口的边缘宜采用纵向和横向加劲肋加强；水平长度宜伸至孔口边缘以外单面加劲肋宽度的 2 倍，当矩形孔口长度大于梁高时，其横向加劲肋应沿梁全高设置；

（4）矩形孔口加劲肋截面不宜小于 125mm×18mm；当孔口长度大于 500mm 时，应在梁腹板两侧设置加劲肋。

4　钢弧梁沿弧面受弯时宜设置加劲肋，强度和稳定计算时应考虑其影响。

8.3.3　钢连梁分为弯曲屈服型和剪切屈服型，应对应确定板件宽厚比的限值，钢连梁板件的局部稳定与整体稳定应符合现行国家标准《钢结构设计标准》GB 50017 的规定，钢连梁加劲肋构造应符合下列要求：

1 钢连梁跨度内应设置加劲肋；当梁高度大于 650mm 时，腹板两侧均应设置加劲肋，高度不大于 650mm 时，可仅在腹板一侧设置。

2 钢连梁加劲肋的厚度不应小于 10mm，也不应小于腹板厚度 t_w 的 0.75 倍。

3 加劲肋与梁翼缘连接焊缝的承载力不应小于 $A_{st} f_a / 4$（A_{st} 为加劲肋截面面积）。

4 第一块加劲肋至墙表面的距离和加劲肋间距应符合表 8.3.3 的规定。

跨度内钢连梁加劲肋的设置要求

表 8.3.3

钢连梁有效跨度	第一块加劲肋与墙表面距离	加劲肋间距
$l_{eff} \leqslant 1.6 M_p^a / V_p^a$	$\leqslant 1.5 b_f$	不大于（$52 t_w - 0.2 h_s$）
$1.6 M_p^a / V_p^a < l_{eff} \leqslant 2.6 M_p^a / V_p^a$	$\leqslant 1.5 b_f$	两端和中间均应设置
$2.6 M_p^a / V_p^a < l_{eff} \leqslant 5 M_p^a / V_p^a$	$\leqslant 1.5 b_f$	只在两端设置
$l_{eff} > 5 M_p^a / V_p^a$	不需设置	

注：t_w 为腹板厚度，h_s 为钢梁截面高度，b_f 为钢梁翼缘宽度。

【说明】：参考《高层建筑钢-混凝土混合结构设计规程》CECS 230，钢连梁分为弯曲屈服型和剪切屈服型两类，钢连梁发生剪切屈服时性能最好，其耗能能力优于弯曲屈服型连梁。钢连梁有效长度不小于 $2.6 M_p^a / V_p^a$ 为弯曲屈服型，连梁应在墙肢中有足够的锚固长度，确保锚固段不发生滑移，并设置足够的加劲肋，确保连梁弯曲屈服后的延性；钢连梁有效长度小于 $2.6 M_p^a / V_p^a$ 为剪切屈服型，连梁可能首先发生剪切屈服，连梁应在墙肢中有足够的锚固长度，以确保充分发挥连梁受剪承载力，并应设置足够的加劲肋，确保连梁剪切屈服后的延性。

8.3.4 普通钢支撑分为中心支撑和偏心支撑，并对应确定长细比限值。抗震等级一、二、三级中心支撑不得采用拉杆设计；普通钢支撑设计应符合下列规定：

1 中心支撑设计时不宜考虑支撑承担竖向荷载；在安装过程中应采取必要措施减小由于竖向变形引起的支撑附加应力。

2 当中心支撑采用只能受拉的单斜杆体系时，应同时设置不同倾斜方向的两组斜杆，且每组中不同方向单斜杆的截面面积在水平方向的水平投影面积之差不应大于 10%。

3 梁与 V 形支撑或人字形支撑相交处，应设置侧向水平支撑。

4 框架支撑结构体系中的框架梁计算时应考虑轴力的影响。

5 偏心支撑耗能梁段为 H 形截面时，耗能梁段两端上下翼缘应设置侧向水平支撑，支撑轴力设计值不得小于耗能梁段翼缘轴向承载力的 6%。当无法设置侧向支撑时，耗能梁段可采用箱形截面。

8.3.5 型钢混凝土框架梁、转换梁及连梁的设计及构造应符合以下规定：

1 型钢混凝土框架梁和转换梁最外层钢筋的混凝土保护层最小厚度应符合现行《混凝土结构设计规范》GB 50010 的规定。型钢的混凝土保护层最小厚度不宜小于 100mm，梁内型钢翼缘宽度不宜大于梁截面宽度的 2/3。如型钢混凝土梁有多排钢筋，型钢的保护层厚度不宜小于 150mm。

2 型钢混凝土框架梁端应设置箍筋加密区，非加密区的箍筋最大间距不宜大于加密区箍筋间距的 2 倍。

3 对于配置实腹式型钢的托墙转换梁、托柱转换梁、悬臂梁和大跨度框架梁等主要承受竖向荷载的梁，在型钢上翼缘应设置抗剪栓钉。抗剪栓钉的直径规格宜选用 19mm 和 22mm，其长度不宜小于 4 倍栓钉直径，水平和竖向间距不宜小于 6 倍栓钉直径且不宜大于 200mm；栓钉中心至型钢翼缘边缘距离不应小于 50mm，栓钉顶面的混凝土保护层厚度不宜小于 15mm。

4 型钢混凝土转换梁除满足一般型钢混凝土框架梁构造要求外，尚应符合下列要求：

（1）托墙转换梁与转换柱截面中线宜重合；

（2）转换梁不宜开洞，如必须开洞时，应补充有限元分析并根据分析结果相应加强；

（3）托柱转换梁在托柱位置宜设置正交方向楼面梁或框架梁，托柱位置的型钢腹板两侧应对称设置支承加劲肋；

（4）托墙转换梁在托墙洞口位置，型钢腹板两侧对称设置支承加劲肋；托墙转换梁在离柱边和门洞边 1.5 倍梁截面高度范围内应设置箍筋加密区；

（5）转换梁的梁端加密区箍筋最小面积配筋率，特一级、一级、二级抗震等级分别不应小于 $1.3\,f_{t}/f_{yv}$、$1.2f_{t}/f_{yv}$、$1.1f_{t}/f_{yv}$，三、四级抗震等级不小于 $1.0\,f_{t}/f_{yv}$；

（6）当转换梁处于偏心受拉时，其支座上部纵向钢筋至少应有 50% 沿梁全长贯通，下部纵向钢筋应全部直通到柱内；沿梁高应配置间距不大于 200mm、直径不小于 16mm 的腰筋。

5 在计算连梁内型钢或钢板时，应同时考虑其所分担的弯矩和剪力。型钢混凝土连梁及钢板混凝土连梁应符合下列构造要求：

（1）连梁中所配置的型钢或钢板，其高度不宜小于 0.7 倍连梁高度；

（2）钢板混凝土连梁内的钢板，厚度不应小于 6mm；

（3）型钢及钢板在墙肢内应可靠锚固。如果在墙肢内设置有型钢暗柱，型钢及钢板的两端与型钢暗柱可采用焊接或螺栓连接；如果墙肢内无型钢暗柱，型钢或钢板应伸入洞口边，其伸入墙体长度不应小于 2 倍型钢或钢板高度，且不小于 500mm；

（4）型钢腹板及钢板两侧应设置栓钉，栓钉直径不宜小于 19mm，水平和竖向间距不宜大于 200mm，栓钉离型钢翼缘板边缘不宜小于 50mm，且不宜大于 100mm；

（5）钢板混凝土连梁可在钢板两侧分别采用断续角焊缝焊接通长钢筋代替栓钉作为抗剪连接件。通长钢筋不宜小于 12mm，每侧通长钢筋根数不宜少于 2 根（图 8.3.5-1）。

6 型钢混凝土梁内钢骨除为常规形式外，还可根据实际工程需要灵活设置梁内钢骨，新型钢骨应进行认真分析及详细构造，并采用可靠的连接确保组合构件的共同工作。

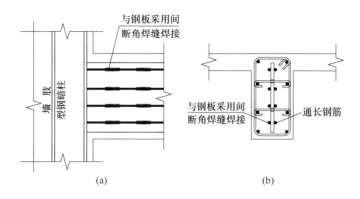

图 8.3.5-1 采用通长钢筋作为抗剪连接件的钢板混凝土连梁

（1）型钢混凝土梁可在翼缘楼板或水平加腋中设置钢骨以提高梁端受弯承载力（图 8.3.5-2）；

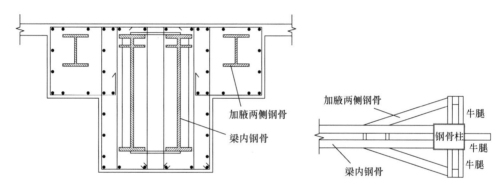

图 8.3.5-2 型钢混凝土梁水平加腋

（2）型钢混凝土梁在跨中区域截面中和轴位置设置钢管或箱形空腔型钢，形成局部空腔型钢混凝土梁（图 8.3.5-3）时，支座位置型钢宜为实腹形式。

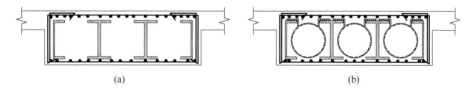

图 8.3.5-3 空心钢管型钢混凝土宽扁混凝土梁示意图
（a）梁支座处做法；（b）梁跨中做法

【说明】：

1. 型钢转换梁包括部分框支剪力墙结构中的框支梁或托柱转换梁，其受力比钢筋混凝土转换梁更为复杂，构造要求除确保构件延性外，还包括确保钢与混凝土共同受力的措施；转换梁内型钢一般可根据承载力需求设置，框支转换梁通常设置钢板提高其受剪承载力，截面较高的转换（深）梁可根据有限元分析的结果在应力较大区域采用内置型钢桁架方式提高结构效率。

2. 偏心受拉转换梁一般指框支梁或转换桁架下弦梁，截面受拉区域较大，甚至全截面受拉，因此提出了对顶面纵向钢筋及腰筋的配置的更高要求。

3. 空心钢管型钢混凝土宽扁梁是由贯穿全梁的多个 H 型钢和槽钢以及梁跨中钢管间隔组合而成的一种新型型钢梁，主要用于梁高受到限制、柱距较大、使用普通宽扁梁无法满足承载力及变形要求的情况，已应用于多个大跨重载的地下空间工程顶板楼盖中。

8.3.6　U 型外包钢-混凝土组合梁应按相关规定进行承载力验算，其基本构造如图 8.3.6-1 所示，构造应满足以下要求：

1　上翼缘钢板宽度不宜小于 50mm，拉条间距不宜大于 600mm，侧钢板厚度不宜小于 5mm，底钢板厚度不宜小于 8mm。抗剪竖向钢筋直径不宜小于 12mm，伸入混凝土腹板长度不应小于 $15d$。

2　抗剪竖向钢筋应形成开口箍形式，对梁面纵向钢筋形成约束。插筋间距、肢距以及配筋量应满足相应抗震等级的梁加密区箍筋要求，并在混凝土腹板中心线以下设置构造纵筋，使竖向插筋形成封闭箍形式。

3　与梁垂直的横向板筋，板底和板顶配筋率之和不宜小于 0.7%。

4　外翼缘抗剪栓钉沿梁跨度方向的最大间距不应大于混凝土翼板厚度的 3 倍，且不应大于 300mm。底部抗剪栓钉沿梁跨度方向的最大间距不应大于 300mm，垂直于梁跨度方向的间距不应小于杆径的 4 倍，不应大于 300mm。栓钉杆直径不宜大于 19mm，长度不应小于杆径的 4 倍。栓钉至上翼缘钢板或侧钢板的距离不小于 50mm。

5　U 型外包钢-混凝土组合梁的型钢钢板宽厚比应符合下列公式的规定（图 8.3.6-2）：

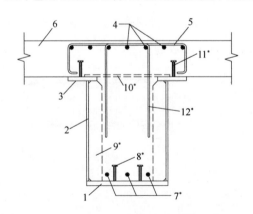 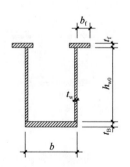

图 8.3.6-1　U 型外包钢-混凝土组合梁截面构造示意图
1—底钢板；2—侧钢板；3—上翼缘钢板；4—梁面纵筋；
5—梁面横向分布筋；6—翼板；7*—梁底纵筋；
8*—底部抗剪栓钉；9*—横向加劲肋；10*—拉条；
11*—外翼缘抗剪栓钉；12*—抗剪竖向钢筋
（带"*"者为可选项）

图 8.3.6-2　U 型外包钢-混凝土
组合梁宽厚比

$$b/t_{\mathrm{B}} \leqslant 60\sqrt{235/f_{ak}} \qquad (8.3.6\text{-}1)$$

$$h_{w0}/t_w \leqslant 60\sqrt{235/f_{ak}} \qquad (8.3.6\text{-}2)$$

$$b_f/t_f \leqslant 13\sqrt{235/f_{ak}} \qquad (8.3.6\text{-}3)$$

【说明】：U 型外包钢-混凝土组合梁，主要由 U 型钢和型钢腔体内混凝土组合而成，其特点在于全梁设置 U 型钢起抗弯剪扭作用并作为施工支承模板。新型 U 型外包钢-混凝土组合梁适用于混合结构中跨度较大且对高度有限制的梁，该项技术已成功应用于高德置地 F2-4 项目及中国南方航空大厦等混合结构工程，通过试验研究及数值分析等提出的计算方法及构造要求已纳入广东省标准《高层建筑钢-混凝土混合结构技术规程》DBJ/T 15-128。

8.3.7 型钢混凝土框架柱和转换柱构件的设计及构造应符合以下规定：

1 型钢混凝土柱内型钢可采用 H 型钢，十字型钢或箱型钢，宜优先采用十字型钢，在满足结构计算需要的前提下，型钢应尽可能采用窄翼缘，便于箍筋排布和梁钢筋锚固。型钢混凝土柱和转换柱内型钢的混凝土保护层厚度不宜小于 150mm。

2 型钢混凝土框架柱和转换柱的纵筋和箍筋应满足《高层建筑混凝土结构技术规程》JGJ 3 和《组合结构设计规范》JGJ 138 等相关规范的要求。型钢混凝土柱中的受力型钢的含钢率宜符合下列要求：

（1）抗震等级特一级、一级的型钢混凝土柱，型钢含钢率不宜小于 4%；二级时型钢含钢率不宜小于 3%，抗震等级三、四级时型钢含钢率不宜小于 2%；

（2）型钢的含钢率不宜大于 15%，当含钢率大于 15% 时，型钢翼缘应全高设置栓钉，应增加箍筋、纵向钢筋的配筋量，宜通过试验进行专门研究；

（3）当钢筋混凝土结构中框架柱内设置型钢并仅提供控制轴压比的作用时，柱中型钢最小含钢率可不受前述规定限制，但需满足钢筋混凝土柱的配筋率、体积配箍率及型钢混凝土柱的轴压比限值的规定。

3 型钢混凝土框架柱应采用封闭复合箍筋，型钢混凝土转换柱箍筋应采用封闭复合箍或螺旋箍，截面中纵向钢筋在两个方向宜有箍筋或拉筋约束。当部分箍筋采用拉筋时，拉筋宜紧靠纵向钢筋并勾住封闭箍筋。在符合箍筋配筋率计算和构造要求的情况下，对箍筋加密区内的箍筋肢距可按现行国家标准《混凝土结构设计规范》GB 50010 的规定作适当放松，但应配置不少于两道封闭复合箍筋或螺旋箍筋（图 8.3.7）。

【说明】：现行行业标准《组合结构设计规范》JGJ 138 规定型钢混凝土柱含钢率不宜小于 4%，含钢率要求较高。《美国建筑钢结构设计规范》AISC-360-10 对型钢混凝土构件的最小含钢率要求为 1%；冶金部标准《钢骨混凝土结构设计规程》YB 9082 对三、四级抗震结构的最小含钢率要求为不小于 2%。参考上述文献，本条适当调整了型钢混凝土柱最小含钢率要求。

当高层混凝土结构中框架柱在下部楼层设置型钢，仅提供控制轴压比贡献且型钢面积较小时，其轴压比计算及限值可按《高层建筑混凝土结构技术规程》JGJ 3 中混合结构的构件设计要求。

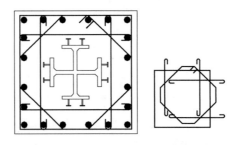

图 8.3.7　型钢混凝土柱箍筋配置

8.3.8　矩形钢管混凝土和（圆）钢管混凝土的框架柱和转换柱应符合现行行业标准《组合结构设计规范》JGJ 138 和国家标准《钢管混凝土结构技术规范》GB 50936 的有关规定。

1　（圆）钢管混凝土柱应满足以下构造要求：

（1）钢管混凝土柱的套箍指标 $f_a A_a / f_c A_c$ 不应小于 0.5，不宜大于 2.5；

（2）钢管混凝土框架柱和转换柱的钢管外直径与钢管壁厚之比 D/t 应符合下式规定：

$$D/t \leqslant 135(235/f_{ak}) \tag{8.3.8-1}$$

式中　D——钢管外直径；

　　　t——钢管壁厚；

　　　f_{ak}——钢管的抗拉强度标准值；

（3）轴向压力的偏心率 e_0/r_c 不宜大于 1.0，对于顶部柱轴力小而弯矩大的情况下，可不控制其偏心率；

（4）直径 2m 及以上的钢管混凝土柱中宜增设芯柱，芯柱配置 0.4%～0.5% 的纵向钢筋（图 8.3.8-1）以有效缓解混凝土收缩徐变；钢管内壁建议满布栓钉，确保混凝土和钢管壁的协同工作；

（5）直径 2m 以下的钢管混凝土柱钢管内壁可不设置栓钉；钢管直径大于 1m 时，节点位置对应钢梁（牛腿）翼缘宜设置内环钢板，环板宽度不宜大于 100mm，保证混凝土浇筑质量。

2　矩形钢管混凝土柱应满足以下要求：

（1）钢管截面的高宽比不宜大于 2，当矩形钢管混凝土柱截面最大边尺寸不小于 800mm 时，宜采取在柱内壁上焊接栓钉、纵向加劲肋等构造措施；当采用纵向加劲肋时，可按图 8.3.8-2 构造做法；

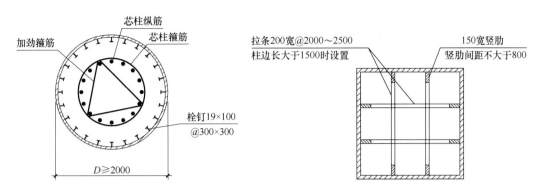

图 8.3.8-1 大直径钢管混凝土柱内部构造措施　　　图 8.3.8-2 方钢管柱内部构造措施

（2）受压构件中混凝土的工作承担系数 a_c 应控制在 0.1～0.7 之间，a_c 应满足不大于表 8.3.8 中的 a_c 要求，a_c 可按下式计算：

$$a_c = \frac{f_c A_c}{f A_s + f_c A_c} \tag{8.3.8-2}$$

式中　f、f_c——钢材、混凝土的抗压强度设计值；

　　　A_s、A_c——钢管、混凝土的截面面积；

混凝土工作承担系数 $[a_c]$　　　　　　　　　　表 8.3.8

长细比 λ	轴压比（N/N_u）	
	≤0.6	＞0.6
≤20	0.50	0.47
30	0.45	0.42
40	0.40	0.37

注：当 λ 值在 20～30、30～40 之间时，$[a_c]$ 可按线性插值取值。

（3）当需要提高矩形钢管混凝土柱核心区混凝土承载力或矩形钢管混凝土柱钢管壁宽厚比较大时，可采用带对拉螺杆的矩形钢管混凝土柱形式（图 8.3.8-3），螺杆直径不宜小于 12mm；

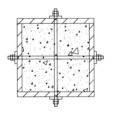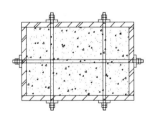

（4）带对拉螺杆的矩形钢管混凝土

图 8.3.8-3 带对拉螺杆的矩形钢管混凝土柱

柱净高与短边长度之比不宜大于 8；柱板件的边长与厚度比值不应大于 $80\sqrt{235/f_{ak}}$；拉杆间最小间距不应小于 50mm，最大间距不应大于柱短边长度，拉杆水平向间距宜取 1/8～1/2 柱短边边长且不大于 30t（t 为矩形钢管管壁厚度），竖向间距不宜大于 300mm。对拉螺杆间距满足上述要求时，矩形钢管混凝土柱轴压比限值可适当提高。

【说明】：根据我院与华南理工大学合作的试验研究，矩形钢管混凝土柱壁板根据构造要求设置对拉螺杆后，矩形钢管对核心混凝土的有效约束增加，使得钢管的径向应力集中变化趋于平缓，相应地钢管对核心混凝土的平均侧向约束力增大，使核心混凝土的抗压强度得以较大幅度地提高；而对钢管来说，在轴压下，拉杆的弹性约束作用相当于对钢管横向弹性支撑作用，从而使发生在一般形式矩形钢管混凝土柱钢管局部过早出现屈曲的现象得到抑制和延迟。由于设置拉杆后核心混凝土的承载力和延性有较大幅度提高，故可适当放松带对拉螺杆的矩形混凝土柱的轴压比限值要求。

8.3.9　钢管混凝土叠合柱是由截面中部的钢管混凝土和钢管外钢筋混凝土叠合而成的柱（简称叠合柱），叠合柱的设计及构造应符合《钢管混凝土叠合柱结构技术规程》CECS 188 的有关规定。

1　叠合柱中的钢管设置宜符合下列要求：

（1）钢管的直径不宜小于柱截面短边长度的 1/3，钢管外的混凝土厚度不宜小于 150mm；

（2）钢管壁厚不宜小于 6mm；钢管直径与壁厚的比值，当采用 Q235 钢时不宜大于 90，当采用 Q355 钢时不宜大于 75；

（3）对特一级、一（二）级和三（四）级框架，钢管混凝土的套箍指标分别不宜小于 0.6、0.5 和 0.4；特一级（一级）、二级和三（四）级叠合柱，含钢率分别不宜小于 4%、3%、2%。

【说明】：叠合柱的优势是利用柱内钢管的约束作用提供较高的承压能力，为保证钢管外混凝土的浇筑质量和梁柱节点处钢筋的锚固，钢管外的厚度不宜小于 150mm，有条件时尽量做到 200mm。叠合柱的承载力提高效率受控于柱的短边尺寸，一般建议叠合柱采用方柱截面。

2　叠合柱的混凝土强度等级宜符合下列要求：

（1）对不同期施工的叠合柱，钢管内混凝土的强度等级宜采用 C60～C100，宜高于钢管外混凝土的强度等级；

（2）对同期施工的叠合柱，钢管内、外混凝土的强度等级可相同，钢管内混凝土的强度等级也可高于钢管外混凝土的强度等级；

（3）钢管外混凝土的强度等级不宜低于 C40，设防烈度为 8 度时不宜超过 C70；

（4）梁柱节点区混凝土的强度等级不应低于钢管外混凝土的强度等级。

3　叠合柱钢管外钢筋混凝土的轴压比限值，可按现行国家标准《建筑抗震设计规范》GB 50011 对钢筋混凝土柱轴压比限值的规定采用。叠合柱轴压比按《钢管混凝土叠合柱结构技术规程》CECS 188 计算，叠合柱中钢管混凝土部分的轴压承载力设计值不应高于叠合柱总轴压承载力设计值的 90%。

4　叠合柱总配筋率可取纵向钢筋的截面面积与钢管外钢筋混凝土截面面积的比值，最小总配筋率要求一般同普通钢筋混凝土柱。叠合柱应用于Ⅳ类场地且较高的高层建筑时，其纵向钢筋的最小总配筋率应适当提高。

5 部分框支剪力墙结构的框支柱和筒体结构转换层以下的柱为叠合柱，且框支层框架的抗震等级为特一级或筒体结构外筒的抗震等级为特一级或一级时，重力荷载代表值产生的轴压力不应大于叠合柱中钢管混凝土的轴心受压承载力。

6 叠合柱结构的叠合柱应用高度可根据需要确定，但不应少于底部两层及剪力墙底部加强部位高度加以上 2 层；叠合柱与上部钢筋混凝土柱之间宜设置 1～2 层过渡层，过渡层可采用型钢混凝土柱或在截面中部附加芯柱的钢筋混凝土柱。

【说明】：钢管混凝土叠合柱适用于高层钢筋混凝土结构或混合结构对柱截面有限制但要求良好防火性能的框架柱，近年来在广东省内超高层框架-筒体结构外框柱中已应用较多，相关的设计及构造要求可适用于框架柱及钢筋混凝土剪力墙端柱。叠合柱可结构全高应用，也可下部楼层应用，未全高设置时宜设置型钢或芯柱的过渡层，避免承载力和刚度突变。

8.3.10 内藏钢混凝土剪力墙为两端设置型钢暗柱、上下设置型钢暗梁、中间设置钢板，与钢筋混凝土一起形成的钢-混凝土组合剪力墙。常见的内藏钢混凝土剪力墙截面形式如图 8.3.10-1 所示，其设计和构造宜符合以下规定：

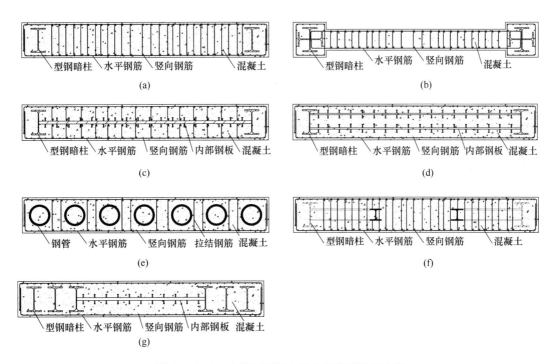

图 8.3.10-1 内藏钢混凝土剪力墙截面形式示意

（a）型钢混凝土剪力墙；（b）带边框型钢混凝土剪力墙；（c）内藏钢板混凝土剪力墙；

（d）内藏双钢板混凝土剪力墙；（e）钢管混凝土剪力墙；

（f）带钢斜撑混凝土剪力墙；（g）分离式钢板混凝土剪力墙

1 内藏钢混凝土剪力墙在重力荷载代表值作用下计入型钢作用的墙肢的轴压比不宜超过钢筋混凝土剪力墙轴压比限值。钢管混凝土剪力墙的轴压比限值可比相应限值增加 0.1。

2 内藏钢混凝土剪力墙的水平和竖向分布钢筋的最小配筋率应符合表 8.3.10 的要求，分布钢筋间距不宜大于 300mm，直径不应小于 8mm。

内藏钢混凝土剪力墙分布钢筋最小配筋率　　　　　　　　　表 8.3.10

抗震等级 剪力墙类型	特一级 一般部位	特一级 底部加强区	一级、二级、三级	四级
型钢混凝土剪力墙 钢管混凝土剪力墙	0.35%	0.40%	0.25%（0.3%）	0.2% （0.3%）
内藏钢板混凝土剪力墙 带钢斜撑混凝土剪力墙	0.45%		0.4%	0.3%

注：括号内数据适用于部分框支剪力墙结构的底部加强部位。

3 混凝土强度为 C70～C80 的内藏钢板混凝土剪力墙钢板含钢率不宜小于 2.5%，端柱含钢率不宜小于 6%。

4 内藏钢板混凝土剪力墙和带钢斜撑混凝土剪力墙分布钢筋间距不宜大于 200mm，拉结筋间距不大于 400mm；其他类型钢-混凝土组合剪力墙分布钢筋间距不宜大于 300mm，拉结筋间距不大于 600mm；部分框支剪力墙结构的底部加强部位，水平和竖向分布钢筋间距不宜大于 200mm。

5 内藏钢混凝土剪力墙所配置的型钢，其混凝土保护层厚度不宜小于 100mm。内藏钢板混凝土剪力墙中钢板厚度与墙体厚度之比不宜大于 1/15，且不小于 10mm。带钢斜撑混凝土剪力墙中钢斜撑每侧混凝土厚度不宜小于墙厚的 1/4 且不小于 100mm。

6 内藏双钢板的钢混凝土组合剪力墙，其钢板外部混凝土和配筋应满足内藏钢板混凝土组合剪力墙的相关要求，钢板和抗剪连接件应满足外包钢板混凝土剪力墙的相关要求。

7 内藏钢板混凝土剪力墙的暗柱或端柱内的箍筋宜穿过钢板；当有必要时，可在工厂焊接钢板上的连接件，连接件与箍筋在现场采用焊接或机械连接方式进行连接（图 8.3.10-2）。

8 内藏钢板混凝土剪力墙的钢板两侧和端部型钢翼缘应设置栓钉；栓钉直径不宜小于 16mm，间距不宜大于 300mm；剪力墙角部 1/5 板跨且不小于 1000mm 范围内墙体抗剪栓钉宜适当加密。

9 带钢斜撑混凝土剪力墙在楼层标高处应设置型钢，其钢斜撑与周边型钢应采用刚性连接。钢斜撑倾角宜取 40°～60°。钢斜撑全长范围和横梁端 1/5 跨度范围的型钢翼缘部位应设置栓钉，其直径不宜小于 16mm，间距不宜大于 200mm。

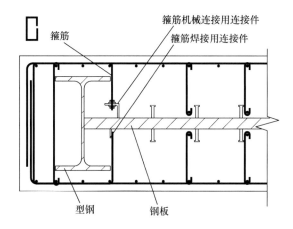

图 8.3.10-2　内藏钢板混凝土箍筋连接方式示意图

10　钢管混凝土剪力墙中钢管内部混凝土强度等级不应低于钢管外混凝土强度等级。管间混凝土应配置箍筋和拉筋，管间混凝土的配箍特征值不宜小于0.2。

11　内藏钢混凝土剪力墙墙体角部、两端和洞口两侧可采用图 8.3.10-3、图 8.3.10-4所示的带约束拉杆异形钢管混凝土（墙）柱。

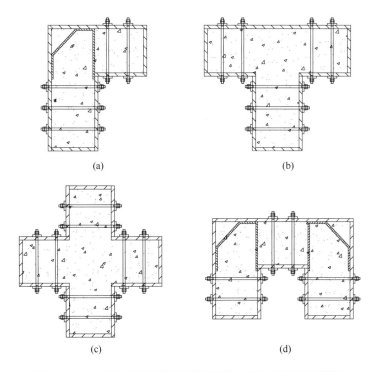

图 8.3.10-3　带约束拉杆异形钢管混凝土（墙）柱截面示意图 1
（a）L形钢管混凝土柱；（b）T形钢管混凝土柱；
（c）十字形钢管混凝土柱；（d）U形钢管混凝土柱

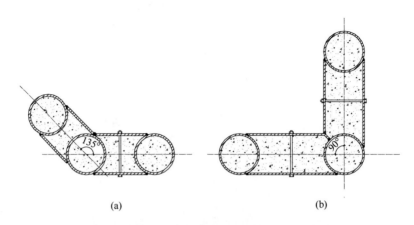

图 8.3.10-4　带约束拉杆异形钢管混凝土（墙）柱截面示意图 2

（a）斜交钢管混凝土柱；（b）L 形钢管混凝土柱

【说明】： 内藏钢混凝土剪力墙内钢构件形式多样，受力模式也不尽相同，结构设计及构造的关键是保证钢与混凝土的共同工作，图 8.3.10-1 列出了一些常见的钢-混凝土组合剪力墙截面形式供参考。

带约束拉杆异形钢管混凝土柱（墙）是我院开展研究及应用已超过 20 年的创新技术，实际工程中主要用于剪力墙以提高其承载力及延性，或配合地下室逆作法施工作为竖向构件两阶段受力。根据钢管的位置，可分为外包式和内置式带约束拉杆异形钢管混凝土柱（墙），外包式为高强混凝土填入异形薄壁钢管（如方形、L 形、T 形等）内，并在异形薄壁钢管各边按一定间距设置约束拉杆组成的组合构件（图 8.3.10-5）；内置式为异形钢管混凝土柱（墙）中部和外部同时浇高强混凝土叠合而成共同受力的构件（图 8.3.10-6）。

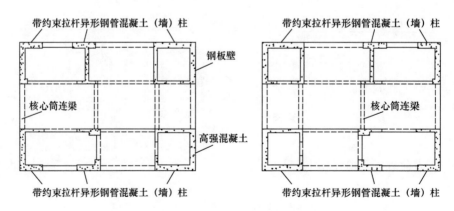

图 8.3.10-5　广州名盛广场剪力墙核心筒

异形钢管混凝土（墙）柱布置图

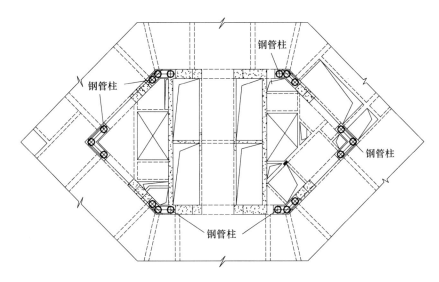

图 8.3.10-6　粤电信息交流管理中心剪力墙核心筒异形钢管混凝土（墙）柱布置图

8.3.11　外包钢板混凝土剪力墙为混凝土被外部钢板包裹的组合墙体形式（简称双钢板剪力墙或钢板组合剪力墙），外包钢板与混凝土间的连接可采用栓钉、对拉螺杆、缀板、T 形加劲肋等多种形式，其设计与构造应符合广东省标准《高层建筑钢-混凝土混合结构技术规程》DBJ/T 15-128 及《钢板剪力墙技术规程》JGJ/T 380 有关钢板组合剪力墙的规定。有关构造宜符合以下规定：

1　双钢板剪力墙的墙体厚度 t_{wc} 与墙体钢板厚度 t_{sw} 的比值宜为 25～100，且不小于 10mm。

2　双钢板剪力墙的墙体连接构造采用栓钉或对拉螺杆时，栓钉或对拉螺杆的间距 s_{st} 与外包钢板厚度的比值应符合下式规定：

$$s_{st}/t_{sw} \leqslant 40\sqrt{235/f_{pk}} \tag{8.3.11-1}$$

式中　f_{pk}——钢板的屈服强度标准值（N/mm²）。

3　双钢板剪力墙的墙体连接构造采用 T 形加劲肋时，加劲肋的间距 s_{ri} 与外包钢板厚度 t_{sw} 的比值应符合下式规定：

$$s_{ri}/t_{sw} \leqslant 60\sqrt{235/f_{pk}} \tag{8.3.11-2}$$

4　重力荷载代表值作用下，双钢板剪力墙计入型钢作用的轴压比不宜超过表 8.3.11 的限值。

外包钢板混凝土剪力墙轴压比限值　　　　表 8.3.11

抗震等级	特一级、一级	二、三级
轴压比限值	0.5	0.6

5 剪力墙肢两端和洞口两侧应设置暗柱、端柱或翼墙，暗柱、端柱宜采用矩形钢管混凝土构件，翼墙可采用图8.3.10-3所示的带约束拉杆异形钢管混凝土（墙）柱，约束拉杆的构造要求应满足本条第2款的规定。暗柱、端柱或翼墙的管壁厚度不宜小于16mm且不小于钢连梁翼缘厚度的0.5倍。

6 双钢板剪力墙中钢板上所设置的栓钉连接件的直径不宜大于钢板厚度的1.5倍，栓钉的长度宜大于8倍的栓钉直径。

7 采用T形加劲肋的连接构造时，加劲肋的钢板厚度不应小于外包钢板厚度的1/5，且不应小于5mm。T形加劲肋腹板 b_1 不应小于10倍加劲肋钢板厚度，端板宽度 b_2 不应小于5倍加劲肋钢板厚度（图8.3.11）。

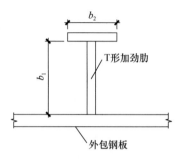

图8.3.11 T形加劲肋
构造示意

8 剪力墙厚度超过600mm时，外包钢板之间宜设置缀板或对拉螺杆等对拉构造措施；内填混凝土内可配置水平和竖向分布钢筋，分布钢筋的配筋率不宜小于0.25%，间距不宜大于300mm。

9 应依据现行标准《组合钢模板技术规范》GB/T 50214中有关施工荷载、模板强度及刚度限值等要求对混凝土浇筑时的钢板及其构造进行施工阶段验算。

【说明】：根据《钢板剪力墙技术规程》JGJ/T 380，钢板组合剪力墙是由两侧外包钢板和中间内填混凝土组合而成的钢板剪力墙，实际与本条所述的外包钢板混凝土剪力墙一致，根据其两侧设置钢板的特点，也可简称为"双钢板剪力墙"。华南理工大学与我院开展了钢板组合剪力墙构件的力学性能和抗震性能研究，主要分析拉杆布置方式和间距、轴压比及剪跨比等关键参数对其抗震性能的影响，提出了相关构造要求，包括：（1）墙身约束拉杆间距宜不大于30t（t为墙身单侧钢板的厚度）；（2）含钢率取值范围宜为4%～12%；（3）约束拉杆布置根据墙体剪跨比不同，建议底部范围布置方式为梅花式，其他区域为并列式；对于剪跨比较小的墙体，建议整个墙面范围布置为梅花式；（4）实际工程考虑各种不利因素影响，建议钢板组合剪力墙轴压比限值取为0.7。

8.3.12 钢-混凝土组合巨型柱适用于巨型框架结构或巨柱框架-核心筒结构的框架柱，可采用钢管混凝土柱形式，也可采用型钢混凝土柱形式。巨型柱截面形式见图8.3.12。巨型柱设计及构造宜符合下列规定：

1 巨型柱承载力应采用模型试验或有限元分析方法确定，分析时应考虑节点刚域影响；除圆形柱外，应复核多角度水平作用下的巨型柱承载力。

2 巨型柱的计算长度宜由稳定分析确定，可考虑次框架对巨型柱稳定的有利影响；巨型柱上下层间偏心应按实际情况计入结构整体计算，或采用柱端附加弯矩的方法予以近似考虑。

3 钢管混凝土巨型柱宜符合下列规定：

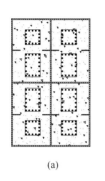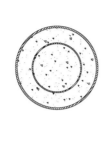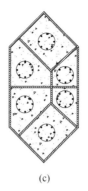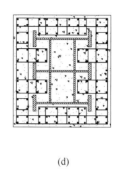

(a)　　　　　　　(b)　　　　　　　(c)　　　　　　　(d)

图 8.3.12　巨型柱截面形式示意

(a) 矩形钢管混凝土巨型柱；(b) 双钢管混凝土巨型柱；

(c) 多边形钢管混凝土巨型柱；(d) 实腹式型钢混凝土巨型柱

(1) 矩形钢管混凝土柱边长大于等于 2000mm 时，应设置内隔板形成多腔截面；隔板距离大于 1000mm 时，外侧钢板宜设置竖向加劲肋；

(2) 矩形钢管混凝土柱边长或由内隔板分隔的腔体边长不小于 1500mm 时，应在腔体内设置构造钢筋笼，构造钢筋笼纵筋的最小配筋率不宜小于腔体截面面积的 0.3%；

(3) 圆形钢管混凝土柱的直径大于 2000mm 时，宜采用双钢管形式或设置构造钢筋笼等有效构造措施，减少钢管内混凝土收缩对其受力性能的影响。

4 型钢混凝土巨型柱应符合型钢混凝土柱的有关构造规定，纵筋配筋率宜大于 1.2%，体积配箍率宜大于 1.0%，型钢含钢率宜大于 4.0%；型钢表面宜设置栓钉，与大跨度（桁架）梁、环桁架、伸臂桁架连接楼层应设置栓钉。栓钉的直径规格宜选用 19mm 和 22mm，长度不宜小于 4 倍栓钉直径，栓钉间距不宜小于 6 倍栓钉直径。

8.3.13　钢-混凝土组合楼板应符合现行标准《组合结构设计规范》JGJ 138 和《组合楼板设计与施工规范》CECS 273 等标准的有关规定。组合楼板的构造宜满足以下要求：

1　组合楼板防火设计时，如压型钢板作为使用阶段承重结构，根据耐火极限的要求楼板厚度需满足表 8.3.13 构造要求。

满足耐火极限要求的楼板厚度　　　　　　　　　　表 8.3.13

耐火时间（h） 压型钢板形式	1.5	2	3
开口型（开口上板净厚）(mm)	80	90	115
闭口型（板总厚）(mm)	110	125	150

2　压型钢板选型除应满足形成组合截面后的受力要求，尚应满足施工阶段作为施工模板的受力要求。采用压型钢板作为施工模板时，无支撑施工时一般板跨控制不大于 3m。

3　楼盖简支钢梁设计时应按组合截面设计，同时应复核施工阶段未形成组合截面钢梁的强度和稳定。

4 大跨度钢梁起拱值宜按施工阶段钢梁在楼板自重作用下的竖向变形值采用，同时复核形成组合截面后正常使用阶段附加荷载产生的挠度值；避免起拱过大造成梁反拱，影响使用。

5 钢筋桁架楼承板组合楼板应符合以下构造要求：

（1）组合楼板施工完成后底模需永久保留的，底模钢板厚度不应小于0.5mm，底模完工后需拆除的，可采用非镀锌板材，其净厚度不宜小于0.4mm；

（2）钢筋桁架中的弦杆、腹杆应采用热轧带肋钢筋或热轧光圆钢筋；杆件钢筋直径应按计算确定，且弦杆直径不应小于6mm，腹杆直径不应小于4mm；

（3）桁架下弦钢筋伸入梁边的锚固长度不应小于5倍下弦钢筋直径，且不应小于50mm。

6 压型钢板组合楼板应根据底板受力要求确定混凝土板底是否需要布置抗火钢筋。

7 组合楼板与剪力墙的连接宜符合下列规定：

（1）组合楼板支承于钢筋混凝土剪力墙或内藏钢混凝土剪力墙侧面上时，宜在剪力墙内预埋钢筋，并与组合楼板连接；

（2）组合楼板支承于外包钢混凝土组合剪力墙侧面上时，宜在墙外侧钢板上焊接板筋，并与组合楼板连接；组合楼板与剪力墙相交边宜在计算时按简支边计算；

（3）剪力墙侧面预埋件不得采用膨胀螺栓固定；

（4）剪力墙预留钢筋、钢筋焊接、预埋件的设置应符合现行国家标准《混凝土结构设计规范》GB 50010的要求。固定槽钢或角钢尺寸及与预埋件的焊接应按现行国家标准《钢结构设计标准》GB 50017确定（图8.3.13），槽钢或角钢不应小于80mm高或L70×5，焊缝高度不小于5mm。

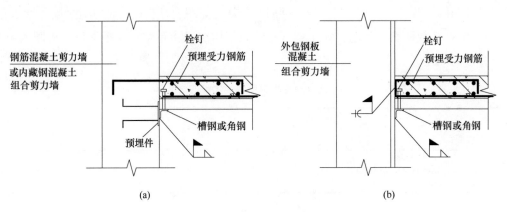

图 8.3.13　组合楼板与剪力墙侧面连接构造

（a）组合楼板与钢筋混凝土剪力墙或内藏钢混凝土组合剪力墙侧面连接构造；

（b）组合楼板与外包钢混凝土组合剪力墙侧面连接构造

8.3.14 钢管空心组合楼板（图8.3.14）适用于重载楼盖结构，其设计及构造要求应符合以下规定：

1 钢管壁厚不应小于3mm；钢管外径与壁厚之比不应超过$100\sqrt{235/f_{ak}}$。

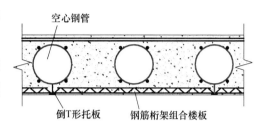

2 底部应设置钢筋桁架组合楼板，在适当位置的钢管下方焊接倒T形托板支撑钢筋桁架。

3 钢管空心组合楼板内可设置预应力钢筋，预应力筋宜与钢管平行。

图8.3.14 钢管空心组合楼板截面形式

4 钢管应与垂直方向支座钢梁焊接，支座区域钢管外壁宜设置加强纵向肋板，肋板长度不宜小于1/4板跨。

5 钢管空心组合楼板的上、下翼缘的厚度不宜小于50mm，钢管水平净距不宜小于400mm。

6 组合楼板内非预应力钢筋宜均匀布置，其间距不宜大于250mm。跨中的板底钢筋应全部伸入支座，支座的板面钢筋向板内延伸的长度应覆盖负弯矩图并满足锚固长度的要求，负弯矩受力钢筋应锚入边梁内，其锚固长度应满足现行国家标准《混凝土结构设计规范》GB 50010的有关规定。对无边梁的楼盖，边支座锚固长度从柱中心线算起。

7 钢管空心组合楼板的正截面受弯承载力及斜截面受剪承载力计算可按现行广东省标准《现浇混凝土空心楼盖结构技术规程》DBJ 15-95中有关规定执行。

【说明】：钢管空心组合楼板是对常规空心楼盖结构进行创新和改进的一种新型空心楼盖——以钢管作空心板的内模，并通过沿管壁纵向焊接钢筋等方式使其与混凝土紧密结合，保证两者协调变形。钢管在空心板受力过程中参与承受板内弯矩和剪力，有效提高了整个空心楼盖结构的承载力和刚度。适用于跨度大、荷载大、构件截面受限制的特殊情况。

8.3.15 高层建筑加强层设计应控制合理的刚度，布置方式需要做细致分析，选取最优组合、布置位置及布置形式，且针对特定问题需要相应的构造措施。加强层设计及构造宜满足以下规定：

1 加强层设计可结合建筑避难层的布置，在框架柱与剪力墙间或框架柱间设置伸臂（桁架）、环桁架或伸臂与环桁架的组合设置。

【说明】：250m或以上高度，或高烈区、高风压地区150m以上超高层建筑，当结构高宽比较大，尤其核心筒高宽比偏大，结构抗侧力刚度不足时，水平作用下结构水平位移限值很难满足规范要求，核心筒亦会承受较大拉力，墙肢构件设计存在一定困难。为了提高结构抗侧力刚度，一般可利用建筑避难层和设备层，在核心筒和框架柱之间设置水平伸臂桁架或在外框上设置环带桁架，必要时也可伸臂桁架和环带桁架组合布置，形成结构加强层。通过设置加强层，可加强核心筒和周边框架柱连系，减小结构抗侧力体系翼缘柱的剪力滞后效应，能有效地提高结构的抗侧力刚度。

设置加强层能行之有效地减小地震作用下的水平位移，但也会带来结构刚度、内力突变，并形成结构薄弱层，造成结构延性损坏机制难以实现，对抗震设防不利，加强层设计及构造应充分考虑其影响。

2　伸臂通常为刚度较大、连接内筒和外柱的实腹梁或桁架，一般宜采用钢结构桁架。桁架可设计为人字形、V形或X形（图8.3.15-1、图8.3.15-2），一般单层设置，需要提高加强层刚度时，可跨层设置。

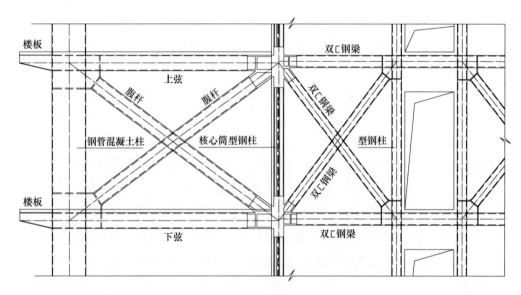

图8.3.15-1　伸臂桁架做法一

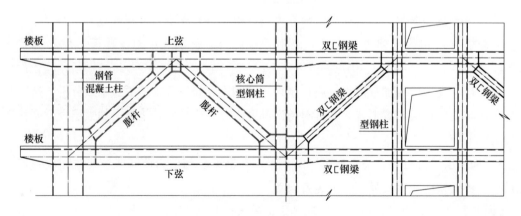

图8.3.15-2　伸臂桁架做法二

3　伸臂桁架的弦杆宜贯穿核心筒设置，桁架与核心筒连接的部位应设置型钢柱，型钢柱应至少延伸至伸臂桁架高度范围以外上、下各一层；核心筒内宜设置斜腹杆或暗撑，对于门洞等受限制部位可做成空腹桁架。

【说明】：伸臂刚度越大，对加强层造成的刚度突变越厉害，为合理限制伸臂的刚度，一般宜采用钢结构桁架。设置伸臂桁架可以有效利用外框柱的轴向力来形成巨大的抗倾覆力矩，将筒体剪力墙的弯曲变形转换成框架柱的轴向变形以减小水平荷载下结构的侧移，从而提高结构的抗侧力刚度，因此设计上要求伸臂桁架的弦杆应贯穿核心筒来保证伸臂桁架与剪力墙刚接；伸臂桁架能有效提高结构抗侧刚度，但同时也会对加强层的核心筒剪力墙产生很大的剪力，应采取构造加强措施改善核心筒的受剪性能。

4 伸臂桁架采用钢结构桁架时，弦杆和腹杆可采用 H 型钢截面或箱型钢截面，其与核心筒的连接节点做法，根据墙肢厚度和桁架构件的尺度大小，可采用内埋式铸钢节点或外包式型钢节点等做法，如图 8.3.15-3、图 8.3.15-4 所示。

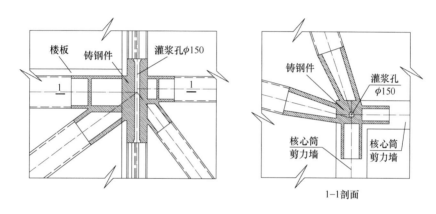

图 8.3.15-3　内埋式铸钢节点做法

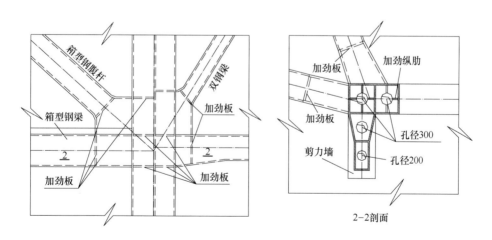

图 8.3.15-4　外包式型钢节点做法

5 环桁架设置在外框柱之间，通常为周边设置，当平面为矩形且两向刚度相差较大时，可单向设置。环桁架可单独设置，也可结合伸臂桁架组合设置。

6 环桁架一般为单层设置的桁架，弦杆和腹杆可采用 H 型钢截面或箱型钢截面，可设计为人字形、V形或X形（图8.3.15-5、图8.3.15-6），必要时可跨层设置或单层设置两道环桁架。

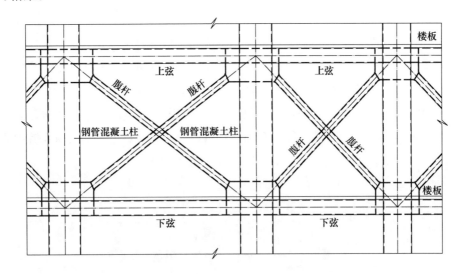

图 8.3.15-5　环带桁架做法一

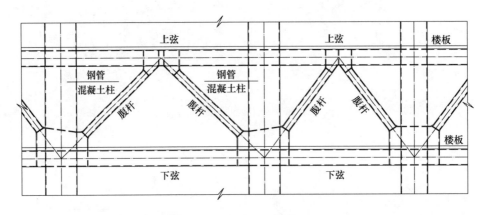

图 8.3.15-6　环带桁架做法二

【说明】：环桁架是指沿结构周围布置的一层（或两层）高的桁架，其作用是将结构外围的各竖向构件紧密联系在一起，提高结构外框的刚度，增强结构的整体性。同时环桁架可以缓解外框剪力滞后现象，协调周圈竖向构件的变形，减小竖向变形差，加强角柱和翼缘柱的联系，使竖向构件受力均匀；设置伸臂桁架的结构，环带桁架能将伸臂产生的轴力分散到其他框架柱，利用较多的框架柱共同承受轴力，使相邻框架柱轴力均匀化，提高伸臂桁架的抗侧力效果。因此，环带桁架常和伸臂桁架结合使用，刚度需求不大时亦可单独布置使用。

7　加强层（桁架）上下层楼盖应具有必要的承载力和可靠的连接构造承担环桁架上下弦向核心筒传递的剪力。

（1）应增强加强层及其相邻上、下层楼盖的整体性，楼板混凝土强度等级不宜小于C30；加强层桁架上下弦所在的楼盖必要时可设置楼盖平面内桁架；

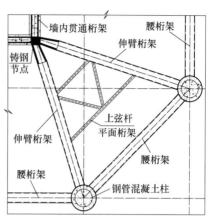

图 8.3.15-7 加强层平面桁架布置图

（2）加强层环桁架上下弦所在楼层的楼板厚度可由计算确定，且不应小于 180mm，楼板应双层双向配筋，配筋率不宜小于 0.3%；

（3）加强层相邻上下层的楼板厚度不宜小于 150mm，双层双向配筋，配筋率不宜小于 0.25%。

8 伸臂桁架与核心筒呈非正交方向布置时，加强层应按应力配筋并进一步加强楼板构造，按去除楼板模型的中震内力确定构件断面，宜在伸臂桁架上弦杆间设置平面钢桁架（图 8.3.15-7），形成支撑体系。

【说明】：非正交伸臂桁架在中、大震下斜向伸臂桁架会对楼板产生较大面内应力，可能因楼板较大损伤而导致伸臂桁架存在稳定安全问题，应按无楼板模型复核构件内力，建议形成完整平面支撑体系，确保伸臂桁架面外稳定安全、可靠。

9 伸臂桁架在施工过程中框架梁、桁架弦杆与核心筒刚接部位可先做成铰接（图 8.3.15-8），腹杆后置安装，待塔楼主体完成后才分别刚接封闭及安装腹杆形成整体。当采用伸臂桁架后置封闭及安装时，应验算施工阶段主体结构的刚度和强度安全要求，小震、风荷载作用下刚度可适当放松，可取十年一遇的风荷载验算。

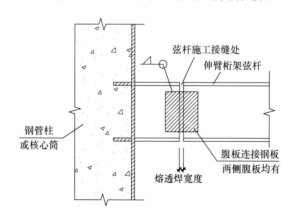

图 8.3.15-8 施工阶段伸臂桁架弦杆铰接做法

【说明】：由于外框柱与混凝土核心筒轴向变形、基础沉降往往不一致，会使伸臂桁架产生很大的附加内力，施工阶段应采取有效措施释放其不利影响；设计文件中应提出施工阶段伸臂桁架安装顺序要求。

8.4 连 接 设 计

8.4.1 高层混合结构和钢结构的连接设计应构造简单、传力明确、经济合理、施工方便。梁柱刚性节点连接设计时应对节点区进行承载力计算，抗震设计时连接的破坏不应先于被连接构件的破坏。连接节点的计算和焊接要求等应满足广东省标准《高层建筑钢-混凝土混合结构技术规程》DBJ/T 15-128 等标准的相关规定。

8.4.2 钢梁与型钢混凝土柱的连接可采用刚接或铰接形式。

1 采用铰接时，可在型钢柱上焊接短牛腿，牛腿端部焊接与柱边平齐的封口板，钢梁腹板与封口板采用高强度螺栓连接，高强度螺栓计算时应计入剪力与柱边距离产生的附加弯矩的影响；钢梁翼缘与牛腿不应焊接（图 8.4.2-1）。

2 采用刚接时，可将钢梁与柱内型钢直接刚接，钢梁翼缘与柱内型钢翼缘采用全熔透焊缝连接；或采用柱边伸出钢悬挑梁段，悬挑段与柱翼缘采用全熔透焊缝连接，连接构造应符合现行国家标准《钢结构设计标准》GB 50017、行业标准《高层民用建筑钢结构技术规程》JGJ 99 的规定（图 8.4.2-2）。

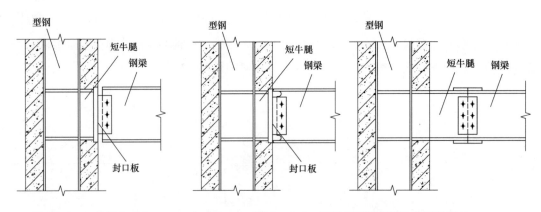

图 8.4.2-1　钢梁与型钢
混凝土柱铰接做法

图 8.4.2-2　钢梁与型钢混凝土柱刚接做法

8.4.3 型钢混凝土梁和钢筋混凝土梁与型钢混凝土柱均应采用刚接连接。其中，梁内型钢与柱内型钢的连接同本措施第 8.4.2 条第 2 款的做法；梁内纵筋应伸入柱节点，且应满足现行国家标准《混凝土结构设计规范》GB 50010 对钢筋的锚固规定。柱内型钢的截面形式和纵向钢筋的配置，宜减少梁纵向钢筋穿过柱内型钢柱的数量，不宜穿过型钢翼缘，也不应与柱内型钢直接焊接连接。梁柱连接节点可采用穿筋、套筒或钢牛腿等连接方式（图 8.4.3）。

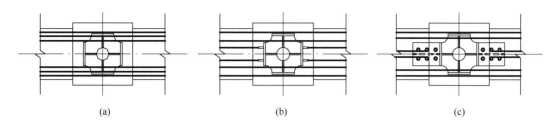

图 8.4.3 梁内纵筋锚入型钢混凝土柱做法

（a）梁柱节点穿筋构造；（b）可焊接连接套筒连接；（c）钢牛腿焊接

【说明】：梁内纵筋锚入型钢混凝土柱做法图 8.4.3（a）适用于钢骨柱翼缘较窄，梁内纵筋数量不多的情况，施工难度相对较小；图 8.4.3（b）适用于梁与柱正交时，套筒焊接质量容易控制的情况，当梁与柱斜交时，套筒与翼缘的焊接较难满足套筒与梁筋的平行，不建议采用；图 8.4.3（c）适应性较广，梁筋锚固较好，但会影响柱纵筋与箍筋的贯通，需采取相应措施补强。当梁支座纵筋较多，排布有困难时，还可以将不超过梁支座全部纵筋的 30% 配置在梁两侧楼板内，钢筋直径不宜大于板厚的 1/8，配置范围每边不超过 1.5 倍楼板厚度。实际工程可以结合上述几种做法单独采用或配合采用。

8.4.4 钢梁与钢管混凝土叠合柱可采用刚接或铰接方式，连接做法同本措施第 8.4.2 条。钢筋混凝土框架梁与钢管混凝土叠合柱宜采用刚性连接，梁柱连接可采用穿筋连接、变宽度梁连接或带外伸钢板的外加强环连接等方式，采用穿筋连接时应满足以下规定：

1 宜采用并筋穿管或梁上部及底部纵筋整体穿管方式，钢管壁上可开椭圆形穿筋孔，孔的大小应考虑施工时梁的纵筋能顺利穿过。

2 并筋穿筋孔的环向净距不应小于孔的长径，钢管壁开孔的截面损失率不宜大于 30%，超过时应采用内衬管段或外套管段与钢管壁紧贴焊接，管段壁厚不应小于钢管的壁厚，管段端面至孔边的净距不应小于孔长径的 2.5 倍。

3 梁上部及底部纵向钢筋整体穿孔时，可在节点核心区钢管壁上部及底部开较大洞口，开洞部位剩余的钢管截面面积不应小于钢管原截面面积的 50%，并应采取措施对钢管进行补强。

4 开洞加强可采用加厚节点核心区钢管壁的方法，或采用在洞口上下分别加设内环板及洞口两侧分别加设竖向加劲肋的方法进行补强。

【说明】：当叠合柱梁柱节点处为多方向梁汇聚，上述方法梁纵筋连接困难时，还可以采用设置与柱内钢管焊接的钢牛腿方式，钢牛腿做法同本措施第 8.4.3 条图 8.4.3（c）大样，钢牛腿位置上部纵筋可与牛腿焊接。

8.4.5 钢梁与钢筋混凝土柱连接可采用刚接或铰接方式，节点区受剪承载力按现行国家标准《混凝土结构设计规范》GB 50010 有关规定计算。连接设计宜符合以下规定：

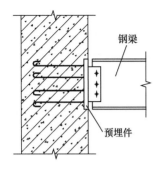

图 8.4.5-1　钢梁与钢筋
混凝土柱铰接做法

1　铰接连接可在钢筋混凝土柱中设置预埋件，型钢梁腹板与预埋件之间通过连接板采用高强度螺栓连接（图8.4.5-1）。

2　刚接时可采用直埋式节点、钢环箍型节点、箱形柱面钢板型等节点形式（图8.4.5-2）；也可在钢筋混凝土柱内设置节点局部型钢段，柱段高度一般可取梁上下600mm，有特殊要求时，可根据计算和需要设置。

【说明】：钢梁与钢筋混凝土柱刚接做法图8.4.5-2（a）适用于钢梁与中柱连接节点，钢梁穿过钢筋混凝土柱节点区；图8.4.5-2（b）适用于柱节点区两个方向均有拉通钢梁，穿过柱的梁腹板对柱箍筋影响较大，通过钢环箍予以加强；图8.4.5-2（c）适用于边柱与钢梁的连接。实际工程应用中，钢筋混凝土柱与钢梁连接节点较少，铰接节点多用于夹层连接或加固改造设计，刚性节点常应用于钢筋混凝土柱与大跨度钢梁或连接体钢结构弦杆等承受较大作用力构件的连接节点，节点构造在可靠传递作用力的基础上可根据实际情况进行优化。

8.4.6　钢梁拼接可根据实际情况确定连接做法：

1　翼缘和腹板均采用等强熔透焊对接，腹板可设置安装螺栓方便施工吊装和对位。悬臂钢梁与牛腿连接应采用此方式。

2　翼缘采用等强熔透焊对接，腹板采用高强度螺栓群连接；高强度螺栓群可按等强于腹板抗剪能力计算确定。

3　翼缘和腹板均采用高强度螺栓连接，按腹板承担剪力和翼缘承担弯矩分别按等强原则计算高强度螺栓群。

8.4.7　钢筋混凝土楼板应根据受力模式及实际情况合理确定与钢管混凝土柱、外包钢板剪力墙等外包钢构件的连接方式。

1　钢管混凝土柱周边楼板可按开洞加强的做法，洞边加筋适当增设板顶板底补强钢筋。

2　钢管混凝土柱、双钢板剪力墙可在板厚1/2处布置长细栓钉，加强楼板与柱传递楼层剪力的可靠性。布置栓钉时，柱内对应位置应设承担栓钉拉力的水平加劲肋、对拉钢筋等加强措施。

3　楼板与钢梁的抗剪连接件宜采用栓钉，也可采用槽钢、弯筋或有可靠依据的其他类型连接件；抗剪件的设置应满足《钢结构设计标准》GB 50017等有关标准的计算及构造要求。

8.4.8　钢筋混凝土梁与钢管混凝土柱的连接构造应同时满足管外剪力传递和弯矩传递的要求。管外剪力及弯矩传递可采用抗弯剪牛腿刚性节点的连接方式，也可采用其他符合要求的连接方式。常用的节点及构造宜符合以下要求：

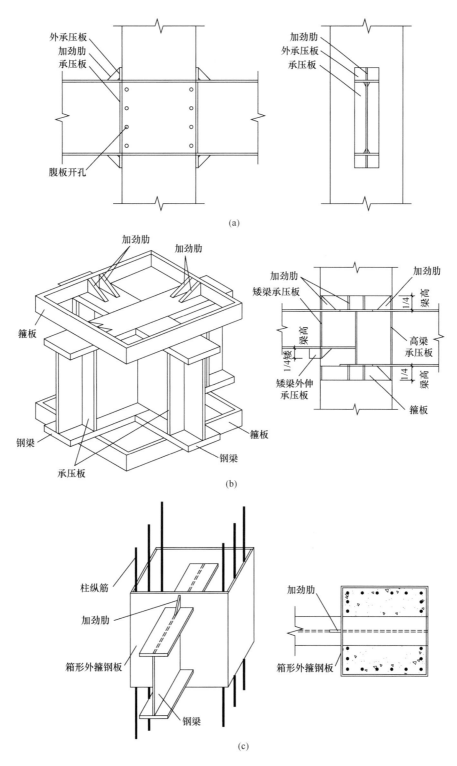

图 8.4.5-2 钢梁与钢筋混凝土柱刚接做法

(a) 直埋式节点；(b) 钢环箍型节点；(c) 箱形柱面钢板型节点

1　抗弯剪牛腿由沿钢筋混凝土梁方向在梁内设置的型钢牛腿及上下加强环板组成，型钢牛腿可采用 H 型钢、双工字型钢或双槽型钢（图 8.4.8-1）。抗弯剪牛腿的计算及构造应符合下列规定：

（1）型钢牛腿的截面尺寸应按型钢混凝土梁承受全部梁端弯矩及剪力来计算确定，计算时不考虑梁纵筋的作用；

（2）上下加强环板宽度不宜小于 75mm，环板的厚度不宜小于型钢牛腿翼缘的厚度，型钢牛腿及环板应与钢管壁外表面采用全熔透焊缝连接；

（3）钢管混凝土柱直径大于 1500mm 时，钢管内壁在节点区宜设置纵向肋板，肋板宽度不宜小于 100mm，与钢管内壁采用角焊缝焊接；

（4）型钢牛腿宜设置腹板横向加劲肋或焊接短钢筋，肋板或短钢筋间距不宜大于 500mm。

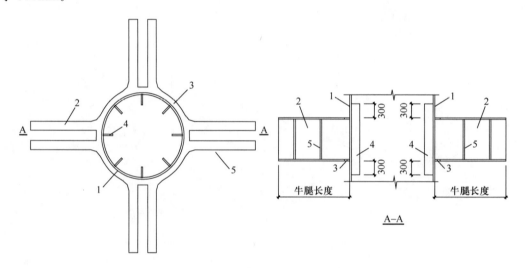

图 8.4.8-1　抗弯剪牛腿构造示意图

1—钢管；2—型钢牛腿；3—加强环板；4—纵向肋板；5—肋板（短钢筋）

2　钢筋混凝土梁纵筋与抗弯剪牛腿可采用焊接或不焊接的连接方式（图 8.4.8-2），过渡段的构造应符合下列规定：

（1）当钢筋混凝土梁纵筋与抗弯剪牛腿不采用焊接方式连接时，型钢牛腿的长度按纵筋直锚长度确定并不宜大于 1000mm，当牛腿长度不能满足纵筋直锚要求时，纵筋应在钢管边弯折以满足锚固要求；

（2）当钢筋混凝土梁纵筋与抗弯剪牛腿采用部分焊接方式连接时，型钢牛腿的长度不宜小于 500mm，与型钢牛腿翼缘焊接的纵筋面积不宜小于总面积的 50%；

（3）过渡段的箍筋设置不应小于框架梁计算及构造要求，并不应小于 10mm，间距不应大于 100mm。钢筋混凝土梁箍筋加密区由过渡区边缘计算。

3　环梁节点抗剪环可采用通过双面角焊缝焊接于钢管壁外表面的闭合的钢筋环或闭合

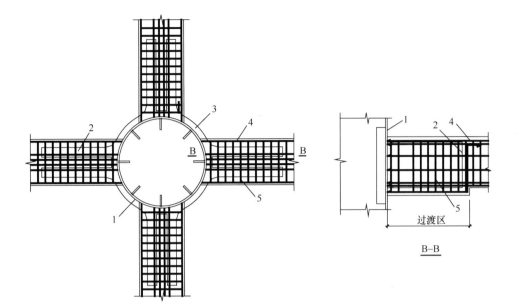

图 8.4.8-2 抗弯剪牛腿刚性节点钢筋构造示意图
1—钢管；2—型钢牛腿；3—加强环板；4—梁纵筋；5—梁箍筋

的带钢环（图 8.4.8-3）。钢筋直径 d 应不小于 20mm；带钢厚度 b 应不小于 20mm，带钢高度 h 应不小于其厚度。每个连接节点宜设置两道抗剪环，其中一道抗剪环可在距框架梁底 50mm 的位置且宜尽可能接近框架梁底，另一道抗剪环可在距框架梁底 1/2 梁高的位置。

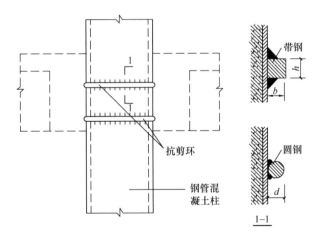

图 8.4.8-3 抗剪环构造示意图

4 钢筋混凝土梁与钢管混凝土柱的管外弯矩传递可采用井式双梁、环梁和变宽度梁，也可采用其他符合要求的连接方式。井式双梁的纵向钢筋可从钢管侧面平行通过，并宜增设斜向构造钢筋（图 8.4.8-4）；井式双梁与钢管之间应浇筑混凝土。

5 钢筋混凝土环梁（图 8.4.8-5）的配筋应由计算确定，环梁的构造应符合下列规定：

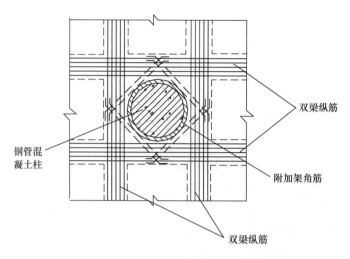

图 8.4.8-4　井式双梁构造示意图

（1）环梁截面高度宜比框架梁高 50mm；环梁的截面宽度宜大于等于框架梁宽度；

（2）框架梁的纵向钢筋在环梁内的锚固长度应满足现行国家标准《混凝土结构设计规范》GB 50010 的规定；

（3）环梁上、下环筋的截面面积，应分别不小于框架梁上、下纵筋截面面积的 0.7 倍；

（4）环梁内、外侧应设置环向腰筋，腰筋直径不宜小于 16mm，间距不宜大于 150mm；

（5）环梁按构造设置的箍筋直径不宜小于 10mm，外侧间距不宜大于 150mm。

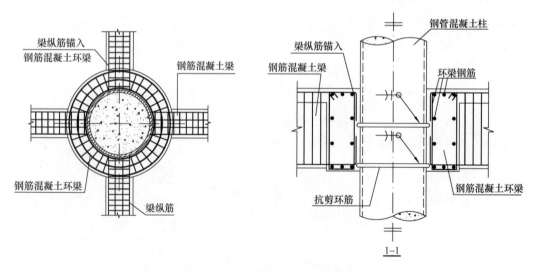

图 8.4.8-5　钢筋混凝土环梁构造节点

6　钢管直径较小或梁宽较大时可采用梁端加宽的变宽度梁传递管外弯矩（图 8.4.8-6），一个方向梁的 2 根纵向钢筋可穿过钢管，梁的其余纵向钢筋应连续绕过钢管，绕筋的斜度不应大于 1/6，应在梁变宽度处设置箍筋。

【说明】：抗弯剪牛腿节点是我院基于多年的工程实践经验和多个实际工程节点试验总

结得出的一种钢筋混凝土梁与钢管混凝土柱连接的节点形式。抗弯剪牛腿是在节点区钢管外壁上焊接钢牛腿，并与钢筋混凝土梁连接，钢牛腿上、下翼板沿钢管壁周边设置水平环板和竖向环板，取消了传统节点中的钢筋混凝土环梁，节点区构造简单，受力清晰。抗弯剪牛腿节点的框架梁可灵活布置，适合于各向不等高楼盖梁的布置。框架梁端的弯矩、剪力由钢牛腿承担，当钢牛腿伸出长度已满足楼盖梁钢筋的搭接长度时，梁钢筋不需要与钢牛腿焊接；当钢牛腿伸出长度较小时，可采用部分焊接或机械连接；为提高钢管运输效率，钢牛腿可在工地现场焊接（接长）。

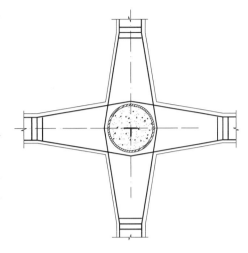

图 8.4.8-6　变宽度梁构造示意

8.4.9　钢柱柱脚包括外露式柱脚、外包式柱脚和埋入式柱脚三类（图8.4.9）。外露式柱脚分为刚接和铰接两种；外包式柱脚和埋入式柱脚均为刚接。高层建筑钢柱柱脚宜优先采用埋入式柱脚，位于地下室的柱脚可采用外包式柱脚。上部结构的计算嵌固端在地下室顶板，6、7度时柱脚以上有不少于1层地下室，8度时柱脚以上有不少于2层地下室，可采用外露式刚接或铰接柱脚。当钢柱柱脚存在拉力时，不宜采用外露式柱脚设计。

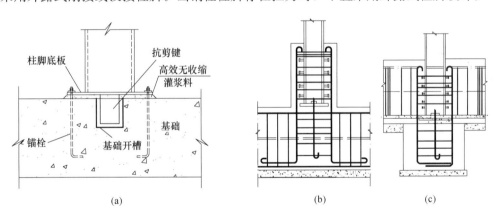

图 8.4.9　钢柱柱脚的不同形式示意

(a) 外露式柱脚；(b) 外包式柱脚；(c) 埋入式柱脚

8.4.10　各类刚接柱脚应进行受压、受拉、受弯、受剪承载力计算，其轴力、弯矩、剪力的设计值应取钢柱底部的相应设计值。外露式铰接柱脚应进行受压、受拉、受剪承载力和局部承压计算。当柱脚存在受拉力的设计要求，柱脚受拉承载力一般按中震受拉设计，对特别关键柱宜按大震弹塑性受拉设计。

8.4.11　型钢混凝土柱可根据不同受力特点采用型钢埋入基础底板（承台）的埋入式

柱脚。考虑地震作用组合的偏心受压柱宜采用埋入式柱脚；不考虑地震作用组合的偏心受压柱，可采用埋入式柱脚也可采用非埋入式柱脚；偏心受拉柱应采用埋入式柱脚。埋入式柱脚型钢与下部结构可采用图 8.4.11-1、图 8.4.11-2 的连接形式，外包式柱脚可分别采用图 8.4.11-3、图 8.4.11-4 的做法。

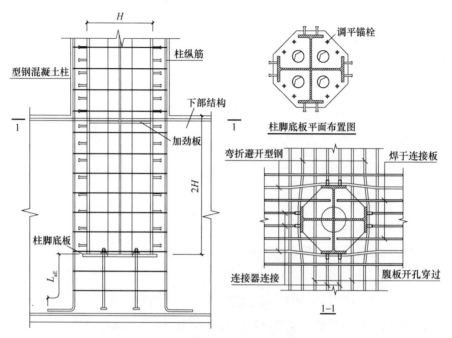

图 8.4.11-1　型钢混凝土柱埋入式柱脚（一）

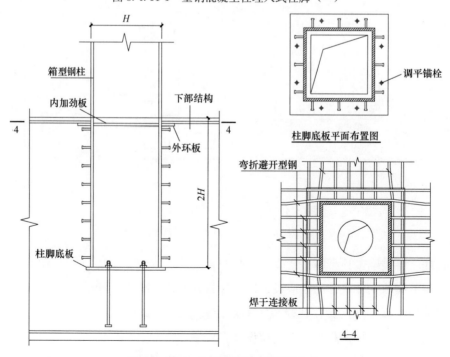

图 8.4.11-2　型钢柱埋入式柱脚（二）

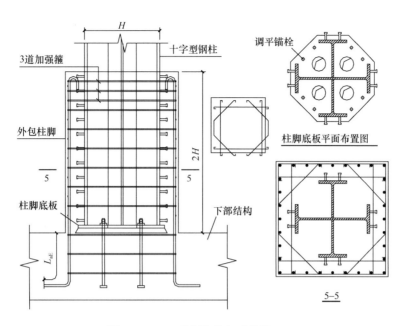

图 8.4.11-3 型钢柱外包式柱脚（一）

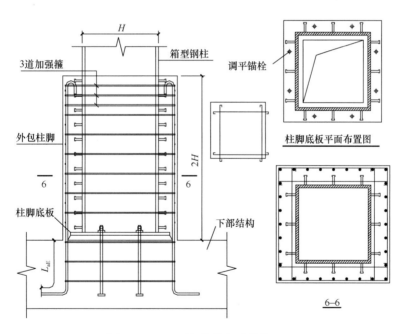

图 8.4.11-4 型钢柱外包式柱脚（二）

【说明】：埋入式柱脚设计时应考虑埋入型钢与下部支承结构钢筋的关系；如型钢柱位于基础承台上，承台或底板钢筋可采取措施与型钢连接即可；如型钢柱位于转换梁上，转换梁的钢筋宜尽量保持直通，锚固段型钢采用格构式可较好地解决转换梁钢筋的贯通要求。除了型钢混凝土柱的钢骨，钢柱柱脚也可参照此处理，钢截面的损失可以通过在柱脚设一段外包钢筋混凝土补偿。

8.4.12　钢管混凝土柱的柱脚可采用外露式柱脚或埋入式柱脚，柱脚可由柱脚底板、加劲肋和锚栓或锚筋等构成。柱脚形式的选用及构造宜满足以下规定：

1　地下室顶板为上部结构的计算嵌固端，且钢管混凝土柱伸入地下室不少于 2 层时，可采用外露式柱脚。

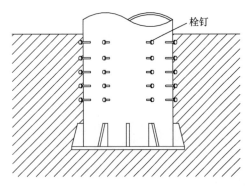

图 8.4.12　钢管混凝土柱埋入式柱脚示意

2　上部结构计算嵌固端不在地下室顶板时，或地下室顶板为上部结构的计算嵌固端但钢管混凝土柱伸入地下少于 2 层时，应采用埋入式柱脚（图 8.4.12）。

3　钢管混凝土柱埋入基础混凝土的深度不宜小于柱截面直径的 2 倍，当有可靠措施并通过计算确定柱脚内力传递作用时，埋入深度可减小，但不应小于柱截面直径的 1.5 倍。

4　柱脚底板及加劲肋应满足施工阶段空钢管柱可能受到的荷载要求，柱脚底板可同时作为安装钢管柱的定位器。

8.4.13　钢管混凝土叠合柱的柱脚可采用外包式柱脚或埋入式柱脚，柱脚可由柱脚底板、加劲肋和锚栓等构成。外包式柱脚的柱脚底板与基础可采用锚栓连接（图 8.4.13a），埋入式柱脚可在钢管表面焊接钢筋环（图 8.4.13b），并应采取定位措施保证安装时柱的稳定。

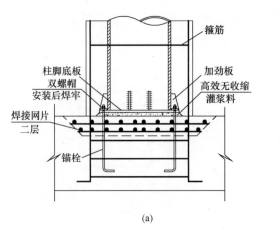
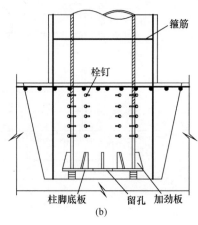

(a)　　　　　　　　　　　(b)

图 8.4.13　钢管混凝土叠合柱柱脚构造

（a）外包式柱脚；（b）埋入式柱脚

第 9 章　大跨度钢结构及空间结构设计

9.1　一　般　规　定

9.1.1　大跨度钢结构及空间结构设计应根据建筑造型、使用要求、结构跨度选择合理的结构形式，力求传力清晰、形式简练、外形轻巧。应采用与实际受力相符的计算模型进行结构计算，充分考虑风荷载、温度作用、施工过程对结构的影响，注重结构稳定性验算、支撑系统设计和节点设计，充分考虑次内力对节点的影响以及支承结构对钢结构的影响。

【说明】：钢结构设计与混凝土结构设计有较大的不同，钢材是较为理想的弹塑性材料，计算理论较为成熟，计算假定与实际受力不符是钢结构工程事故的主要原因之一；其次，钢结构最终的受力状态受施工过程的影响很大，钢结构的吊装过程可能很复杂，实际的受力分布可能与一次加载计算的结果完全不同。

9.1.2　常用大跨度钢结构及空间结构形式比较见表 9.1.2，应根据建筑功能与空间的需求、技术经济比较等因素综合选择合理的结构方案。

常用大跨度钢结构及空间结构形式比较　　　　　　　　　　表 9.1.2

结构类型	钢桁架	钢网架	钢网壳	张弦桁架	弦支穹顶	索结构
屋面曲面适应性	好，曲面宜为单向曲面，另一向宜规则	很好，曲面可为任意曲面	较好，曲面宜为矢高比较大的规则曲面	好，曲面宜为单向曲面，另一向宜规则	较好，曲面宜为规则曲面，可用较小矢跨比	很好，可构造复杂曲面
室内观感	较好，可省去吊顶	较差，需要吊顶	较好，可省去吊顶	一般，有下垂的拉索及竖杆	一般，有索和竖杆	有独特的建筑效果
施工难度	一般	小	一般	较大	大	大
用钢量	较大	小	较大	较小	小	小
结构造价	较高	低	较高	中等	中等	较高

【说明】：对于有吊顶的屋盖，钢网架比较合适，具有加工简单、吊挂方便、检修通道设置容易、用钢量少等优点，且通过适当的吊顶设计也能取得良好的室内效果。对于柱网规则、屋盖规则、不设吊顶的结构，钢桁架是比较合适的结构形式，具有杆件数量少、加工、安装效率高的优点，但用钢量较高，圆管相贯连接钢桁架的加工和焊接对施工单位有一定要求。

9.1.3　超长钢结构如无建筑和结构上的特殊要求，宜适当分缝，伸缩缝最大间距应符合现行《钢结构设计标准》GB 50017 的规定，钢屋盖伸缩缝最大间距宜≤150m。

【说明】：温度作用对超长钢结构产生较大的次内力，对节点有较大的影响。金属屋面在温度次内力、风振、腐蚀影响下，容易产生节点破坏而导致屋面在强风下被掀开。根据我院以往的工程经验，应合理控制钢屋盖的伸缩缝最大间距。超长结构适当分缝，通常有利于合理受力和节省造价。对于有特殊要求的结构，例如网壳结构，需要整体受力，则不宜分缝，超长钢屋盖结构的设计及金属屋面的构造应充分考虑温度作用的不利影响。

9.1.4　对于不上人屋面，钢屋盖屋面活荷载一般可取 0.5kN/m²，膜结构屋盖膜面活荷载可取 0.3kN/m²，采光玻璃屋顶活荷载应符合现行行业标准《建筑玻璃应用技术规程》JGJ 113 的规定。钢屋盖检修通道活荷载可取 1.0kN/m²。对于较为平缓且面积较大、排水不畅的不上人屋面，钢屋盖屋面活荷载可取 0.7kN/m²。

【说明】：《钢结构设计标准》GB 50017－2017 和《门式刚架轻型房屋钢结构技术规范》GB 51022－2015 都规定，对支承轻屋面的构件或结构，当仅有一个可变荷载且受荷水平投影面积超过 60m² 时，屋面均布活荷载标准值可取 0.3kN/m²。钢屋盖一般都要考虑屋面活荷载和风荷载，存在两个或以上活荷载组合的情形，此时屋面活荷载取 0.5kN/m²，为简化计算可统一取 0.5kN/m²。较为平缓且面积较大的不上人屋面是指航站楼、铁路站房候车厅、体育馆、展馆等大型大跨度建筑物的钢屋面，通常屋面坡度较小（坡度≤5%）、面积较大，导致：（1）排水速度较慢，容易积水；（2）容易积灰。故此类不上人屋面活荷载宜适当加大，如果做过排水分析确保排水畅通，活荷载可不加大。

考虑体育场馆的马道通常有射灯和音箱荷载要求，而且射灯和音箱多为一侧布置，因此体育场馆马道需要进行偏心荷载验算。

9.1.5　易于蓄水的屋面，应根据当地一日最大降水量、屋面汇水面积、屋面排水和溢流设计确定积水荷载。对于跨度较大的屋面，坡度＜4% 的屋面，应考虑因屋面下挠而增加的积水荷载。

【说明】：参考 ASCE 7-10，易于蓄水的屋面是指漏斗形、V 形、锯齿形等形状的屋面。

9.1.6　钢结构应考虑温度作用，取值应符合现行国家标准《建筑结构荷载规范》GB 50009 的规定，并考虑太阳辐射的影响。对于广东地区的建筑物，使用阶段室内钢结构温度作用一般可取±20～±25℃，室外钢结构温度作用一般可取±30～±35℃，下部混凝土结构宜比钢屋盖温度作用低 5～10℃。施工阶段的钢结构温度作用取值应根据施工期间的气温变化、构件暴露情况、安装顺序而定。钢结构构件和节点验算时，温度作用不折减。对于重要的高大空间建筑，宜通过温度场分析确定钢结构温度作用，考虑日照、屋面构造、室内空调、气流等影响。

【说明】：太阳辐射对钢结构的影响比较复杂，上述温差系考虑太阳辐射因素后的温度作用经验取值。下部混凝土结构的温差作用取值用于有空调、采暖设施控制正常室温的建筑物。钢结构不存在徐变、干缩，因此温度作用不折减。

9.1.7　建筑物风洞试验模型应考虑外围护体系中尺度较大的造型、百叶、天窗等细部的影响，必要时补充大比例尺局部模型风洞试验。

9.1.8　应考虑活荷载不均匀布置对结构受力的影响。在雪荷载较大的地区，应考虑雪荷载不均匀分布产生的不利影响，当体型复杂且无可靠依据时，应通过风雪试验或专门研究确定设计用雪荷载。在风荷载作用下，屋面存在正风压时，应考虑正风压与负内压共同作用下的结构受力。

9.1.9　钢结构整体计算时，应采用钢结构－混凝土结构整体模型与钢结构、混凝土结构简化独立模型包络设计。当幕墙骨架、外墙造型骨架、屋盖造型骨架与主体结构整体受力时，应与主体结构整体建模验算。

【说明】：根据以往工程经验，即使是采用钢网架屋盖的简单建筑物，采用简化的独立模型的计算结果也有较大的误差。如果由于计算软件的局限，混凝土部分需要采用简化的独立模型计算，应补充钢结构与混凝土结构过渡部位构件的复核，过渡部位至少包含支承钢屋盖的大柱及其下一层框架。随着建筑造型的丰富及幕墙技术的发展，以及吊杆幕墙、索网幕墙等新技术的应用，幕墙结构对作为支承结构的主体结构构件，特别是大跨度钢屋盖结构的内力及变形影响较大，复杂体系幕墙结构应与主体结构整体建模分析。

9.1.10　钢结构节点宜采用铰节点或刚性节点，节点的计算假定应与构造相符。对于半刚性节点，宜采用半连续节点模型模拟，并考虑节点的实际刚度。

【说明】：钢结构节点通常采用铰节点或刚性节点，以便于计算。但有些结构的节点刚度实际上处于铰接和刚接之间，成为半刚接节点，例如单层网壳结构的未设隔板的相贯焊接方（矩）形管节点，无论假定为铰接、刚接或包络设计都不一定合适，都有可能导致结构不安全，宜按半刚性节点计算。半刚性节点的转角与相连杆件的杆端转角不一定相等，计算时需要采用半连续节点模型来模拟。由于半刚性节点结构的整体计算的计算工作量巨大，不易准确模拟，宜尽量避免。

9.1.11　屋面次檩条采用连续多跨薄壁檩条时，宜采用斜卷边 Z 形薄壁型钢或不等宽直角卷边 Z 形薄壁型钢，采用嵌套搭接方式连接，搭接节点宜设在支座处。屋面边、角、屋脊处的檩条宜加强。

【说明】：屋面薄壁檩条可设计成连续檩条，檩条较长时，檩条的连续通过搭接连接实现。搭接节点有不同的做法，通常设在支座处。屋面边、角、屋脊处为风压较大的局部区域，檩条宜加大或加密。

9.2　材　料

9.2.1　钢构件可采用牌号为 Q235、Q355、Q390、Q420、Q460 的钢材。如果工程需要，也可采用 ASTM-A36、ASTM-A572-G50、EN-S275J2H、EN-S355J2H 等国外钢材，或性能相近并经有关机构认证的国产高性能钢材。钢管也可采用 20 号优质碳素钢。

【说明】：《低合金高强度结构钢》GB/T 1591－2018 以 Q355 钢替代了 Q345 钢，但目前《钢结构焊接规范》GB 50661－2011、《钢结构工程施工规范》GB 50755－2012、《钢结构工程施工质量验收标准》GB 50205－2020 等规范尚未相应更新。由于两者主要化学成分接近、力学性能接近，如无有关规定，有关 Q355 钢的技术要求参照 Q345 钢。材料标准未相应更新前，旧的 Q345 钢建议通过等效代换使用。根据《结构用无缝钢管》GB/T 8162－2018，无缝钢管也可采用 Q355 以上低合金高强结构钢。

9.2.2 可焊铸钢可采用 ZG230-450H 和 ZG275-485H，也可采用满足《铸钢节点应用技术规程》CECS 235 的焊接结构用铸钢 G17Mn5QT、G20Mn5N、G20Mn5QT。铸钢节点宜尽量采用与主体结构等强的铸钢材料。

【说明】：《铸钢节点应用技术规程》CECS 235：2008 中的 G17Mn5QT、G20Mn5N、G20Mn5QT 是参考德国标准 DIN EN 10293－2005 制定的，该标准的前身是德国标准 DIN 17182－92，满足 DIN 17182－92 的 GS-20Mn5 铸钢具有良好的焊接性能和较高的强度，在国内重大钢结构工程铸钢节点中大量使用，取得良好效果。对于重要的焊接铸钢节点，可以考虑使用 G17Mn5QT、G20Mn5N、G20Mn5QT。

9.2.3 圆钢管可采用满足《结构用无缝钢管》GB/T 8162 的热轧无缝钢管；当管径 $\geqslant$350mm，且内径与厚度之比 $D_0/t \geqslant 25$ 时，也可采用一条纵缝（当管径＞1400mm 时可用两条纵缝）的埋弧焊管，纵焊缝的质量等级为二级。直径$\leqslant$100mm 的圆管可以采用一条直焊缝的高频电焊管。

【说明】：径厚比较小的冷弯钢管（$20 \leqslant D_0/t < 25$），具有较大的残余应力，应采取措施消除，或采用热卷钢管。

9.2.4 相贯焊接方矩形截面管结构宜采用热成型钢管，或经过正火热处理的冷成型钢管。如采用未经正火热处理的冷成型方矩形钢管，钢管壁厚 t 宜为 6mm＜$t \leqslant$12mm。

【说明】：热成型钢管不存在转角冷作硬化问题，且转角半径小，易于相贯连接，宜优先采用，但我国暂无生产，需要进口。参考欧洲标准 EN1993-1-8：2005，国产冷轧方矩形钢管当钢管壁厚满足 6mm＜$t \leqslant$12mm 时，转角半径一般为（2～4）t（t 为钢管壁厚），可满足冷作硬化区的焊接要求。

9.2.5 对于板厚$\geqslant$40mm 的钢板（除梁柱刚性节点贯通式隔板）、板厚$\geqslant$36mm 的梁柱刚性节点贯通式隔板、壁厚＞25mm 的钢管，且有横向焊接要求时，应采用厚度方向性能钢板。钢板厚度方向承载性能等级不低于 Z15，当钢板壁厚$\geqslant$60mm 时建议采用 Z25。也可根据板厚、焊缝尺寸及连接形式根据计算确定。

【说明】：钢板厚度方向承载性能等级应根据节点形式、板厚、熔深或焊缝尺寸、焊接时节点拘束度以及预热、后热情况等综合确定。钢板厚度方向承载性能等级 Z 的计算方法可参考欧洲标准 EN 1993-1-10：2005。

9.2.6 钢结构连接用电焊条、焊丝和焊剂等焊接材料的选用应按强度、性能与母材相匹配的原则选用。

1　电焊条（手工焊）：Q235 钢用 E4315、E4316，Q355 钢和 G20Mn5 铸钢用 E5015、E5016，Q390 钢用 E5515、E5516。

2　焊丝及焊剂（埋弧自动焊或半自动焊）：Q235 钢用 F4A0-H08A 或相当之组合，Q355、Q390 钢及 G20Mn5 铸钢用 F48A0-H08MnA、F48A0-H10Mn2 或相当之组合。

【说明】：本条文中的焊丝-焊剂组合系按照现行《钢结构设计标准》GB 50017-2017 和《钢结构焊接规范》GB 50661-2011，自动焊或半自动焊用焊丝标准采用《熔化焊用钢丝》GB/T 14957，埋弧焊用焊丝和焊剂标准采用《埋弧焊用碳钢焊丝和焊剂》GB/T 5293、《埋弧焊用低合金钢焊丝和焊剂》GB/T 12470。

新的焊材标准《埋弧焊用非合金钢及细晶粒钢实心焊丝、药芯焊丝和焊丝-焊剂组合分类要求》GB/T 5293-2018、《埋弧焊用热强钢实心焊丝、药芯焊丝和焊丝-焊剂组合分类要求》GB/T 12470-2018、《埋弧焊用高强钢实心焊丝、药芯焊丝和焊丝-焊剂组合分类要求》GB/T 36034-2018 和《埋弧焊和电渣焊用焊剂》GB/T 36037-2018 已经实施，标准名称和内容都有很大的改变。如果工程需要，可采用与旧标准相当之新标准组合。

3　焊丝及 CO_2（二氧化碳气体保护焊）：Q235 钢用 ER49-1，Q355、Q390 钢及 G20Mn5 铸钢用 ER50-3。CO_2 气体纯度不应低于 99.5%（体积法），其含水量不应大于 0.005%（重量法）。

9.2.7　钢拉索可采用满足《斜拉桥用热挤聚乙烯高强钢丝拉索》GB/T 18365 的带护层平行钢丝束缆索，也可采用满足《锌-5%铝-混合稀土合金镀层钢丝、钢绞线》GB/T 20492 的锌-5%铝-混合稀土合金镀层钢绞线。

【说明】：锌-5%铝-混合稀土合金镀层钢绞线即为索结构中常用的"高钒索"（含密封索），主要由索体、锚具组成，索体是由至少两层钢丝围绕一中心圆钢丝、组合股或平行捻股螺旋捻制而成，外层钢丝可为右捻或左捻；索体两端配以专用锚具，可采用浇铸或压制固结。

因钢丝绳扭角大、应力不均匀、刚度小，受拉索不建议采用钢丝绳。

9.2.8　钢拉杆可采用满足《钢拉杆》GB/T 20934 的高强度合金钢拉杆，每一根钢拉杆均应带有张紧器。钢拉杆应采用成套产品（含两端的销轴），且销轴应有防脱落装置。钢拉杆的螺纹部分与圆杆部分应等强，杆件不允许焊接。

【说明】：不同规格的螺纹连接将钢拉杆分为等强和非等强两种形式；螺纹副中螺牙小径大于杆体直径的为等强型，在设计计算体件的有效截面积时可直接取杆体的截面进行计算；螺纹副中螺牙小径小于杆体直径的为非等强型，在设计计算体件的有效截面积时，不应取杆体的通杆进行计算，应取螺纹所在位置的有效截面进行计算。

9.2.9　销轴材料宜采用现行《合金结构钢》GB/T 3077 中的 20Cr 及 40Cr、《优质碳素结构钢》GB/T 699 中的 45 号钢，或采用符合《低合金高强度结构钢》GB/T 1591、《碳素结构钢》GB/T 700 等有关规定的钢材。当有可靠依据时，也可选用其他材料。

9.2.10 钢柱脚预埋锚栓钢材牌号宜选用 Q235、Q355、Q390。对于需要与埋板或支座底板焊接的锚栓，不应采用中碳钢、高碳钢、合金钢等难焊材料。

9.2.11 钢结构支座可以采用成品，也可要求专业厂家按设计的支座大样图定做。支座的力学参数、滑动和转动参数、几何参数均应在设计文件中注明。

【说明】：成品支座选用承载力、约束方向、滑动性能、转动性能均满足设计要求的支座。无现成产品或成品不能满足设计要求时，可设计专用支座，由专业厂家制作，必要时进行足尺试验。

9.3 防腐和防火

9.3.1 钢结构防腐设计应满足现行《建筑钢结构防腐蚀技术规程》JGJ/T 251、《工业建筑防腐蚀设计标准》GB 50046、《色漆和清漆 防护涂料体系对钢结构的防腐蚀保护》GB/T 30790、《钢结构设计标准》GB 50017、广东省标准《钢结构设计规程》DBJ 15 - 102 等标准的要求，应充分考虑耐久年限、腐蚀速率或大气环境、气候条件、使用要求、施工环境等因素，选择合理的防腐设计。

【说明】：广东地区高温潮湿，大部分地区年平均相对湿度＞75%，且部分地区临海。对于广东地区建筑钢结构腐蚀性等级，建议城市大气环境下取Ⅳ级或C4，乡村大气环境下取Ⅲ级或C3，工业大气环境下取Ⅴ级或C5-Ⅰ，海洋大气环境下取Ⅳ级或C5-M。

9.3.2 建筑钢结构的腐蚀性等级应根据腐蚀速率和大气环境气体类型确定，如无大气环境试验数据，广东地区非特殊大气环境建筑钢结构的腐蚀性等级建议按表 9.3.2 取值。

广东地区非特殊大气环境建筑钢结构腐蚀性等级建议取值　　　　表 9.3.2

城市	区/县	JGJ/T 251 - 2011 腐蚀性等级	GB/T 30790 - 2014，DBJ 15 - 102 - 2014 腐蚀性等级
广州市	从化区	Ⅲ	C3
	南沙区	Ⅴ	C5-Ⅰ
	其他	Ⅳ	C4
深圳市	福田区、南山区、盐田区、宝安区	Ⅵ	C5-M
	其他	Ⅳ	C4
珠海市	斗门区	Ⅳ	C4
	其他	Ⅵ	C5-M
汕头市	全区	Ⅵ	C5-M

续表

城市	区/县	JGJ/T 251-2011 腐蚀性等级	GB/T 30790-2014, DBJ 15-102-2014 腐蚀性等级
佛山市	禅城区、高明区	IV	C4
	顺德区、三水区、南海区	V	C5-I
韶关市	仁化县、始兴县、翁源县、新丰县、乳源县	III	C3
	曲江区	V	C5-I
	其他	IV	C4
湛江市	全区	VI	C5-M
肇庆市	广宁县、德庆县、封开县、怀集县	III	C3
	其他	IV	C4
江门市	恩平市	V	C5-I
	台山市、新会区（银湖湾）	VI	C5-M
	其他	IV	C4
茂名市	高州市、信宜市、化州市	IV	C4
	电白县	VI	C5-M
	其他	V	C5-I
惠州市	龙门县	III	C3
	惠东县、惠阳区、大亚湾经济开发区	VI	C5-M
	其他	IV	C4
梅州市	梅县、平远县、蕉岭县、大埔县、丰顺县、五华县	III	C3
	其他	IV	C4
汕尾市	陆河县	IV	C4
	其他	VI	C5-M
河源市	东源县、和平县、龙川县、紫金县、连平县	III	C3
	其他	IV	C4
阳江市	阳春市	V	C5-I
	其他	VI	C5-M
清远市	佛冈县、阳山县、连南县、连山县	III	C3
	其他	IV	C4
东莞市	全区	V	C5-I
中山市	全区	V	C5-I
潮州市	饶平县	VI	C5-M
	其他	IV	C4
揭阳市	揭西县	III	C3
	惠来县	VI	C5-M
	其他	IV	C4

续表

城市	区/县	JGJ/T 251－2011 腐蚀性等级	GB/T 30790－2014, DBJ 15－102－2014 腐蚀性等级
云浮市	郁南县、云安县	Ⅲ	C3
	罗定市、新兴县	Ⅴ	C5-Ⅰ
	其他	Ⅳ	C4

注：1. 表中的腐蚀等级适用于室外钢结构，对于室内钢结构，可根据室内大气腐蚀性，采用不同的腐蚀性等级，降低的等级建议不超过一级；

2. 对于重要建筑物，例如机场、体育馆、展馆、超高层建筑等，室外钢结构腐蚀性等级建议不低于Ⅴ级或C5-Ⅰ，室内钢结构腐蚀性等级建议不低于Ⅳ级或C4；

3. 特殊大气环境指类似化工和冶炼厂内部及周围的大气环境。

9.3.3 应根据工程的重要性、综合造价和涂装维护的难易程度确定钢结构防腐设计耐久年限，一般为15～30年。防腐和防火涂装应定期维护，首次维护时间不大于10年，以后每隔5年维护一次，每次维护应对涂装作全面检查，对损伤部位进行现场修补。

9.3.4 钢结构防腐涂装宜采用具有电化学保护作用的长效防腐配套，典型的防腐涂装配套由底漆或金属覆盖层、封闭漆（可选）、中间漆、面漆组成。富锌底漆干膜含锌量宜≥80％，干膜厚度宜取70～80μm；中间漆干膜厚度应≥60μm，建议≥100μm；面漆干膜厚度应≥60μm，涂覆遍数不少于2道。对于防腐设计耐久年限＞20年的室外钢结构，建议采用热喷（浸）镀金属覆盖层保护；当有可靠质量保证和工程经验时，也可采用涂膜冷镀锌或冷喷锌。对于难以维护的局部区域，可采用耐候钢或不锈钢结构。

【说明】：无机富锌的防腐性能优于环氧富锌，施工条件许可时宜优先采用。热喷（浸）镀金属覆盖层保护，经长期的实践证明是有效的长效防腐保护方法，防腐耐久年限较长或腐蚀性等级较高时建议优先采用。防腐涂层设计尚应保证外层防火涂层与中间防腐涂层的附着力。

9.3.5 钢结构宜区分室内和室外构件，采用不同的防腐和防火配套。在室内外交界处靠室内一侧，宜设置防腐涂装搭接区段，搭接区段长度宜≥1m。防腐涂装搭接区段为室外、室内两种底层防腐材料的搭接区段，搭接区段的封闭漆、中间漆、面漆配套同室内钢结构。

9.3.6 当构件耐火极限≤1.5h时，可采用膨胀型防火涂料；当构件耐火极限＞1.5h时，宜采用厚型防火涂料。对于有外观要求的易维护的次要结构构件，当构件耐火极限＞1.5h但≤2.5h时，也可用薄型防火涂料。

【说明】：超薄型和薄型防火涂料均为膨胀型防火涂料，根据《钢结构防火涂料》GB 14907-2018，超薄型防火涂料厚度≤3mm，薄型防火涂料厚度＞3mm且≤7mm。膨胀型防火涂料主要成分是有机树脂基料、发泡剂、阻燃剂、成炭剂等，涂料中有机高分子成分高，存在耐老化问题，在实际工程中超薄型涂料涂装若干年后起皮、脱落现象也较常见，因此在应用上有必要加以限制。厚型防火涂料为非膨胀型防火涂料，成分为无机材料，耐久性、耐老化性能良好，可提供可靠的防火保护。

有外观要求的易维护的次要结构指观光梯井道框架等类似结构。

9.3.7　防火涂料的厚度可按现行《建筑设计防火规范》GB 50016 取值，或按照现行《建筑钢结构防火技术规范》GB 51249 经防火验算确定。

【说明】：防火涂料生产厂家提供的防火建筑材料检验报告中的耐火极限系采用标准工字钢梁（I36b 或 I40b），上翼缘覆盖混凝土板形成试件并施加规定的荷载，按照《建筑构件耐火试验方法》GB/T 9978 进行耐火试验而确定的。标准试件的耐火极限与实际结构的构件耐火极限往往有较大的差异，和构件的截面形式、截面尺寸、受火情况、材料强度、荷载大小等因素都有关系，因此厂家提供的标准试件涂料耐火极限不宜直接采用。

防火涂料的厚度是设计参数，应由设计确定。防火涂料厚度一般可按现行《建筑设计防火规范》GB 50016 规定的"各类建筑构件的燃烧性能和耐火极限"取值，或根据涂料的实际热工参数对结构构件或结构进行防火验算确定。如果条件具备，宜根据《建筑构件耐火试验方法》GB/T 9978 进行足尺构件耐火试验。

9.4　桁　架　结　构

9.4.1　桁架结构宜沿主要受力方向布置成单向受力结构，力求形状美观，布置有规律，杆件主次分明。平面桁架宜采用梯形、折线形（多边形）或拱形。当有建筑外观要求时，可采用平行弦桁架。弦杆的尺寸和壁厚不宜小于腹杆，被搭接腹杆的尺寸和壁厚不宜小于搭接腹杆。

【说明】：三角形桁架内力分布很不均匀，跨中小，两头大，材料强度不能充分发挥作用，用于大跨度结构并不经济合理。平行弦桁架的内力分布同样也很不均匀，但杆件类型少，便于制作安装，而且网格均匀、结构平直，能满足建筑外观的特定需求。梯形、折线形、拱桁架的高度变化可以做得接近弯矩分布的实际分布，从而使杆件内力合理分布。

9.4.2　平面桁架结构体系应设置支撑，以保证桁架的平面外稳定性和屋盖的整体性；对于立体桁架结构体系，当作为格构构件无法满足自身弯扭稳定性时，应设置支撑。桁架支撑体系由上下弦横向水平支撑、上下弦纵向水平支撑、垂直支撑、系杆、隔撑等组成。支撑构件可采用交叉拉条、斜撑、型钢或桁架，可利用檩条、刚性屋面板、刚性楼面板等其他构件兼作桁架侧向支撑。支撑设置宜满足以下规定：

1　上弦横向水平支撑：桁架结构单元两端开间应设置上弦横向水平支撑，两道横向水平支撑间的间距不宜大于60m，否则应在中部开间设置上弦横向水平支撑以满足此间距要求。

2　下弦横向水平支撑：当桁架间距＜12m 时，应设置下弦横向水平支撑，但当桁架跨度＜18m，又无吊车或其他振动设备时，可不设下弦横向水平支撑。下弦横向水平支撑宜和上弦横向水平支撑布置在同一开间；当桁架间距≥12m时，可通过隔撑对桁架下弦加以侧向支承，或采用立体桁架；当桁架间距≥18m时，宜设置纵次向桁架，与主桁架组成双向桁架体系，并对主桁架下弦提供平面外支承。

3 纵向水平支撑：桁架单元在桁架端节间处宜设置下弦纵向水平支撑，下弦水平支撑宜通长设置，宜兼作幕墙的传力桁架。

4 垂直支撑：桁架单元应设置垂直支撑，对于梯形桁架或其他端部有一定高度的多边形桁架，应在桁架端部设置垂直支撑，当跨度≤30m时，应在跨中至少设置一道垂直支撑，当跨度>30m时，垂直支撑宜不少于2道，且垂直支撑的间距宜<12m。垂直支撑应与上、下弦横向水平支撑设置在同一开间，或采用通长的纵向次桁架。

5 系杆：为保证桁架结构体系的稳定和可靠传递水平力，应在横向支撑或垂直支撑节点处设置沿纵向通长的系杆。系杆宜采用刚性系杆。

6 对于悬臂桁架、刚性支承桁架、多跨连续桁架的下弦受压区域，宜设置下弦水平支撑或隔撑，或利用纵向次桁架作为受压下弦的平面外支承。

7 对于大跨度平面桁架结构，应根据结构稳定性以及抗震、抗风等性能要求，通过计算设置支撑系统。

【说明】：桁架结构单元指整体结构或以结构缝分割的独立受力部分，包括温度区段、防震区段和分期建设区段等；两榀桁架之间的范围为一个开间。立体桁架具有良好的自稳定性，但是当桁架跨度较大时，仍需适当设置屋盖支撑，以避免由于立体桁架刚度不足而导致失稳。当屋面板具有足够的刚度时，也可兼作屋盖支撑。

9.4.3 立体桁架宜采用三角形组合截面，也可采用矩形或梯形组合截面。当采用矩形或梯形组合截面时，横截面内宜适当设置斜撑，或采用刚性节点。

9.4.4 钢屋盖结构的平面桁架的高跨比可取1/6～1/8、立体桁架的高跨比可取1/12～1/15。跨度较大的桁架宜采用变截面桁架。当立体桁架内需要设置检修马道时，立体桁架横截面尺寸应考虑马道和检修人员通行的尺寸，桁架高度宜≥2.5m。

9.4.5 桁架杆件宜采用H型钢，连接方式可采用相贯焊接或螺栓连接；当有建筑外观要求时，桁架杆件宜采用圆管或方矩形管，连接方式可采用相贯焊接或法兰连接，方矩形管桁架的钢管宜采用热成型轧制钢管或焊接箱形截面钢管；当桁架杆件采用角钢或槽钢时，宜采用节点板连接。

9.4.6 建筑使用有需求时，可采用空腹桁架结构。空腹桁架节点应采用刚性节点，节点处宜加腋，宜对节点刚度进行有限元分析，桁架杆件宜采用方矩形管或焊接箱形截面钢管。在设计文件中，应标识清楚空腹桁架的布置，并注明施工顺序。

【说明】：分析表明，空腹桁架受力性能显著降低，造价较高；节点采用刚接和桁架杆件采用方矩形管或焊接箱形截面管，可明显提高空腹桁架的受力性能；未加腋的刚性节点，节点刚度不大理想，因此建筑外观允许时，建议加腋。

空腹桁架的布置容易与框架结构混淆，但受力大不相同，因此需要在图纸上表达清楚。

9.4.7 桁架间距宜≤18m，当桁架间距＞18m时，建议采用桁架-网架混合式结构（图9.4.7）。

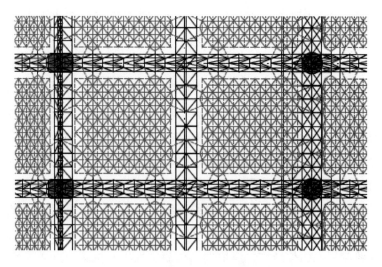

图9.4.7　桁架-网架混合式结构

【说明】：桁架间距较大时，通常需要设置超大跨度的檩条或次桁架，桁架-网架混合式结构是一种新型的布置形式，可以取得良好的建筑效果。

9.4.8 对于高大桁架，可采用多层桁架（图9.4.8），通过水平腹杆将桁架腹杆分为

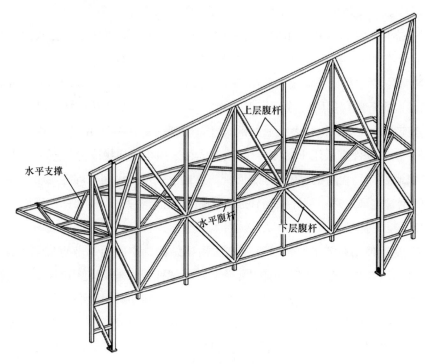

图9.4.8　多层桁架

两层或多层腹杆。在水平腹杆层宜设置水平支撑层，为中间层腹杆节点提供侧向支承，以减小腹杆计算长度。

9.4.9 桁架结构计算宜符合以下规定：

1 弦杆在节点处，除有设计要求外，一般为连续节点。腹杆两端节点，当未采用刚性节点设计时，宜假定为铰接，或按铰接与刚接包络设计；当采用刚性节点设计时，宜假定为刚接。

2 偏心节点宜采用刚性连杆模拟。

3 当钢筋混凝土楼板或钢-混凝土组合楼板位于桁架弦杆层时，应考虑弦杆受拉对混凝土梁板产生的拉力及对钢-混凝土连接产生的剪力，并考虑混凝土梁板受拉开裂引起刚度降低对桁架的受力影响。

4 复杂的大跨度桁架结构应进行结构整体稳定验算。

【说明】：混凝土梁板受拉开裂后，受拉刚度降低，桁架受力将增大，桁架挠度也随之增大，应考虑刚度降低对桁架受力的影响，或按受拉混凝土完全退出工作考虑，在桁架的上下弦平面设置水平支撑，以增强桁架的整体刚度。

复杂的大跨度桁架结构主要指大跨度桁架具有非常规的支撑体系，因缺乏工程经验，需要验算；或为无支撑长度较长的大跨度桁架（包括立体桁架）结构，桁架稳定性较差，需要通过验算保证结构整体稳定。

9.5 网 格 结 构

9.5.1 网架结构可采用双层或多层形式；网壳结构可采用单层或双层形式，也可采用局部双层形式。单层网格结构应采用刚性节点，钢管相贯节点应设内隔板，主要受力方向杆件宜贯通。

【说明】：根据《空间网格结构技术规程》JGJ 7-2010 的定义，空间网格结构是按一定规律布置的杆件、构件通过节点连接而构成的空间结构，包括网架、曲面型网壳以及立体桁架等。本节主要对网架及网壳结构的设计及构造提出要求及建议。

9.5.2 对于设有吊顶或对顶棚无建筑美观要求的屋盖，建议采用网架结构。重要结构网架或跨度≥30m 的网架宜采用焊接球网架。

【说明】：网架具有许多优点，自 20 世纪 80 年代以来在我国广泛应用，至今仍是一种成熟经济的结构形式。但螺栓球网架坍塌事故屡有发生，主要是由于螺栓对孔偏差过大、螺栓假拧、销钉缺失等施工原因。为确保质量和安全，对于重要的或中、大跨度的网架结构，宜采用焊接球网架。

9.5.3 屋盖网架的高跨比可取 1/10～1/18，当网架内设置检修通道时，网架高度宜

≥2.5m。网壳的矢跨比宜取 1/7～1/2。

9.5.4　螺栓球网架宜在支座处局部采用焊接球。若支座球采用螺栓球，网架跨度宜 ≤30m，且支座无上拔力；支座螺栓球与支座节点竖向支承板焊接前，应将球体预热至 150～200℃，以小直径焊条分层对称施焊，并保温缓慢冷却。

【说明】：螺栓球一般采用中碳钢或合金钢制作，为难焊材料，淬硬倾向大，焊接时可能导致裂纹和气孔。这种材料的焊接需要较为特殊的焊接工艺（一般需要预热、缓冷和控制较高的层间温度，焊后最好立即进行清除应力热处理），施工前还应进行焊接工艺评定。我国的螺栓球节点借鉴德国的"MERO 节点"而来，而德国"MERO 节点"体系的支座节点采用了特制的专利支座节点，支座无需焊接。为慎重考虑，宜对螺栓球的焊接加以限制。

9.5.5　跨度较大的网壳结构可采用局部双层的单层网格结构，单层网格设置在跨中部位，边缘部位采用双层结构，屋盖的部分装饰次结构可参与屋盖整体受力。网壳周边应设置有足够刚度的封闭环形约束构件，约束构件可采用环形立体钢桁架、钢筋混凝土环梁、预应力混凝土环梁、型钢混凝土环梁等。

9.5.6　网架上弦节点球上部应设置檩托，有吊顶或悬挂区域的节点球下部宜设置吊顶支托（图 9.5.6）。檩条、吊杆与支托的连接不宜采用与托板或焊接球直接焊接，宜采用与连接板（耳板）螺栓连接。吊杆等其他构件不应与螺栓球焊接，可采用抱箍进行连接。对于螺栓球节点网架，如果需要与球节点焊接，可局部采用焊接球节点。

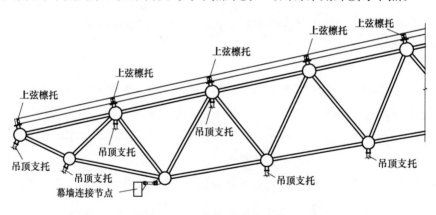

图 9.5.6　网架球节点支托

9.5.7　网架屋盖尖角形悬挑端部的夹角宜≥30°，当夹角＞30°时悬臂端宜改为型钢悬臂梁。

9.5.8　桁架-螺栓球网架混合式结构的连接可采用螺栓连接或局部焊接球连接（图 9.5.8）。

9.5.9　抗震设防烈度为 8 度及以上地区的网架结构和抗震设防烈度为 7 度及以上地区的网壳结构应进行抗震验算。

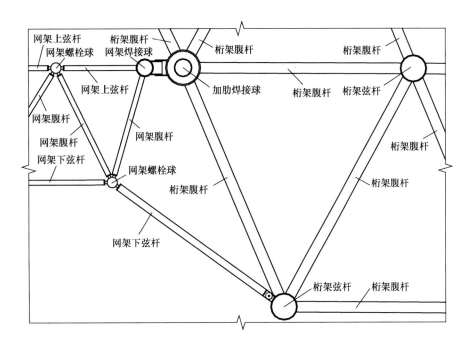

图 9.5.8 螺栓球网架-桁架连接

9.5.10 钢结构抗震构件塑耗能区连接的极限承载力，应大于与其相连构件充分发生塑性变形时的承载力。耗能区段应采用延性良好的钢材，不应采用中碳钢、高碳钢或合金钢。

9.5.11 网格结构应根据现行《空间网格结构技术规程》JGJ 7 进行整体稳定验算。当网格结构杆件边界条件复杂、杆件计算长度难以确定，或按半刚性节点设计时，宜采用直接分析法补充验算。

9.5.12 应考虑施工过程对结构的影响，设计文件中宜提出建议的安装方案。跨度≤30m 且宽度≤60m 的网格结构，宜采用整体或分段安装；跨度＞30m 或宽度＞60m 的网格结构，宜采用分块安装。多点支承式网架支座处杆件宜适当减小应力比，以考虑分块提升和换杆的影响，或进行施工-使用全过程分析验算。施工-使用全过程分析可在施工阶段，根据施工方案，与施工单位配合完成。

9.6 预应力钢结构

9.6.1 预应力钢结构应进行初始预张力状态分析和荷载状态分析，计算中应考虑几何非线性影响；在永久荷载控制的荷载组合或多遇地震作用下，结构中的索和膜均不应出现松弛；在可变荷载控制的荷载组合作用下，结构不应因局部索和膜的松弛而导致结构失效或影响结构的正常使用。

【说明】：本节所述的预应力钢结构主要包括弦支（索支）钢结构、廊内（管内）布索钢结构、斜拉结构、悬索结构、索膜结构及索穹顶结构等。不同形式的预应力钢结构计算时，应充分考虑其受力特点及预应力的作用，并应考虑其与支承结构的相互影响，宜采用包含支承结构的整体模型进行分析。

9.6.2 空间网格结构可通过在网格结构下设置预应力索及撑杆，形成预应力钢结构以改善大跨度结构的受力及节省用钢量；索张拉锚固端应与网格结构节点重合，并应考虑施工张拉顺序、超张拉对结构及构件的不利影响。

9.6.3 管桁架可通过下弦杆管内设索施加预应力以减小桁架的结构高度（图 9.6.3）。预应力管桁架宜先进行预应力张拉，然后进行支座锁定。管内预应力钢结构不适用于拉压经常变向的钢结构。

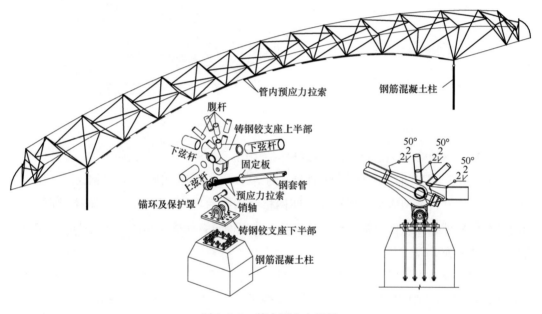

图 9.6.3　管内预应力桁架

9.6.4 张弦梁结构按受力特点可分为单向张弦梁结构、双向张弦梁结构、多向张弦梁结构及辐射式张弦梁结构等（图 9.6.4）。张弦梁结构设计宜符合以下规定：

1 拱形张弦梁上弦拱的矢跨比应结合建筑功能、造型及结构受力综合确定，可取 1/14～1/18，下弦的垂度宜取结构跨度的 1/12～1/30。单向拱形张弦梁上弦拱的矢跨比为正时，撑杆下端可不设置平面外稳定钢索。

2 单向直梁型张弦梁及辐射式张弦梁结构上弦应设置平面外的稳定支撑体系。

3 张弦梁一端为固定铰支座，另一端可为滑动铰支座；索与撑杆的连接为铰接，索宜贯通，且应采用固定式索夹；撑杆与上弦拱的连接可采用铰接或平面内铰接、平面外刚接。

4 屋面与上弦拱的连接应在张弦梁施加预应力之后进行，张弦梁与屋面连接宜采用铰接节点。

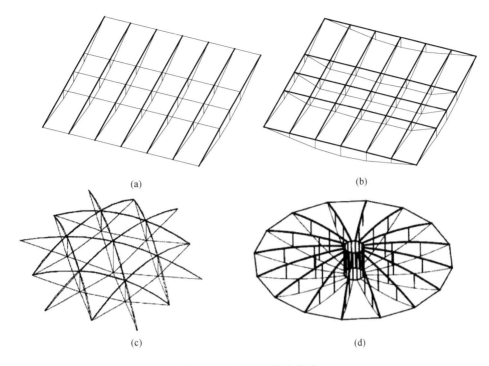

图 9.6.4 张弦梁结构分类

(a) 单向张弦梁；(b) 双向张弦梁；(c) 多向张弦梁；(d) 辐射式张弦梁

【说明】：张弦梁结构是由刚性压弯构件（拱）、柔性拉索或钢拉杆（弦）及撑杆组合而成的屋盖弯矩结构体系。张弦梁通过撑杆减小拱弯矩和变形的同时，由弦抵消拱端推力，从而降低对边界条件的要求。上弦拱可采用实腹式截面，也可采用立体桁架。

当张弦梁撑杆长度大于拉索垂度（即拱的矢高为正时）时，撑杆处于稳定平衡状态，其下端不会由于微小侧移而产生平面外的失稳，此时拉索可不设置平面外稳定钢索。

9.6.5 弦支穹顶是由上部网壳和下部索杆体系组成的杂交空间结构体系。当结构跨度较大时，也可采用双层网壳（网架）或局部双层网壳等作为上部刚性层。

1 弦支穹顶单层网壳的矢跨比可取 1/8～1/12。按上部网格的不同形式，常用的弦支穹顶包括肋环型弦支穹顶、联方型弦支穹顶、凯威特型弦支穹顶、混合型弦支穹顶等（图 9.6.5）。

2 弦支穹顶宜隔圈布置环索形成稀索体系。肋环形索杆体系弦支穹顶，应设置构造水平交叉拉索或钢拉杆。

3 对弦支穹顶拉索中施加的预应力值，应以抵抗结构自重，控制结构挠度、风吸作用下索不松弛及减小对支承结构的水平推力为原则综合考虑。

4 稀索体系弦支穹顶的单层网壳应采用刚接节点；撑杆与单层网壳、撑杆与拉索的连接宜采用铰接节点；环向索宜贯通，并应采用固定式索夹。

5 弦支穹顶结构应进行预应力张拉施工仿真分析。施工张拉控制应严格按照设计规

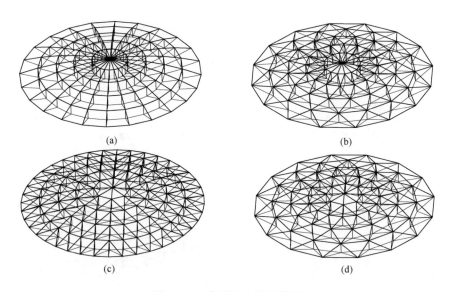

图 9.6.5 常用弦支穹顶类型

(a) 肋环型弦支穹顶；(b) 联方型弦支穹顶；(c) 凯威特型弦支穹顶；(d) 混合型弦支穹顶

定的步骤进行。当拉索分批分阶段张拉时，应考虑后批张拉的拉索对前批张拉的拉索内力的影响。

【说明】：弦支穹顶结构体系是由上部网壳、下部的竖向撑杆、径向拉杆或者拉索和环向拉索组成的形效体系。各环上的撑杆支承上部单层网壳主要环节点，提高了单层网壳的面外刚度，较好地改善了单层网壳的稳定性能，降低了对边界条件的要求，与索穹顶结构相比，降低了设计和施工的难度。

外荷载、施工温度、支座和节点刚度等均对预应力钢结构的施工控制产生影响，弦支穹顶结构应进行预应力张拉施工阶段分析，并考虑预应力值损失及安装偏差对结构的不利影响，对结构体系成型过程进行监测。

9.6.6 索穹顶为预应力自平衡张拉结构体系，由双层索系组成。常规索穹顶结构形式为肋环型、联方型及葵花型等，适用于圆形、椭圆形或多边形平面。

1 当索穹顶平面为圆形时，承重索的垂度宜取跨度的 $1/17 \sim 1/22$，稳定索的拱度宜取跨度的 $1/16 \sim 1/26$，斜索与水平面的夹角宜大于 $20°$。

2 索穹顶周边刚性支承构件一般采用外压环，其平面形状通常为圆形、椭圆形或多边形，外压环可采用混凝土或钢压环。

3 索穹顶屋面围护结构可采用张拉膜面或金属屋面。采用金属屋面时，不应采用抗扭刚度较差的索穹顶形式（如肋环型）。

【说明】：当索穹顶结构形式为肋环形或部分肋环形，并采用刚性屋面体系时，也可通过加屋面交叉索增加屋盖面内刚度。

9.6.7 斜拉结构可采用立柱（桅杆）及斜拉索悬挂网架、拱、刚性梁、桁架等屋盖结构，斜拉索可平行布置，也可按辐射状布置。斜拉结构设计宜符合以下规定：

1 斜拉结构必要时应设置抗风索或平衡配重以承受屋盖的向上风力。

2 斜拉结构的桅杆可采用钢管，下端宜通过可万向转动的铰支座与下部结构连接，宜设置防松脱限位装置。

3 斜拉结构拉索张拉可采用分批一次法张拉，通过张拉分析确定每批拉索的施工张拉力，确保最终索力与设计索力吻合。

【说明】：斜拉结构是采用桅杆或拱架等通过拉索斜向吊挂网格结构、梁或桁架而构成的空间结构。斜拉结构采用桅杆支承时，应合理设置平衡索或背索，并应进行桅杆从直立到倾斜的工况下的施工阶段分析。

9.6.8 单索结构、（单层）索网结构或双层索结构可应用于屋面结构或幕墙结构，设计及构造宜符合以下规定：

1 单索屋面结构适用于重载或重型屋盖，索网结构或双层索结构宜采用轻型屋盖。

2 对于单层索屋盖，当平面为矩形时，索两端支点可设计为等高或不等高，索的垂度宜取跨度的 $1/10 \sim 1/16$。

3 对于双层索系屋盖，当平面为矩形时，承重索的垂度宜取跨度的 $1/15 \sim 1/20$，稳定索的拱度可取跨度的 $1/15 \sim 1/25$；当平面为圆形时，承重索的垂度宜取跨度的 $1/17 \sim 1/22$，稳定索的拱度宜取跨度的 $1/16 \sim 1/26$。

4 对于双层索系玻璃幕墙，索桁架矢高宜取跨度的 $1/10 \sim 1/20$。

5 单索体系可应用于平面或单曲面幕墙，索网体系可应用于平面或双曲面幕墙。索体系幕墙的最大变形不应大于短边尺寸的 $1/45$。

6 幕墙结构采用索体系时，应明确周边支承体系与主体结构的关系，如幕墙索体系支承于屋盖钢结构时，幕墙索体系应与屋盖钢结构合模计算分析。

【说明】：单索屋面一般为下凹型，双向索网屋面为负高斯曲率曲面，如马鞍形单层索网结构由两组曲率符号相反的索组成，向下凹的索称为承重索（主索），向上凸的拉索称为稳定索（次索）。双层索结构（如图 9.6.8 所示的轮辐式索桁架结构）两索之间应采用受压撑杆或拉索相联系。

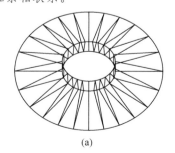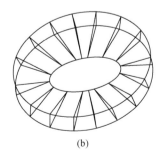

（a）
（b）

图 9.6.8　轮辐式索桁架结构

（a）圆形单外压环、双内拉环；（b）椭圆形双外压环、单内拉环近年来，为适应建筑造型及空间效果的要求，索体系幕墙越来越多地应用于大型公共建筑。与屋盖结构主要荷载作用方向不同，幕墙结构主要承受竖向自重及水平向风荷载作用，通过玻璃翘曲分析及适应较大变形的节点设计，在确保玻璃幕墙不破裂的前提下，可容许索结构有较大的水平变形。

9.6.9　索膜结构应进行初始预张力状态分析（找形分析）和荷载状态分析，必要时进行裁剪分析，应考虑结构几何非线性的影响，初步设计时也可采用通用软件用简化方法进行初步分析。找形分析应与建筑专业相配合，外形应满足建筑要求，应避免膜面松弛、局部积水、起皱或张力过大而导致结构失效或影响结构正常使用功能。对于刚性主体钢结构上的索膜结构，需要考虑索与主体钢结构的整体作用，以及膜材更换和膜材失效对结构的影响。

【说明】：膜结构的分析主要包括形状确定、荷载分析和裁剪分析。裁剪分析是将由找形得到并经荷载分析复核的空间曲面，转换成无应力的平面下料图，一般包括空间膜面剖分成空间膜条、空间膜条展开成平面膜片及应力状态转化到无应力状态三个步骤。

9.6.10　在设计阶段应对预应力钢结构进行初步施工阶段分析，提出施工方案建议。施工阶段分析应考虑支模、张拉、落架等施工阶段的影响，明确各阶段的控制目标。

9.6.11　在施工阶段，由预应力钢结构专业施工单位根据施工方案分析的目标拉索拉力值与设计提供的控制值相差不宜超过 10%。

9.7　构　件　设　计

9.7.1　对于高度较高且需要较大侧向刚度的大柱，可采用钢管格构柱，由多根空心圆管通过缀板连接组合而成；柱上端设置端部与屋盖连接。典型做法参见图 9.7.1。

9.7.2　对于高大支撑柱或摇摆柱，可采用变截面空间组合钢管柱，由两根变截面空间组合钢管柱可组成一组人字形柱。变截面空间组合钢管柱和人字形柱的设计宜符合以下规定：

1　变截面空间组合钢管柱是由三根圆钢管（支管）组成的三角形变截面格构式组合柱（图 9.7.2）。柱中横断面最大，柱两端柱轴线汇交成一点。

2　最大支管间距与组合柱的轴线长度之比宜取 1/22~1/25。

3　三根圆钢管由隔板连接，钢板厚度不小于 20mm，用坡口全焊透焊缝与支管管壁焊接。

4　柱的两端节点可采用钢管相贯焊接节点或铸钢节点。

9.7.3　跨度≤6m 的檩条宜采用热浸镀锌薄壁檩条，截面可采用卷边 C 形或 Z 形，檩条与支承结构的连接应采用螺栓连接。

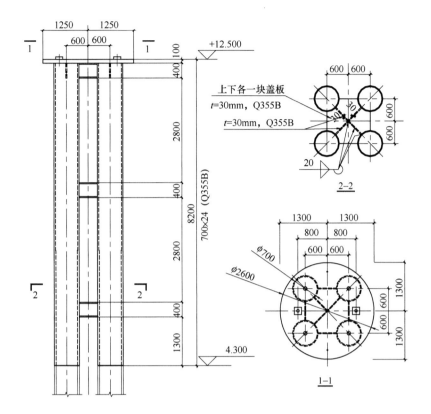

图 9.7.1　钢管格构大柱

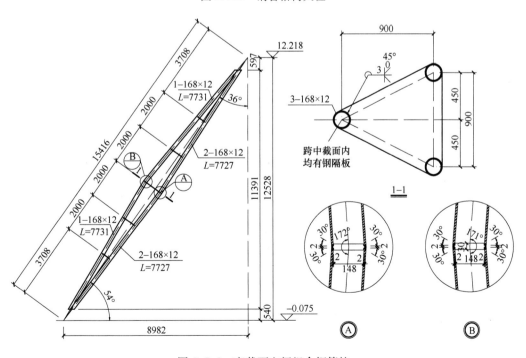

图 9.7.2　变截面空间组合钢管柱

9.7.4 Z形檩条在支座处采用搭接连接时，可按连续 Z 形檩条设计，宜满足以下规定：

1 搭接节点设计宜结合支座节点和隅撑节点设计。搭接长度 $l_1 + l_2$ 应≥10%檩条跨度。

2 可按单型钢等截面连续梁计算内力和挠度，应考虑活荷载不利分布，且支座弯矩宜作 10%的调幅，以考虑搭接节点松动影响；支座连接验算不调幅。

3 檩条搭接节点的受弯承载力可按下式计算：

$$M_{lap} = 2N_v(l_1 + l_2) \tag{9.7.4}$$

式中　N_v——一个螺栓的受剪承载力设计值（N）；

　　l_1、l_2——一侧的搭接长度（mm）。

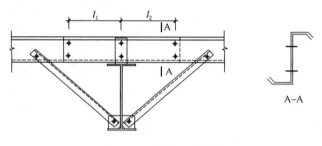

图 9.7.4　连续 Z 形檩条

【说明】：国外许多钢结构公司均有专门的连续檩条计算程序，有的采用简化的连续梁模型计算，有的采用变刚度连续梁模型计算，搭接区按双檩条刚度考虑。根据国内有关研究，如果采用等截面连续梁简化计算，支座弯矩宜作 10%的调幅，以考虑搭接节点松动影响。

9.7.5 跨度>6m 的檩条宜采用轧制 H 型钢、蜂窝梁、波纹腹板钢构件；制作条件允许时，也可以采用大跨度箱形压型钢板兼作檩条。蜂窝梁的孔洞类型宜采用六角形，也可采用八角形、圆形或椭圆形，扩张比（蜂窝梁截面高度与原 H 型钢截面高度之比）宜为 1.2～1.7。波纹腹板钢檩条不宜用于强腐蚀作用环境条件，截面高度宜为 400～3000mm。大跨度箱形压型钢板高度为 200～400mm，跨度宜为 6～15m。

9.7.6 焊缝的质量等级：角焊缝和部分熔透坡口焊缝宜采用三级或外观二级，受压和受剪全熔透焊缝质量等级宜采用二级，受拉和承受动力荷载的全熔透焊缝宜采用一级。

9.8　节　点　设　计

9.8.1 钢结构节点设计应根据结构的重要性、受力特点、荷载情况和工作环境等因素选用节点形式、材料与加工工艺。节点设计及构造应符合计算假定。

9.8.2 节点连接件的钢材强度等级和质量等级不应低于与其相连的杆件，节点承载力不应低于杆件承载力。

9.8.3 索结构节点应满足其承载力设计值不小于拉索内力设计值 1.25～1.5 倍的要求。节点设计需满足力学和构造准则，节点的构造应考虑拉索安装、张拉的工艺要求。

9.8.4 圆管相贯连接节点宜避免采用有搭接节点，必要时可采取加设相贯板、主管局部加粗、改用铸钢或锻钢节点等措施。

9.8.5 刚性相贯钢管节点应采用内隔板或外加劲板或贯穿隔板加强，必要时可采用铸钢节点。

9.8.6 管桁架等强坡口焊缝相贯焊接可按图 9.8.6。

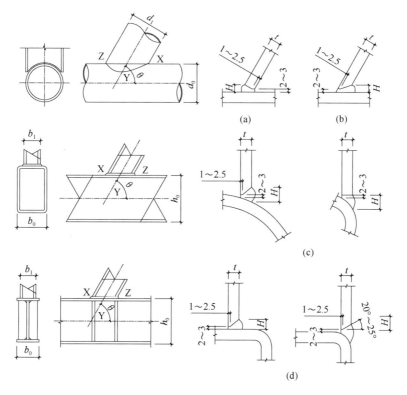

图 9.8.6　管桁架等强坡口焊缝相贯焊接

（a）Z 处焊缝详图；（b）X 处焊缝详图；（c）圆管 Y 处焊缝详图；（d）矩形管 Y 处焊缝详图

注：图中 $H/t \geqslant 1$。

9.8.7 管桁架相贯圆钢管轴线夹角（锐角）$\leqslant 75°$ 时，相贯焊缝划分为 A、B、C 区（图 9.8.7），A、B 区的焊缝质量等级为二级，C 区的焊缝质量等级为三级。当钢管轴线所夹锐角 $\geqslant 75°$ 时，焊缝质量等级为二级。

9.8.8 当钢管较薄件厚度 $t < 6mm$ 时，管桁架圆管角焊缝等强相贯连接焊缝可按图 9.8.8 所示处理。

9.8.9 未经正火处理的冷成型方（矩）形管，当图 9.8.9 中阴影所示冷成型影响区域满足表 9.8.9 中要求时方可进行焊接。

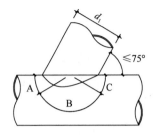

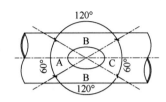

图 9.8.7　圆管相贯焊缝分区

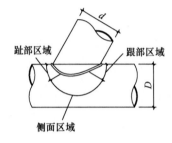

角焊缝最小L值	
跟部<60°	1.5t与1.4t+z的较大值
侧面≤100°	1.5t
侧面100°~110°	1.75t
侧面110°~120°	2t
趾部>120°	整个斜面60°~90°坡口

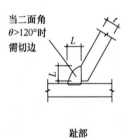

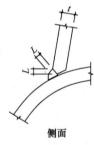

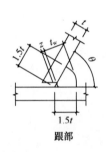

趾部　　　　　　　侧面　　　　　　　跟部

图 9.8.8　圆管（$t<6$mm）角焊缝等强相贯连接焊缝

注：1. t_w 为焊缝的有效厚度，$t_w=1.07t$，t 为较薄件的厚度；

2. z 为焊缝折减尺寸；当 $\theta \geqslant 60°$ 时，$z=0$；当 $45° \leqslant \theta < 60°$ 时，$z=3$mm；当 $30° \leqslant \theta < 45°$ 时，$z=3$mm；

3. 焊缝根部间隙 0~5mm；

4. 管端也可不开坡口，但在支管间的横向间隙处，应局部开坡口，以尽量避免焊缝交汇；

5. θ 最小值为15°，当 $\theta < 30°$ 时，需做焊接工艺评定。

焊接冷成型区和相邻材料的条件　　　　　　　表 9.8.9

r/t	由于冷成型引起的应变（%）	最大厚度（mm）		完全脱氧铝-脱氧钢（Al≥0.02%）
		一般条件下		
		主要为静态加载	主要出现疲劳状态	
≥25	≤2	任意	任意	任意
≥10	≤5	任意	16	任意
≥3.0	≤14	24	12	24
≥2.0	≤20	12	10	12
≥1.5	≤25	8	8	10
≥1.0	≤33	4	4	6

【说明】：冷成型方（矩）形管的转角区域为冷作硬化区域，存在残余应力，不宜焊接，表 9.8.9 参照欧洲标准 EN 1993-1-8：2005。

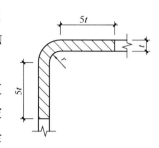

图 9.8.9 冷成型影响区域

9.8.10 支座和柱脚宜采用锚栓固定在支承结构上，支座锚栓直径宜≥16mm，柱脚锚栓直径宜≥20mm，并应与被支承板件厚度和底板厚度相协调。底板的锚栓孔径宜取锚栓直径加 10mm，锚栓垫板的锚栓孔径取锚栓直径加 2mm，锚栓垫板的厚度宜取底板厚度的 0.5～0.7 倍，安装校正完毕后，用角焊缝将锚栓垫板与底板焊接，焊脚尺寸宜≥10mm。锚栓应采用双螺帽。

9.8.11 锚栓不宜受剪，支座和柱脚剪力由底板底面摩擦力、底板下抗剪键、周边支承结构承受，摩擦系数可取 0.4。锚栓的锚固长度应根据基础混凝土强度等级、锚栓强度等级、锚栓直径确定。

9.8.12 支座底板厚度宜≥12mm，柱脚底板厚度宜≥20mm，且不应小于被支承构件较厚板件的厚度。

9.8.13 支座和柱脚底板下宜设置无收缩早强高强水泥基灌浆料二次灌浆层，灌浆层厚度应≥50mm。水泥基灌浆料应满足现行《水泥基灌浆材料应用技术规范》GB/T 50448 的要求，设计文件应注明 1d、3d 和 28d 抗压强度（换算成 150mm 立方体标准试块强度）要求。底板宜设灌浆孔，数量应≥2 个。验算二次灌浆层抗压强度时，灌浆层抗压强度设计值应乘以折减系数 0.67。

9.8.14 刚性固定外露式柱脚应有足够的刚度，应采用加劲肋、靴板或靴梁增大柱脚刚度，底板厚度宜≥30mm，加劲肋厚度宜≥12mm，加劲肋高度宜≥250mm。

9.8.15 刚性固定外露式柱脚及锚栓计算，可假定柱脚底板底面为平面、混凝土应力-应变关系为线性近似求解混凝土最大压应力和锚栓最大拉力。应验算柱脚受剪承载力、柱脚底板下二次灌浆层及下部混凝土受压承载力、锚栓受拉承载力、柱脚底板受弯承载力、加劲肋受剪承载力、焊缝连接承载力等。

9.8.16 对于非刚性的平板式支座和柱脚，宜考虑底板底面压应力不均匀的影响。

【说明】：对于 H 型钢或工字钢柱外露式柱脚，按照欧洲标准 EN 1993-1-8：2005，轴力作用下柱脚底板支座反力均匀作用于图 9.8.16-1 所示 1、2、3 区，H 型钢翼缘或腹板与支座底板部分视为支承在基础上的等效 T 型钢，T 型钢翼缘（底板）下均布压应力的分布宽度 c 不应超过：

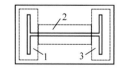

图 9.8.16-1 柱脚支座
受压面

1—T 型钢 1；2—T 型钢 2；
3—T 型钢 3

$$c = t \left[f_y / (3 f_{jd} \gamma_{M0}) \right]^{0.5} \qquad (9.8.16\text{-}1)$$

式中　t——T 型钢翼缘厚度；

　　　f_y——T 型钢屈服强度；

γ_{M0}——分项系数，欧洲标准的推荐值为 1.0；

f_{jd}——翼缘下的抗压强度设计值，按下式计算：

$$f_{jd} = \beta_j F_{Rdu}/(b_{eff}l_{eff}) \tag{9.8.16-2}$$

式中　β_j——支座基础材料系数，当灌浆料强度特征值不小于 0.2 倍基础混凝土强度特征值，且灌浆层厚度不小于支座底板的短边时，取 2/3；

F_{Rdu}——局部受压承载力设计值，按 EN 1992 计算，计算时 A_{c0} 取 $b_{eff} \cdot l_{eff}$。

b_{eff}——受压面的宽度；

l_{eff}——受压面的长度。

EN 1993-1-8：2005 也提供了轴力与弯矩共同作用的柱脚底板设计方法，计算方法与上述方法类似，但抵抗弯矩忽略 H 型钢翼缘部分的贡献（T 型钢 2），并考虑锚栓的抗拔力，支座底板反力力臂的确定见图 9.8.16-2。

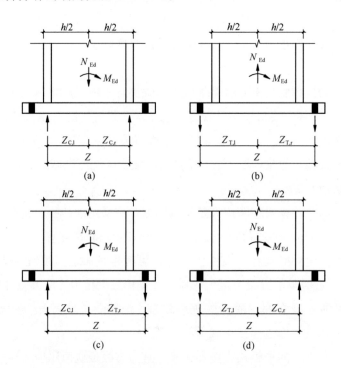

图 9.8.16-2　柱脚支座底板反力力臂的确定

(a) 轴向压力占主导时的柱基连接；(b) 轴向拉力占主导时的柱基连接；
(c) 弯矩占主导时的柱基连接；(d) 弯矩占主导时的柱基连接

9.8.17　屋面主檩条与檩托、次檩与主檩的连接宜采用螺栓连接。

【说明】：檩条采用螺栓连接可方便安装。次檩条一般采用热浸镀锌薄壁檩条，其壁板较薄，焊接时易破坏母材及镀锌层，不易修补，宜采用螺栓连接。

9.8.18　屋面压型钢板与檩条的连接宜采用防水防锈自钻自攻钉、射钉或螺栓。

第 10 章　结构隔震和消能减震（振）设计

10.1　一　般　规　定

10.1.1　本章适用于设置隔震层以降低地震响应的结构隔震设计、设置消能部件吸收与消耗地震能量的结构消能减震设计、结构风振控制设计以及其他各类基于建筑使用需求的结构振动控制设计。

【说明】：隔震结构是指在基础或结构层间设置隔震支座（或系统）形成隔震层，延长结构自振周期以降低地震响应的建筑结构。隔震结构由上部结构、隔震层、下部结构和基础等组成。

消能减震（振）结构是指在建筑结构的某些部位（如支撑、剪力墙、节点、连接缝或连接件、楼层空间、相邻建筑间、主附结构间等）设置消能（阻尼）器（或元件），吸收并消耗地震或风振能量的建筑结构。消能减震（振）结构由主体结构、消能部件（消能器＋支撑）及基础等组成。

现行的隔震和消能减震（振）设计方面的标准及图集较多，设计应根据项目实际情况执行相关的规定及选用对应的图集。主要的法规、国家及行业标准包括《建设工程抗震管理条例》（国务院令第 744 号）、《建筑抗震设计规范》GB 50011、《建筑隔震设计标准》GB/T 51408、《建筑消能减震技术规程》JGJ 297、《高层民用建筑钢结构技术规程》JGJ 99、《工程隔振设计标准》GB 50463、《建筑振动荷载标准》GB/T 51228 等；主要的广东省标准包括《高层建筑混凝土结构技术规程》DBJ/T 15 - 92、《高层建筑钢-混凝土混合结构技术规程》DBJ/T 15 - 128 及《高层建筑风振舒适度评价标准及控制技术规程》DBJ/T 15 - 216 等。

10.1.2　隔震和消能减震建筑的基本抗震设防目标应符合以下要求：

1　隔震建筑：当遭受设防地震（中震）作用时，主体结构基本不受损坏或不需修理即可正常使用；当遭受罕遇地震（大震）作用时，结构可能发生损坏，经修复后可继续使用；特殊设防类建筑遭受极罕遇地震（巨震）时，不致倒塌或发生危及生命的严重破坏。

2　消能减震建筑：当遭受多遇地震（小震）作用时，消能部件正常工作，主体结构不受损坏或基本不需要修理可继续使用；当遭受设防地震（中震）作用时，消能部件正常工作，主体结构可能发生损坏，但经一般修理仍可继续使用；当遭受罕遇地震（大震）作用时，消能部件不应丧失功能，主体结构不致倒塌或发生危及生命安全的严重破坏。

【说明】：合理设计的隔震结构和消能减震结构相比于传统抗震结构能减小结构的地震反应 10%～60%，可有效提高结构安全性、增加结构安全储备。消能减震建筑不改变主体结构的竖向受力体系，其设防目标与现行国家标准《建筑抗震设计规范》GB 50011 基本的设防目标保持一致或略有提高。

10.1.3　对于采用隔震减震等技术保证地震时正常使用的建筑，其基本抗震设防目标是：当遭受设防地震（中震）作用时，主体结构基本不受损坏或不需修理即可继续使用，建筑物的各项使用功能应能保持正常运转；当遭受罕遇地震（大震）作用时，结构可能发生损坏，建筑物可能会有轻度或中度损坏，但经紧急修理可快速恢复使用功能。

【说明】：根据《建设工程抗震管理条例》第十六条规定，位于高烈度设防地区、地震重点监视防御区的新建学校、幼儿园、医院、养老机构、儿童福利机构、应急指挥中心、应急避难场所、广播电视等建筑应当按照国家有关规定采用隔震减震等技术，保证发生本区域设防地震时能够满足正常使用要求。正常使用要求包括结构安全完好，建筑非结构构件不损坏，设备仪器正常使用，附属设备正常运行。

10.1.4 结构风振控制的目标是：当遭受 10 年一遇的风荷载时，结构的风致水平振动最大加速度计算值应能满足相应建筑楼层功能的舒适度要求；当遭受 50 年一遇的风荷载时，按弹性方法计算得到的结构水平位移指标（整体位移角或最大层间位移角）宜满足相关规范要求。

10.1.5 基于建筑使用需求的结构振动控制宜符合以下目标要求：

1 人行激励或体育运动激励引起的楼盖振动，不至于引起使用者的不适甚至恐慌。

2 建筑机电设备振动，不至于影响相邻上下楼层空间内人们的正常使用。

3 城市轨道交通引起的振动，不至于影响其邻近普通建筑（住宅、商场、办公等）或特殊建筑（音乐厅、歌剧院等）的正常使用。

4 外部环境的振动，不至于影响建筑内精密仪器或重要设备的正常运行。

【说明】：不同类型的建筑振动控制标准不同，目前国内主要参考的规范标准包括《建筑工程容许振动标准》GB 50868、《电子工业防微振工程技术规范》GB 51076、《住宅建筑室内振动限值及其测量方法标准》GB/T 50355 及《建筑楼盖结构振动舒适度技术标准》JGJ/T 441 等，国外的包括《减小楼板振动》设计指南（ATC 1999 年发布）。对于精密实验室类建筑，尚应参考各类专项实验室相应的建筑技术规范中的相关内容，结构设计应在方案阶段与业主充分沟通其实际振动控制需求，以便及早确定振动控制方案。

10.2 结构隔震设计

10.2.1 隔震结构根据隔震层位置不同主要分为基底隔震、层间隔震及屋盖隔震等。隔震建筑的设计过程中，结构设计人应加强与其他各专业设计人的协调与沟通。

【说明】：隔震结构在房屋基础、底部、下部结构与上部结构或屋盖结构之间设置由橡胶隔震支座和阻尼装置等部件组成的具有整体复位功能的隔震层，以延长整个结构体系的自振周期，减小输入上部结构的水平地震作用，达到预期防震要求，可以解决以下问题：（1）减小上部结构地震作用，降低上部结构抗震设计难度；（2）减小构件截面尺寸，降低主体结构配筋量，大幅减小结构层间位移角；（3）通过隔震层刚心调配，解决平面扭转不规则等问题；（4）利用隔震层的大变形，在隔震层设置阻尼器可大幅提高阻尼器的效率；（5）通过减小地震输入，同步解决非结构构件的抗震问题。

建筑隔震设计不仅是结构单专业的事，建筑及机电专业在其中也扮演着重要角色。穿越隔震层的楼梯、扶手、门厅入口、踏步、电梯、地下室坡道、车库出入口及其他固定设施，为避免地震作用下可能的阻挡和碰撞，均须采取断开或可变形的构造措施；穿越隔震层的一般管线也须采取柔性措施；另有隔离缝、伸缩缝、检修及隔震标识等。对于隔震建筑，各专业设计人除了进行常规建筑的专业间配合外，还需针对隔震技术的应用问题进行更多更深入的协调与沟通。

10.2.2　结构采用隔震设计时应符合下列各项要求：

1　应选用整体刚度较好的基础类型。所在的场地宜为Ⅰ、Ⅱ、Ⅲ类。

2　隔震层应提供必要的竖向承载力、侧向刚度和阻尼，穿越隔震层的设备配管、配线，应采用柔性连接或其他有效措施以适应隔震层的罕遇地震水平位移。

3　体型基本规则的隔震结构可不设置防震缝，体型复杂的结构不设防震缝时，应选用符合实际的结构计算模型进行较精确的计算分析，采取必要的加强措施。

10.2.3　基于整体设计法的结构隔震设计大致流程见图10.2.3。

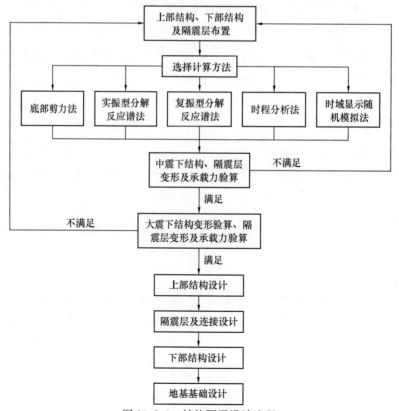

图 10.2.3　结构隔震设计流程

【说明】：选择计算方法时，可按下列原则确定：（1）当房屋高度不超过24m、上部结构以剪切变形为主，且质量和刚度沿高度分布比较均匀的隔震建筑，可采用底部剪力法；（2）当隔震层阻尼比小于10%，结构高度不超过24m、质量和刚度沿高度分布均匀且隔震质量类型单一的隔震建筑，可采用实振型分解反应谱法；（3）其他情况应采用复振型分解反应谱法；（4）对于房屋高度大于40m的隔震建筑，不规则的建筑，或隔震层隔震支座、阻尼器装置及其他装置的组合复杂的隔震建筑，应采用时程分析法或时域显式随机模拟法等动力分析方法进行补充计算；（5）非线性时域显式随机模拟法是一种真正意义的随机振动方法，不但有效克服了振型分解反应谱法峰值响应近似组合方式及时程分析法代表性不足带来的问题，还可基于隔震支座非线性恢复力模型对真实非线性隔震结构进行分析（中震下，隔震支座为非线性、上部结构为弹性），因此，提倡优先考虑采用该方法对隔震结构进行中震下的动力分析。对于特殊设防类建筑，尚应进行极罕遇地震（巨震）作用下结构及隔震层的变形验算；对于要求地震时正常使用的建筑，尚应进行中震、大震作用下的层间变形及楼层水平加速度验算。

10.2.4 当设防烈度不低于8度时，重点设防类的建筑宜考虑采用隔震结构。

【说明】：当设防烈度不低于8度时，采用传统的抗震设计方法，结构的抗震性能或经济指标可能较差，故可以考虑采用隔震技术，通过减小地震作用的方式，保证结构的安全性。尤其是医疗建筑、学校、数据中心等重点设防类建筑，距离发震断层5～10km以内、需要考虑近场影响系数时，应优先考虑采用隔震结构。

10.2.5 隔震层位置的选择应使结构形成合理的隔震计算模型，并获得有效的隔震效果。对于有地下室的建筑，宜优先考虑隔震层置于首层与地下一层之间。

10.2.6 在进行隔震层结构布置时，应遵循以下原则：

1 隔震层刚度中心宜与上部结构的质量中心重合，设防地震（中震）作用下的偏心率不宜大于3%。

2 隔震支座的平面布置宜与上部结构和下部结构中竖向受力构件的平面位置相对应（不能对应时，应采取可靠的结构转换措施），隔震支座底面宜布置在相同标高位置上（必要时个别支座也可布置在不同的标高位置上）。

3 同一结构选用多种类型、多种规格的隔震支座时，应注意充分发挥每个隔震支座的承载力和水平变形能力，同一隔震层所有隔震装置的竖向变形应保持基本一致。橡胶类支座不宜与摩擦摆等钢支座在同一隔震层中混合使用。

4 同一支承处选用多个隔震支座时，隔震支座之间的净距应满足安装和更换时所需的空间尺寸需求。

5 铅芯橡胶支座宜布置在结构角部和周边的柱下，以增大结构整体抵抗扭转的能力。

【说明】：隔震层偏心率计算应考虑所有类型的隔震支座和所有消能器的等效刚度。计算方法可参考现行《高层民用建筑钢结构技术规程》JGJ 99-2015附录A的钢结构偏心率计算方法。

10.2.7　在隔震结构中，宜在隔震层的两个水平方向均匀布置黏滞流体阻尼器，阻尼器的速度指数应小于 1.0。阻尼器宜设置在结构四周以减小结构的扭转效应。

【说明】：在阻尼器布置时，应保证隔震层在各个方向均有阻尼力，且在两个方向提供的阻尼力基本相等。当黏滞流体阻尼器的阻尼指数较小时，在多遇地震作用下阻尼器具有较大的耗能能力，且在罕遇地震作用下阻尼力又不致过大。

10.2.8　隔震建筑应进行结构整体抗倾覆验算和隔震支座拉压承载力验算。

【说明】：橡胶隔震支座受拉承载力很低，应避免整体倾覆力矩导致支座拉应力过大。必要时，可通过设置抗拉装置，抵抗结构底部出现的拉力。采用屋盖隔震时，屋盖上宜设置承受水平拉力的构件，隔震装置不宜承担由永久荷载引起的水平推力，且在风荷载作用下不宜竖向受拉，可增设抗风装置或抗拉装置。

10.2.9　隔震层顶部应设置整体刚度好的梁板式楼盖，且应符合下列要求：

1　隔震支座的相关部位应采用现浇混凝土梁板结构，现浇板厚度不应小于 160mm。

2　隔震层顶部梁、板的刚度和承载力，宜大于一般楼盖梁板的刚度和承载力。

3　隔震支座附近的梁柱应验算受冲切承载力和局部受压承载力，加密箍筋并根据需要配置网状钢筋。

【说明】：为保证隔震层整层能够整体协调，隔震层顶部应设置平面刚度足够大的梁板体系。当采用装配整体式钢筋混凝土楼盖时，为使纵横梁体系能传递竖向荷载并协调横向剪力在每个隔震支座的分配，支座上方的纵横梁体系应为现浇。为增大隔震层顶部梁板的平面刚度，需加大梁的截面尺寸和配筋。考虑到隔震支座附近的梁、柱受力状态复杂，地震时还会受到冲切，应加密箍筋，必要时配置网状钢筋。

10.2.10　隔震层楼面结构设计时，应考虑经长时间使用以及震后隔震支座需要更换的情况，隔震支座两侧的主框架梁应能承受进行托换时千斤顶的作用力。

10.2.11　隔震结构等效刚度和等效阻尼，应根据隔震层中隔震装置及阻尼装置经试验所得滞回曲线对应不同地震烈度作用时的隔震层水平位移值计算，可按对应不同地震烈度作用时的设计反应谱进行迭代计算确定，也可采用时程分析法计算确定。

【说明】：当采用底部剪力法计算地震作用时，设防地震作用时隔震层隔震橡胶支座水平剪切位移可取支座橡胶总厚度的 100%，罕遇地震作用时可取支座橡胶总厚度的 250%，极罕遇地震作用时可取支座橡胶总厚度的 400%。

10.2.12　隔震层中隔震支座的设计工作年限不应低于建筑结构的设计工作年限。当隔震层中的其他装置的设计工作年限低于建筑结构的设计工作年限时，在设计中应注明并预设可更换措施。

10.2.13　隔震支座的压应力和徐变性能应符合下列规定：

1　隔震支座在重力荷载代表值作用下，竖向压应力设计值不应超过表 10.2.13 的

规定;

2 对于隔震橡胶支座,当第二形状系数(有效直径与橡胶层总厚度之比)小于5.0时,应降低平均压应力限值:小于5且不小于4时降低20%,小于4且不小于3时降低40%;标准设防类建筑外径小于300mm的支座,其压应力限值为10MPa;

3 对于弹性滑板支座,橡胶支座部及滑移材料的压应力限值均应满足表10.2.13的规定,支座部外径不宜小于300mm;

4 对于摩擦摆隔震支座,摩擦材料的压应力限值也应满足表10.2.13的规定;

5 在建筑设计工作年限内,隔震支座刚度、阻尼特性变化不应超过初期值的±20%;橡胶支座的徐变量不应超过内部橡胶总厚度的5%。

隔震支座在重力荷载代表值作用下的压应力限值(MPa) 表10.2.13

支座类型	特殊设防类建筑	重点设防类建筑	标准设防类建筑
隔震橡胶支座	10	12	15
弹性滑板支座	12	15	20
摩擦摆隔震支座	20	25	30

10.2.14 上部结构的抗震变形验算,包括设防地震(中震)作用下的弹性层间位移验算和罕遇地震(大震)作用下的弹塑性层间位移验算,对特殊设防类建筑还应进行极罕遇地震(巨震)作用下的弹塑性层间位移验算。

10.3 结构消能减震设计

10.3.1 消能器可采用速度相关型、位移相关型或复合型。目前常用消能减震装置及其应用情况如表10.3.1所示。

常用消能减震装置 表10.3.1

序号	消能减震(振)装置分类	目前的应用概况
1	屈曲约束支撑(BRB)	应用最广泛,成本较低
2	防屈曲钢板剪力墙	结合全钢结构及改造工程,逐渐推广应用
3	剪切钢板(加劲)消能器	
4	黏滞流体阻尼器(黏滞缸式阻尼器)	应用广泛,成本相对较高
5	黏滞阻尼墙(VFW)	逐渐应用于建筑的抗震(加固)设计
6	黏弹性阻尼器(VED)	逐渐应用于减震或减(风)振设计
7	摩擦耗能阻尼器	多种形式(结合)的应用较广泛
8	调频质量阻尼器(TMD)	应用较广泛
9	电涡流阻尼器(ETMD)	建筑工程中应用渐增
10	调谐晃动液体阻尼器(TSD)	应用渐增,成本较低
11	调谐液柱阻尼器(TLCD)	逐渐应用于风振控制设计
12	其他:调谐惯质阻尼器(TVMD)、颗粒阻尼器、阻尼砖等	—

【说明】:结构中设置消能器的目的主要是减少消能减震(振)结构在地震作用下的反应或其他作用、振动的影响,降低结构构件的内力和变形。通过消能减震(振)技术的应

221

用，可解决以下问题：（1）增加结构阻尼比；（2）降低结构层间位移角；（3）减小结构扭转位移比；（4）减小刚度突变；（5）减小受压构件截面；（6）降低配筋量；（7）改善结构整体或楼盖舒适度。

位移相关型消能器为耗能能力与消能器两端的相对位移相关的消能器，如金属消能器、摩擦消能器和屈曲约束支撑等。速度相关型消能器为耗能能力与消能器两端的相对速度有关的消能器，如黏滞消能器、黏弹性消能器等。复合型消能器为耗能能力与消能器两端的相对位移和相对速度有关的消能器，如铅黏弹性消能器等。

10.3.2　消能减震设计时，应根据多遇地震下的预期减震要求及罕遇地震下的预期结构位移控制要求，设置适当的消能部件。

【说明】： 对于通过消能减震实现地震时正常使用要求的建筑，尚应进行中震、大震作用下的层间变形及楼层水平加速度验算。

10.3.3　以屈曲约束支撑减震的结构设计大致流程：

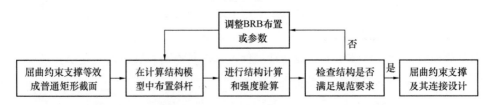

10.3.4　以黏滞阻尼器减震的结构设计大致流程：

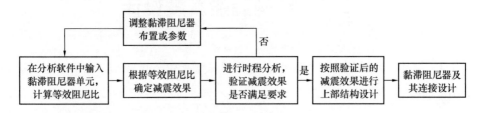

10.3.5　以 TMD 减震的结构设计大致流程：

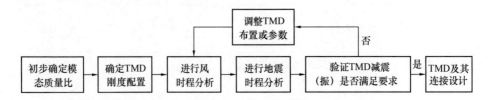

10.3.6　结构采用消能减震设计时应符合下列各项要求：

1　建筑场地应避开对建筑抗震危险及不利地段。

2　消能器应具备良好的变形能力和消耗地震能量的能力，消能器的极限位移应大于消能器设计位移的120%；速度相关型消能器极限速度应大于消能器设计速度的120%，同时应具有良好的耐久性和环境适应性。

3　一般情况下，应至少在消能减震结构的各个主轴方向分别计算水平地震作用并进行抗震验算，各方向的水平地震作用应由该方向消能部件和抗侧力构件承担。有斜交抗侧力构件的结构，当相交角度大于15°时，应分别计算各抗侧力构件方向的水平地震作用。

10.3.7 消能器一般是和支撑（支承构件）一起布置在结构中，支撑（支承构件）和消能器构成消能部件。常见的布置形式有单斜撑、V形撑、人字形撑等，概念设计阶段应根据消能器的类型、构造及原结构空间使用、建筑设计、施工和检修要求选择消能部件的类型。

【说明】：一般情况下，从消能器的构造、类型角度考虑，圆筒式黏弹性消能器、筒式流体消能器等适合采用斜杆支撑；Pall型摩擦消能器、双环金属消能器、加劲圆环金属消能器适合采用交叉支撑；金属消能器适合用于人字形撑或耗能剪力墙中。

10.3.8 消能器的布置以使结构平面两个主轴方向动力特性相近或结构高度方向刚度均匀为原则：

1 对于规则结构，平面上可在两个主轴方向上分别采用对称布置。

2 对于结构平面两个主轴动力特性相差较大时，可根据需要分别在两个主轴方向布置，也可以只在较弱的一个主轴方向布置，这时结构设计时应考虑只有单方向的消能作用。

3 对于结构竖向存在薄弱层可优先在薄弱层布置，然后再考虑沿竖向每层或隔层或跨层布置。

10.3.9 消能器的恢复力模型参数应由厂家提供，新研发的消能器恢复力模型参数需经试验获得和验证。

10.3.10 消能器与主体结构的连接与构造，应符合下列规定：

1 消能器与主体结构的连接一般分为：支撑型、墙型、柱型、门架式和腋撑型等，设计时应根据各工程具体情况和消能器的类型合理选择连接形式。

2 当消能器采用支撑型连接时，可采用单斜支撑布置、V形和人字形等布置，不宜采用K形布置。支撑宜采用双轴对称截面，宽度比或径厚比应满足现行《高层民用建筑钢结构技术规程》JGJ 99 的要求。

3 消能器与支撑、节点板、预埋件的连接可采用高强度螺栓连接、焊接或铰接，高强度螺栓及焊接的计算、构造要求应按现行《钢结构设计标准》GB 50017 执行。

4 预埋件、支撑和支墩（剪力墙）及节点板应具有足够的刚度、强度和稳定性。

5 与消能器或消能部件相连的预埋件、支撑和支墩（剪力墙）及节点板的作用力应按以下要求取值：

（1）位移相关型消能器：消能器在设计位移下对应阻尼力的1.2倍；

（2）速度相关型消能器：消能器在设计速度下对应阻尼力的1.2倍。

10.3.11 消能减震结构的主体结构抗震等级应根据其自身的特点，按相应的规范和规程取值，当减震效果比较明显时，主体结构的抗震构造措施可适当降低，即当消能减震的地震影响系数不到非消能减震的50%时，主体结构的抗震构造措施可降低1度执行，但最大降低程度应控制在 1 度以内。

10.3.12　金属消能器可用于 7 度及以上抗震设防的新建与加固改造工程。框架结构可设置金属消能器形成双重抗侧力体系，剪力墙结构可采用设置金属可更换连梁的方式。

【说明】： 金属消能器的主要作用是增强结构在多遇地震与风荷载作用下的侧向刚度，在罕遇地震作用下发挥金属材料延展性好、耗能能力强的优点。与传统的结构抗震设计相比，采用金属消能器的减震设计技术先进，抗震效果好，装配化程度高，符合建筑工业化的发展方向。

10.3.13　金属消能器包括屈曲约束支撑（BRB）、防屈曲钢板剪力墙、剪切钢板消能器和加劲消能器等形式。常用的金属消能器如图 10.3.13 所示，可结合减震需求应用。

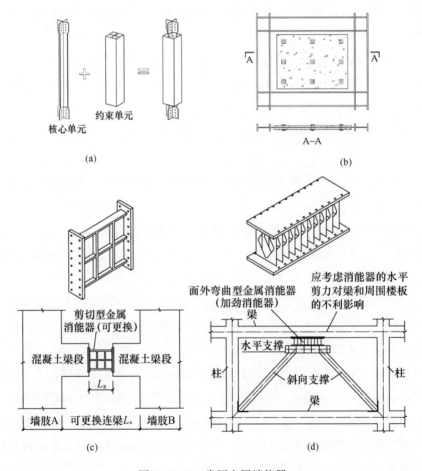

图 10.3.13　常用金属消能器

（a）防屈曲支撑；（b）防屈曲钢板剪力墙；（c）剪切钢板消能器；（d）加劲消能器

1　屈曲约束支撑（BRB）可作为钢（框架）结构或可用于混凝土结构的承载-消能构件。

2　防屈曲钢板剪力墙可用于钢框架结构或加固改造工程。

3　剪切钢板消能器可应用于剪力墙的连梁，形成可更换连梁。

4　加劲消能器可结合门架形支撑使用，设计时应考虑消能器的水平剪力对周边楼盖的影响。

【说明】：（1）屈曲约束支撑（BRB）由核心单元和外约束单元组成，利用核心单元钢材的拉压塑性变形耗能，是一种位移相关型的消能器。BRB芯材截面形式可采用一字形、十字形和口字形，常用 Q190、Q235 等较低屈服点的钢材。外约束单元常用圆钢管或方钢管，也可填充混凝土形成钢管混凝土约束单元。BRB具有较高的承载能力，屈服承载力可达 1000t，最大构件长度可达 20m。BRB力学性能可控而稳定，具有耐久性良好、施工简便、便于维护等优点。（2）防屈曲钢板剪力墙由低屈服点内嵌钢板和前后两侧混凝土盖板组成，三者通过螺栓连接，在混凝土盖板上开椭圆形孔以便螺栓有足够的滑移空间。防屈曲钢板剪力墙在面内具有较大的刚度，同时在大震作用下具有饱满的滞回性能，耗能效果良好。（3）剪切钢板消能器是利用较低屈服点钢板平面内剪切应力作用下产生的塑性滞回变形来耗能。在剪切钢板消能器中，为了防止钢板过早发生屈曲，抑制面外变形，一般需对剪切钢板设置适当间距的加劲肋。（4）加劲消能器是利用低屈服点钢板在平面外弯矩作用下产生的塑性滞回变形来耗能，通常由数块相互平行的钢板和定位组件构成。

10.3.14　黏滞阻尼器可用于新建建筑和既有建筑抗震加固改造，适用于对抗震设防有特殊要求的新建建筑、改善高层建筑风振舒适度以及既有结构加固改造工程等。常用的黏滞阻尼器包括黏滞流体阻尼器与黏滞阻尼墙（图 10.3.14）。

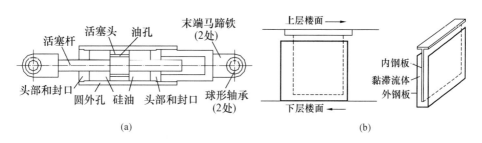

图 10.3.14　常用黏滞阻尼器

（a）黏滞流体阻尼器；（b）黏滞阻尼墙

【说明】：（1）黏滞流体阻尼器由缸体、活塞、黏滞材料等部分组成，是利用黏滞材料运动时产生黏滞阻尼耗散能量的一种速度相关型消能阻尼器；能够提供较大的阻尼以减小结构振动；在可忽略动态刚度影响的情况下，不产生附加刚度，不会因改变结构自振周期而增加地震作用。（2）黏滞阻尼墙是由钢板和高黏滞材料组成的一种速度相关型的新型阻尼装置，能为建筑提供较大的阻尼，起到良好的抗震和抗风作用。产品可代替普通墙体，不影响建筑使用功能。

10.3.15　黏滞流体阻尼器的速度指数 α 常用的范围在 0.2～0.4 之间。黏滞流体阻尼器抽检数量应适当增多，型式检验和出厂检验应由第三方完成。

【说明】：

1. 黏滞流体阻尼器的力学模型如下所示：

$$F_{\mathrm{d}} = C_{\mathrm{d}} \cdot \dot{u}_{\mathrm{d}}^{\alpha} \tag{10.3.15}$$

式中　F_{d}——阻尼力（N）；

　　　C_{d}——阻尼系数 $\left[\mathrm{N}\ (\mathrm{s/mm})^{-\alpha}\right]$；

　　　$\dot{u}_{\mathrm{d}}$——黏滞流体阻尼器两端的相对速度（mm/s）；

　　　α——速度指数（$0.1 \leqslant \alpha \leqslant 1.0$）。

2. 通常可以选择速度指数 α 较小的阻尼器，因为 α 较小时（$\alpha < 0.4$），在速度很小的情况下会产生较大的阻尼力，随着速度的增大，阻尼力增幅较小，这样可以保证消能阻尼器在速度较小时有很好的消能效果，并且在速度较大时，不至于产生过大的阻尼力而对结构造成不利影响；但当 $\alpha < 0.2$ 时，消能阻尼器内部将可能出现高压和射流，使消能阻尼器的性能变得不稳定。因此，工程中比较常用的阻尼指数 α 范围在 0.2～0.4 之间。

10.3.16　对设置黏滞流体阻尼器的结构分析应采用时程分析法，并忽略阻尼器的刚度。

【说明】： 对于一般的工程结构，在地震或者风的作用下，其振动均为低频振动，振动频率一般小于 4Hz，因此，消能阻尼器的刚度可以忽略，可近似地认为消能阻尼器的阻尼系数不随振动频率的变化而变化。

10.4　结构风振控制设计

10.4.1　高层建筑风振舒适度评价及风振控制，应结合建筑使用功能、评价准则和建筑所在区域的风气候特性进行。

【说明】： 广东沿海地区为台风易发多发区域，特大以上规模的城市汇聚、超高层建筑项目众多，近年来连续受到多个强台风或超强台风吹袭，出现了部分大跨度公共建筑围护结构损坏及高层建筑风振舒适度不足的问题。针对上述问题，在充分研究的基础上，我院参与的广东省标准《高层建筑风振舒适度评价标准及控制技术规程》DBJ/T 15-216-2021 发布，以合理评价高层建筑风振舒适度及合理利用振动控制技术降低结构风致振动，本措施也设置章节为风振控制设计提供参考。

10.4.2　高层建筑风振控制系统的布置宜根据需要沿结构主轴方向布置，形成刚度均匀合理的结构体系。风振控制系统的工作年限不宜低于主体结构的设计工作年限，当风振控制系统达到其工作年限时应及时更换。

10.4.3　建筑形体较为规则的高层建筑，可采用质心加速度进行结构风振舒适度评估；建筑形体不规则的高层建筑，宜考虑扭转风效应对风振加速度的影响，可使用角点加速度进行结构风振舒适度评估。

【说明】： 形体不规则建筑一般指具有扭转不规则、凹凸不规则等平面不规则，平面可能存在边际效应的建筑，应采用平面最远端角点加速度进行风振加速度评估。

10.4.4   高层建筑在 1 年重现期风荷载作用下，结构使用楼层的风振加速度限值可按图 10.4.4 确定。

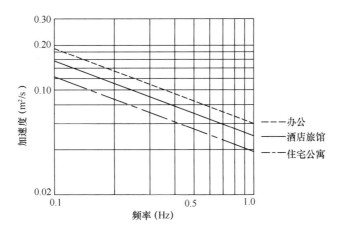

图10.4.4   1年重现期风压作用下结构使用楼层的风振加速度限值

10.4.5   高层建筑在 10 年重现期风荷载作用下，结构使用楼层的风振加速度限值可按表 10.4.5 选用。

10 年重现期风荷载作用下结构使用楼层的风振加速度限值   表 10.4.5

使用功能	加速度限值（m/s²）
住宅、公寓	0.15
酒店、旅馆	0.20
办公	0.25

【说明】： 对于结构顶部风致峰值加速度的控制，广东省有关规范对于住宅及办公混凝土结构的限值为 $0.15m/s^2$、$0.25m/s^2$，对于钢结构建筑分别为 $0.20m/s^2$、$0.28m/s^2$（参考《高层民用建筑钢结构技术规程》JGJ 99）。考虑控制峰值加速度的出发点在于降低高楼内使用者对风致振动感到的不舒适程度，舒适度控制指标应与结构形式无关，而与建筑使用功能有关，建议该限值统一取 $0.15m/s^2$、$0.25m/s^2$；另参考有关研究及国际标准，增加旅馆、酒店控制指标为 $0.20m/s^2$。

10.4.6   台风易发多发地区（50 年重现期基本风压≥0.5kPa 的地区）的高层建筑风振加速度应满足如下要求：

1   在 1 年重现期作用下的风振加速度不大于本措施第 10.4.4 条规定的限值。

2   在 10 年重现期作用下的风振加速度不大于本措施第 10.4.5 条规定的限值。

3   在 50 年重现期作用下的风振加速度不大于 $0.5m/s^2$。

【说明】： 规范一般对 10 年重现期风压下结构风振舒适度提出要求，考虑广东沿海地区较易遭受台风的吹袭，有必要补充采用较低的风荷载重现期评价强风作用下舒适度。为避免台风期间由于建筑物过大的晃动导致使用者恐慌，应对沿海地区高层住宅进行极大风荷载作用下舒适度分析，建议采用 50 年重现期基本风压下风振加速度峰值作为人体感觉安全的风振舒适度极限验算标准。

10.4.7 结构采用风振控制时，可根据风荷载作用下的预期结构位移和加速度控制要求，设置适当的消能部件。消能部件宜采用速度相关型消能器（黏滞消能器、黏弹性消能器）、调频阻尼器（调频质量消能器、调频液体消能器）或其他类型消能器。

【说明】： 结构的风振控制，往往以减小结构的风振加速度、提高舒适性为主，因而所设置的消能器应以附加阻尼为主，速度相关型消能器和调频消能器主要为结构附加阻尼，附加刚度较小或不附加刚度，对抑制结构风致加速度响应的效果较为显著。然而，当结构的抗侧刚度较小时，在风振作用下位移响应也不满足要求时，可联合采用速度相关型消能器和其他类型消能器（如位移相关型消能器），同时为结构附加刚度和阻尼。

10.4.8 为控制结构风致加速度，宜进行多方案比选。推荐可纳入考虑的各候选方案及其可能存在的特性，如表 10.4.8 所示。

控制风致加速度方案列举　　　　　　　　　　　　　　　　表 10.4.8

候选方案			概述	可能存在的优缺点
增加刚度	a	加强层加截面	伸臂桁架、腰桁架、加墙厚、梁柱截面	(1) 一般效果较明显； (2) 加强层会引起结构刚度及内力突变，施工较难且造价高
	b	结构材料调整	钢梁改为钢筋混凝土梁；梁端刚接	(1) 一般效果较明显； (2) 施工速度慢，型钢梁柱节点施工困难
增加阻尼	c	VFD减振	在特定楼层（利用隔墙位置）增设黏滞流体阻尼器或黏滞阻尼墙	满足舒适度要求所需的 VFD 出力可能很大，对应阻尼器的筒径大，支架要求高
	d	TMD减振	利用顶层消防水箱做成 TMD，池底隔离层设支座、阻尼器	(1) 支撑式 TMD 灵敏度较低，减振效果难达到预期； (2) 悬挂式 TMD 灵敏度较高，性能稳定，但需注意是否具备应用条件
	e	TSD减振	利用顶层消防水箱做成 TSD	(1) 节省空间、构造简单、减振灵敏度高、造价低； (2) 相同质量下其减振效率约为 TMD 的 70%

【说明】： 强风荷载作用下结构舒适度是需要重点关注的指标，近年在超强台风侵袭沿海地区时常有超高层建筑住户感到不适的情况出现。在层间位移角超出规范限值的情况下风振加速度 a_{max} 也会随之偏大，但即使控制层间位移角满足规范，a_{max} 仍可能难以满足。为确保风振舒适度而进行控制风致加速度的多方案比选，比选应综合考虑建筑功能影响、

结构影响、控制造价、施工便捷等方面因素，选定适于项目本身的方案。本条仅列出常用的候选方案，具体项目可根据实际情况将其他合适方案纳入候选。

10.4.9 风振控制的消能部件在结构中的布置，宜满足下列要求：

1 消能部件宜布置在结构的中上部楼层，且宜布置在层间位移或层间加速度变化较大的楼层。

2 消能部件沿高度方向的布置应以位移和加速度为控制目标，降低结构侧移和加速度沿高度方向的突变。

【说明】：消能部件在结构中发挥优越耗能能力的条件是消能器在风振作用下具有较大的相对位移或相对速度，因此，消能部件宜设置在结构层间位移或层间速度较大的楼层，以此来提高消能器的耗能性能，耗散风振输入结构的能量，提高结构的安全性和舒适性。

10.4.10 采用调频质量消能器进行结构风致振动控制设计时，调频质量消能器宜设置在结构顶部。当结构顶部根据建筑方案不能设置时，宜在结构可安装调频质量消能器的最高位置设置。当在结构上部设置单个调频质量消能器后仍不能满足结构风振控制要求时，可采用多重调频质量消能器设计方案，在结构多个不同的楼层同时设置调频质量消能器。

【说明】：调频质量消能器应保证其振动频率与结构自振频率接近或相等，调频质量消能器的质量：$m_d = \alpha_d M_i$。其中，M_i 为原结构第 i 振型质量；α_d 宜为 0.005～0.03。

10.4.11 结构中可利用顶部消防水箱设计成调频液体消能器，亦可将水箱作为质量块设计成调频质量消能器。

【说明】：高层建筑设计中，消防水箱是必不可少的组成部分，当结构风振性能不满足要求时，可直接将消防水箱设计成调频消能器，从而避免额外设置消能器而占用建筑使用空间。其实施方案可考虑利用消防水箱中水体的运动形成对结构的控制力（TSD、TL-CD），也可考虑将消防水箱的重量作为调频质量消能器（TMD）的一部分而节约原材料。

10.5 其他振动控制设计

10.5.1 对于各类建筑楼盖结构振动舒适度问题，可按现行《建筑楼盖振动舒适度技术标准》JGJ/T 441 的相关规定进行设计、检测和评估；为了降低动力机器、交通工具等产生的振动对生产、工作、生活和周边环境不利影响的主动隔振，以及为了降低外部振动对仪器仪表、机器设备不利影响的被动隔振，可按现行《工程隔振设计标准》GB 50463 的相关规定进行设计。

【说明】：多数设计人对楼盖结构振动舒适度问题及各类工程隔振问题了解较少，此处特别列出这类问题主要依据的两本标准，基本上能涵盖常见的主要设计流程及要点。更多的相关设计依据及推荐资料除本措施第 10.1.5 条说明的相关规范、规程及标准外，还可参考《工程结构减振控制》（李爱群著，机械工业出版社，2007）及《楼板体系振动舒适度设计》（娄宇等著，科学出版社，2012）等著作。

10.5.2　建筑楼盖结构振动舒适度验算，应具备下列资料：

1　建筑物的建筑图、结构图。

2　设备振动较大时，应取得楼盖上设备的平面布置图、设备名称及其底座尺寸，以及设备的扰力及作用方向、扰频、位置及自重等。

3　室外有强振源时，其振动荷载应由实测确定。

4　引起楼盖振动的典型荷载工况。

10.5.3　楼盖结构振动舒适度验算时，对于钢筋混凝土楼盖和钢-混凝土组合楼盖，其混凝土的弹性模量可按现行《混凝土结构设计规范》GB 50010 的取值分别乘以 1.20 和 1.35 的放大系数；其钢材的弹性模量不变。

【说明】：对应楼盖竖向振动舒适度验算的工况，楼盖振动相对较小，混凝土的弹性模量可采用动弹性模量。

10.5.4　行走激励为主的楼盖结构可按单人行走激励计算楼盖的振动响应。行走激励为主的楼盖类别包括住宅、宿舍、旅馆、酒店、办公室、会议室、商场、餐厅、剧场、影院、礼堂、展览厅、公共交通等候大厅、医院门诊室、手术室、幼儿园、托儿所等。

10.5.5　有节奏运动区域的楼盖结构应按有节奏运动的人群荷载激励计算相关区域及其相邻区域楼盖的振动响应。有节奏运动区域的楼盖类别包括室内运动场地、演唱会和体育场馆的看台、演出舞台、舞厅、健身房等。

10.5.6　连廊和室内天桥的结构应按人群竖向荷载激励和人群横向荷载激励计算结构的振动响应。

10.5.7　楼盖结构振动舒适度不满足要求时，可从以下方面考虑相应的减振措施：

1　提高楼盖刚度：增大构件截面、增设构件支点、施加体外预应力等。

2　增加楼盖阻尼：增设隔墙、吊顶或面层等非结构构件，设置调频质量阻尼器（TMD、ETMD）。

10.5.8　城市轨道交通的隔振与减振设计应具备下列资料：

1　工程概况及环境影响评价报告及相关文件，振动敏感目标附近的岩土工程勘察资料。

2　轨道交通模式、列车车辆的参数；排水、预埋过轨管线的位置、类型及方式，杂散电流防护要求，通信、信号等专业的特殊要求。

3　振动环境功能区、振动敏感目标及其使用功能、环境振动或室内二次结构噪声要求、建筑物结构类型及规模、建筑物基础类型、设计速度曲线等。

【说明】：本节 10.5.8～10.5.14 条文所涉及的其他各类振动问题，并不属于主体结构常规设计内容，一般需由建设单位另行委托专业公司进行相关振动控制的专项设计与施工。我院作为主体结构设计单位，尽管不一定参与这类振动控制的具体设计，但仍应对相关振动控制的主要情况（范围、目标、方案、原理、措施等）有所了解，并掌握其对主体结构的相关影响及具体要求。

10.5.9　城市轨道交通振动对紧邻建筑结构的振动验算，可以参考相关规范室内振动限值，其振动控制方法主要有振源控制、传播途径控制和受振体控制，如表10.5.9所示。

振动控制方法　　　　　　　　　　　　　　　　　　　　表10.5.9

控制方式	具体措施	备注
振源控制	轨道减振	浮置道床、设置减振垫等
	控制列车车速	
传播途径控制	调整建筑与轨道距离	
	设置竖向隔振支座	竖向弹簧支座、厚层橡胶支座
	设置弹性减振垫板	
	设置隔振沟、板桩墙	水平隔振明显，竖向隔振无作用
受振体控制	调整结构形式和布置	
	调整楼板刚度和重量	加大刚度、减小振动效应
	厚板基础	增大振动质量
	设置桩基础	
	装修类措施	主要用于降噪

10.5.10　工程隔振设计应具备下列资料：

1　隔振对象的型号、规格及轮廓尺寸。

2　隔振对象的质量中心位置、质量及转动惯量。

3　隔振对象底座尺寸、附属设备、管道位置、灌浆层厚度、地脚螺栓和预埋件的位置。

4　与隔振对象和基础相连接的管线资料。

5　当隔振器支承在楼板或支架上时，提供支承结构的设计资料；当隔振器支承在基础上时，提供工程地质勘察资料、地基动力参数和相邻基础的有关资料。

6　当振动作用为周期扰力时，提供频率、扰力值、扰力矩值、作用点的位置和作用方向；当振动作用为随机扰力时，提供频谱资料、作用点的位置和作用方向；当振动作用为冲击扰力时，提供冲击质量、冲击速度及两次冲击的间隔时间等资料。

7　隔振对象支承处干扰振动的幅值和频率特性等资料。

8　隔振对象的环境温度及腐蚀性介质影响的资料。

9　隔振对象的容许振动标准。

10.5.11　隔振方式的选用宜符合下列规定：

1　当采用支承式隔振时，隔振器宜设置在隔振对象的底座或台座结构下，可用于隔离竖向和水平振动。

2　当采用悬挂式隔振时，隔振对象宜安置在两端铰接刚性吊杆悬挂的台座上或将隔振对象底座悬挂在两端铰接刚性吊杆上，可用于隔离水平振动；当在悬挂吊杆上端或下端设置隔振器时，可用于隔离竖向和水平振动。

3　当采用屏障隔振时，可采用沟式屏障、排桩式屏障、波阻板屏障及组合式屏障等隔振方式，可用于隔离近地表层场地振动的传播。

10.5.12　各类机电设备对主体结构的振动控制属于主动隔振，精密仪器或特殊设备对外部环境振动的隔离措施属于被动隔振，可根据具体情况按表 10.5.12 选用合适的隔振措施。

隔振器及阻尼器的类型及适用条件　　　　　　　　　　表 10.5.12

序号	隔振器及阻尼器类型	适用条件简介
1	圆柱螺旋弹簧隔振器	动力设备的主动隔振和精密仪器及设备的被动隔振，可采用支承式隔振器；动力管道的主动隔振和精密仪器的悬挂隔振，可采用悬挂式隔振器
2	碟形弹簧与迭板弹簧隔振器	具有冲击及扰力较大设备的竖向隔振，可采用无支承面式或有支承面式碟形弹簧；承受冲击荷载设备的竖向隔振，宜采用迭板弹簧
3	橡胶隔振器	承受动力荷载较大或机器转速>1600r/min 或安装隔振器部位空间受限制时，可用压缩型橡胶隔振器；承受动力荷载较大且机器转速>1000r/min 时，可用压缩-剪切型橡胶隔振器；承受动力荷载较小或机器转速>600r/min 或要求振动主方向的刚度较低时，可用剪切型橡胶隔振器
4	调频质量减振器（TMD）	可用于设备和结构在特定频率范围的振动控制
5	空气弹簧隔振器	隔振体系固有频率≤3Hz；隔振体系阻尼比为 0.1～0.3；使用温度为 −20～70℃
6	钢丝绳减震器	有耐油、耐海水、耐臭氧及耐溶剂侵蚀等环境要求，高温或低温，冲击或振动中伴随有冲击，隔振器安装空间受限制时；可采用螺旋形、拱形或灯笼形
7	黏滞阻尼器	旋转式及曲柄连杆式稳态振动机器的主动隔振，可采用单、多片型或多动片型阻尼器，亦可选用活塞柱型阻尼器；冲击式或随机振动隔振可采用活塞柱型或多片型阻尼器；水平振动主动隔振可采用锥片型或多片型阻尼器；被动隔振可采用锥片型或片型阻尼器；当黏流体在 20℃的运动黏度不小于 20m²/s 时，可采用片型阻尼器
8	电涡流阻尼器（ETMD）	稳态振动的隔振体系和调谐质量减振器，宜优先选用板型电涡流阻尼器；冲击型或随机振动的隔振体系，宜采用轴向电涡流阻尼器；对阻尼系数需要很大的隔振体系，宜采用放大速度型阻尼器

【说明】：为减小动力机器产生的振动而对其采取的隔振措施，称为主动隔振。常见的机电设备隔振措施为橡胶隔振器、圆柱螺旋弹簧隔振器（必要时采用浮置板基座）。为减

小振动敏感的仪器、仪表或机器受外界的振动影响而对其采取的隔振措施，称为被动隔振。常见的精密仪器或试验设备的隔振措施为橡胶隔振器、圆柱螺旋弹簧隔振器（必要时可采用空气弹簧隔振器）。各类隔振措施的具体适用条件及相关规定详见《工程隔振设计标准》GB 50463。

10.5.13 运行时产生竖向振动的机电设备或其他动力设备，不宜布置在大跨度柔性楼盖结构范围内。若无法避免，则应就设备振动对柔性楼盖产生的不利影响进行分析与评估（需考虑共振因素），必要时应采取可靠的隔振、减振措施。

10.5.14 对于设置对振动要求十分严格的精密仪器及设备的高科技实验室的防微振设计，宜符合以下规定：

1 应合理确定工程场地的振源情况。振动来源一般分为外部振源、室内使用的设备的振动、与维修和操作设备相关的人员活动三类；按不同波型的振源可分成旋转机械产生的正弦振动，公路上交通工具产生的随机振动，单个交通工具、打桩、冲击和爆炸产生的瞬态振动三类。

2 防微振设计应与防微振技术应用研究结合（图 10.5.14），应重点考虑微振动控制值的确定、场地选择及微振动测试与分析、防微振工程设计及隔振装置及措施的研究开发。

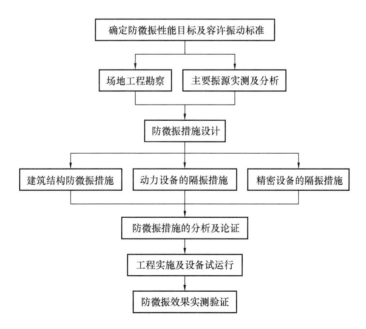

图 10.5.14 防微振设计及研究路径示意图

第 11 章　结构加固改造设计

11.1　一　般　规　定

11.1.1　结构加固改造设计前应熟悉鉴定报告的内容，判断鉴定报告能否作为设计依据，鉴定报告采取的规范、标准、荷载、地震作用是否合理，并及时作出反馈。

【说明】：鉴定报告是结构加固设计的重要依据，安全性鉴定是对结构在永久荷载和可变荷载作用下承载力和整体稳定性进行评估，抗震鉴定是对结构在符合要求的地震作用下的安全性进行评估，既有建筑的鉴定应同时进行安全性鉴定和抗震鉴定。

11.1.2　加固设计应了解鉴定报告的实体检测和图纸测绘所具有局限性，设计前需要通过如勘察现场、补充检测或者查阅相关项目文献等途径掌握更多信息，并作为设计依据。

11.1.3　加固设计应明确结构加固后的用途、使用环境和加固设计工作年限，从工期、造价、安全和可行性等方面综合选择加固方法。

11.2　钢筋混凝土结构

11.2.1　建筑功能改变引起荷载变化的改造，应考虑到主体结构已经成型，对风荷载、地震作用和调整的附加恒荷载、活荷载等荷载效应，可采用施工模拟的加载方式。

【说明】：一般来说，结构改造项目，主体结构都已经完成，甚至竣工多年，对调整的荷载都是在已有的整体结构上进行修改，所以可考虑按整体刚度已完成的思路，进行相关的荷载效应分析。

11.2.2　在非卸载条件下的加大截面法以提升构件正截面受弯承载力时，可根据应变平截面假定，对加固前后的截面应变进行线性叠加分析，并确保用于加固的新加钢筋能屈服。

【说明】：实际工程中，难以卸除构件上的恒荷载及活荷载时，可根据初始弯矩的受力状态，应用平截面假定，考虑应力滞后的因素，合理设计新增截面的钢筋用量。若在受弯承载力极限状态能确保原有抗弯钢筋屈服，即意味新增钢筋也能屈服，则经济合理。若不能确保原有抗弯钢筋屈服，应确保新增钢筋屈服。

11.2.3　新旧混凝土的界面处理可采取清除混凝土表层，露出坚实混凝土骨料的方式；也可采用小工具在旧混凝土表面凿出深度为 3mm、每平方米 600～800 个均匀麻点的方式；不建议采用界面剂。

【说明】：混凝土清除表层的界面处理，与界面凿毛相比，容易识别，既能增加界面抗剪能力，也能提高延性。当采用涂抹界面剂时，比较难控制混凝土入模时间，随时间增长，界面剂作用也会逐渐减弱，所以应慎用界面剂。

11.2.4 新增梁钢筋数量植入柱较多时，应考虑施工阶段对柱截面削弱的不利影响，结合现场实际荷载分布情况，对柱轴压比、正截面承载力进行评估，此时可不考虑分项系数和地震作用。

【说明】：植筋钻孔时，为了减少对柱的削弱，不宜两个方向同时进行，应待一个方向植筋胶灌满且达到强度后再对另外一个方向进行钻孔。考虑施工期间地震发生的概率极小，对柱轴压比和承载力的复核，可降低要求。

11.2.5 当加大截面法用于梁底加固时：

1 当梁不承受扭转作用时，新加截面采用的 U 形箍筋、封闭箍筋可不与原梁箍筋焊接。

2 当考虑扭转作用时，可在梁两侧面竖向粘贴钢板，钢板在旧混凝土梁侧面的高度不小于 400mm，在新混凝土侧面的高度宜与新增部分的高度一样，钢板面积及间距由计算确定。

3 新旧混凝土的界面处理除需满足本措施第 11.2.3 条要求外，尚需沿着梁长方向进行界面植筋，钢筋植入深度不小于 $20d$，直径 d 不宜小于 10mm，纵横向间距不超过 200mm，钢筋在新浇筑混凝土总锚固长度不宜小于 $20d$。如图 11.2.5 所示。

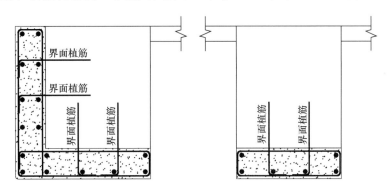

图 11.2.5 梁底加大截面

【说明】：（1）新加箍筋采用与原箍筋焊接会存在难以准确确认箍筋位置，需要凿除的范围较广以至修复范围较大的问题；另外，新增箍筋与原有箍筋焊接后，可能会导致保护层厚度加大。（2）扭转作用时，外围钢板作用明显，应保证钢板的锚固长度，有条件时也可增加固定钢板的锚栓数量。（3）当斜裂缝穿过新旧混凝土界面时，新增界面钢筋会发生作用，只要确保有足够锚固长度，新旧混凝土就能共同工作，界面钢筋就能参与抗剪。

11.2.6 当加大截面法用于梁侧加固时：

1 当梁不承受扭转作用时，新加截面采用的 U 形箍筋、封闭箍筋可不与原梁箍筋焊接。

2　当考虑扭转作用时，且新加部分与旧梁按整截面刚度考虑时，新加部分的上下水平箍筋应植入原结构，植入深度应满足钢筋锚固长度要求；当新加部分与旧梁按各自截面刚度考虑时，新加部分的箍筋应为封闭箍筋。

3　新旧混凝土的界面处理除需满足本措施第 11.2.3 条要求外，尚需沿着梁长方向的梁高范围内进行植筋，钢筋植入深度不小于 10d，直径 d 不宜小于 10mm，纵横向间距不超过 200mm，钢筋在新浇筑混凝土总锚固长度不小于 20d。如图 11.2.6 所示。

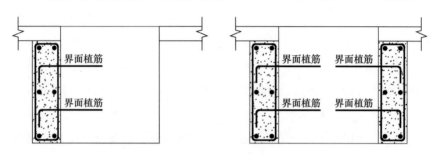

图 11.2.6　梁侧加大截面

4　当新加梁截面不含楼板时，梁顶与楼板之间可不作连接处理。可在楼板开洞浇筑，也可在梁侧面浇筑，洞口直径大小不宜小于 200mm，间距不宜超过 1m；侧面浇筑口的混凝土在强度达到 5MPa 后可凿除。

【说明】：（1）梁不承受扭矩的加固，箍筋仅需满足抗剪所需的构造锚固，无需考虑与原有箍筋连接处理。（2）当扭矩存在时，原外围箍肢能充分受力，新增箍肢只需按锚固长度确定植入深度。

11.2.7　钢筋混凝土板底采用加大截面加固时，可采用钢筋网水泥复合砂浆面层，水泥复合砂浆强度为 M35，既可采用喷射式，也可采用涂抹式，面层厚度不小于 40mm，界面处理除需满足本措施第 11.2.3 条要求外，尚应增设直径不小于 6mm、间距为 400mm 且带有弯钩的界面钢筋，植筋深度不应小于 50mm。当板底存在阴角时，阴角附近的界面钢筋不应小于直径 10mm，间距不超过 200mm，植筋深度不应小于 80mm。

【说明】：板底加大截面时要采取措施确保板底混凝土界面湿润，新旧混凝土才能形成整体。即便阴角处处于受压区，但在地震作用下，存在较大板面拉力，在界面引起较大的界面剪力，因此，应加强该处的连接构造。

11.2.8　钢筋混凝土梁接长时，界面钢筋提供受剪承载力为 $\mu A_s f_y$（A_s 不含受压区纵筋，μ 为摩擦系数），当界面处理满足本措施第 11.2.3 条要求时，μ 取 1.0。新加部分的梁顶、梁底纵筋与原结构钢筋的连接方式可采用焊接，也可采用搭接，连接应满足《混凝土结构设计规范》GB 50010 的要求。当采用植筋与外贴钢板组合的方式时，植筋深度不小于 15d，外贴钢板在新旧混凝土的粘贴长度都不得小于 2 倍钢筋搭接长度，粘贴位置宜在底面或侧面。

【说明】：根据剪摩理论，界面受剪导致混凝土开裂后，界面受剪就转化为钢筋受拉与混凝土受压这一对平衡力，因此，理论上，只要钢筋受拉，都能作为界面钢筋。界面钢筋和正截面受弯钢筋可以重复利用。当界面未能满足本措施第 11.2.3 条要求时，μ 取 0.5。

11.2.9　梁高在跨度方向需要部分减小时，应优先采用梁底钢板加固，并适度增加水平凿除范围，在端部的侧面增加与底部焊接连接的钢板；当采用梁侧钢板加固时，应采取措施确保钢板可靠锚固。

11.2.10　梁宽在跨度方向需要部分减小时，按减小后的截面进行加固设计，并在计算分析时考虑宽度变化引起的扭矩影响。当不增加梁截面，采用钢板加固方法时，钢板截止位置除满足受力计算外，还需满足从缺口处向外延伸不小于 2 倍钢筋锚固长度，钢筋直径取完整梁底钢筋平均直径。

11.2.11　当跨中梁底钢筋较密，采用锚栓钢板法加固梁底时，可在梁侧面设置水平钢板，然后用锚栓锚固水平钢板，梁侧水平钢板与梁底钢板全熔透焊接。

【说明】：现行规范规定，锚栓仅用于连接，即支座位置，加固方法里并没有锚栓加固的条文，根据我院经验，当锚栓与钢板能紧密结合，且不存在任何间隙时，可以借助组合梁栓钉的工作原理，利用锚栓的受剪承载力来实现钢板加固，锚栓群的总受剪承载力应不小于加固钢板的受拉承载力，钢板厚度可不作限制。

11.2.12　当框架柱边与梁边距离不超过 1 倍板厚，且该侧柱边没有楼板，梁支座抗弯不足需要加固时，可局部剔除梁侧楼板，采用梁侧面钢板加固的方法，钢板延伸至柱侧面后进行可靠锚固，钢板曲率不应大于 1:4。

11.2.13　当框架柱边与梁边距离超过 2 倍板厚，且柱边有楼板，梁支座抗弯不足需要加固时，可采用柱边钢板加固法，但在梁顶与柱边之间应设置连接钢板，连接钢板应与柱边钢板全熔透焊接，连接钢板的长宽比不应超过 2，以减少剪力滞后效应。

11.2.14　当需对梁进行开洞，若为框架梁时，洞边离柱边不应小于 1.5 倍梁截面高度，若为非框架梁时，洞边离另一方向梁边不应超过 1 倍非框架梁高。洞口上、下梁跨高比不应超过 2，洞边之间混凝土短柱的高宽比不应超过 2。开洞口后应进行加固设计，洞口上、下梁可按等效拉、压杆模型进行设计，短柱可按相邻上下弦的轴力差最大值作为支座反力的上下固接模型进行设计。

【说明】：实际工程中，为了满足设备及建筑净高要求，经常会遇到梁上后开洞的情况，现行规范没有相应做法可循，本条结合我院经验，给出了实用的加固方法。

11.2.15　当对柱的轴心受压承载力加固时，可采用不设置过渡层的约束加大截面法，通过加大节点截面宽度和高度、焊接水平钢筋形成封闭箍筋让新增荷载可靠传递到新增截面上，具体计算可参照《混凝土结构设计规范》GB 50010 有关配筋局部受压的条文。

【说明】：一般来说，为了传递竖向荷载需对柱加大截面时，都会将加大后的截面往上延伸一层，以便有效传递竖向荷载，但会影响上一层的建筑空间和增加施工难度，因此本条提出的节点约束加大截面法，理论依据充分，安全可靠。

11.2.16　当柱身混凝土强度等级不满足设计要求时，可通过设置封闭钢管形成约束混凝土的方法进行加固，钢管范围视混凝土强度不足范围而定，钢管与梁底和板顶不接触，并设不小于 100mm 间隙。计算方法可参照《钢管约束混凝土结构技术标准》JGJ/T 471。钢管与混凝土之间用压力注胶填充。

【说明】：对混凝土强度等级不满足要求的情况，一般会选择置换法，但置换法需要较多施工措施，且工期较长，利用约束钢管的方法，通过被动约束，极大地提高了管内混凝土的承载力水平，让强度不足的混凝土能恢复至设计强度水准。钢管可采用圆钢管或矩形钢管，在加固设计中应用时，应确保钢管与原混凝土之间空隙的填充密实。

11.2.17　剪力墙混凝土有缺陷或者强度不满足设计要求时，可采用加大截面法、外包钢板加固或置换法。采用置换法时，应在图纸注明分批置换的步骤和置换边界，下一批置换操作应在上一批置换混凝土强度达到设计要求后方可进行。置换边界不得出现明显的倒棱角现象。置换过程应加强对钢筋的保护，出现损伤时应评估，损伤严重时应以同级别钢筋进行补配。置换前的结合面应充分湿润，不得有明水。混凝土应按规定留置试块。施工期间的楼面按实际荷载考虑，不考虑地震作用。

【说明】：剪力墙结构，由于轴压比限制比框架柱要松，一般来说，竖向荷载不会很大，针对这个特点，可以按区域、部位对剪力墙进行分批置换，构件截面和荷载分布应按实际考虑。

11.2.18　剪力墙边缘构件配箍及纵筋不足的加固，可采用竖向钢板、水平钢板和植筋联合加固法，水平钢板应首尾焊接，等效拉筋应穿过水平钢板植入混凝土，植筋深度不小于 20d，当墙厚不超过 400mm 时，可以对拉，并采取措施保证孔内充满植筋胶。竖向钢板必须要有可靠的锚固措施。钢板与混凝土之间宜采用压力注胶填充。

【说明】：剪力墙边缘构件要重视约束加固的措施，确保水平钢板和等效拉筋强度的充分发挥是约束明显的关键。一般来说，如果对拉孔孔内的植筋胶充盈度不够，会导致拉筋的受拉变形量增加，约束效果减少。

11.2.19　剪力墙开洞后的加固，洞口周边的水平及竖向钢筋根据实际洞口宽度并考虑水平弯折长度预留，混凝土凿除范围比实际洞口宽度多 50mm，用无机灌浆料封堵。洞边加固钢板宜设在剪力墙侧面，并采取可靠锚固措施。

11.2.20　在抽柱加固设计中，可利用抽柱位置在柱顶下方设置钢筋混凝土短环梁施工平台，利用短钢管或者内填灌浆料钢管做临时支撑，切除施工平台以上的柱身，对没有设置临时支撑一侧的梁进行加固，达到设计强度后，设置加固侧的临时支撑，并拆除另一侧临时支撑，待另一侧梁加固完成后，即可拆除施工平台。除需考虑临时支撑需稳定性外，尚需复核施工平台的界面受剪承载力、临时钢管接触处的局部受压承载力、临时支撑处的梁端受剪承载力。

【说明】：对抽柱改造的项目，要充分利用原有柱能承担竖向荷载的潜力，减少大面积的支撑体系。与常规千斤顶不同，采用新增的施工平台和钢管，操作简单，稳定性好。所有竖向荷载均由临时支撑承担，钢管临时支撑的设置，要与主体结构的加固设计综合考虑，对原先结构是单向布置的梁，也可以只设置一个方向的临时支撑。

11.2.21　现场对碳纤维和钢板与混凝土的层间剪切强度试验，仅作为施工质量的控制标准，不能等同加固时的粘结强度。

【说明】：当对混凝土进行粘贴法加固时，末端的碳纤维或钢板与混凝土之间的胶粘剂处在剪、拉复杂应力状态下，粘结应力较高，难以避免剥离现象，而现场的层间剪切强度试验，仅为拉应力试验，只要粘结长度足够，就不会发生剥离，两者的结果差异较大。

11.2.22　碳纤维加固宜应用在受力需求不大的部位，如楼板或中小跨度次梁，端部压条宜与碳纤维受力方向成 $30°\sim60°$。

【说明】：碳纤维具有施工方便、经济等特点，但至今为止，剥离问题都没得到很好解决，极大地限制了它的应用。与现行规范采用的垂直压条相比，利用端部与碳纤维成不到 $90°$ 的压条受力分量，平衡碳纤维的拉力，更能抑制剥离的出现。

11.2.23　原混凝土柱强度等级不满足 C13 最低要求时，应优先采用拆除更换的方法，当必须采用外包混凝土加大截面法进行混凝土柱加固时，应采用四周加大截面的方式，且不应考虑原混凝土柱对承载力的贡献。

11.3　砌　体　结　构

11.3.1　砌体结构墙体较多，抗侧刚度大，结构多以抗震概念加固为主。

11.3.2　砌体结构需按规范设置构造柱和圈梁。构造柱和圈梁可采用等效方法进行：

1　构造柱可采用双面钢筋网水泥复合砂浆面层代替，必要时，也可采用单面钢筋网片。

2　圈梁也可采用双面钢筋网水泥复合砂浆面层代替，圈梁高度一般为 400mm。

3　圈梁应高出楼板 200mm；顶层圈梁可不伸入顶层楼板。

4　水泥复合砂浆与砌体接触的抹灰层应清除，当抹灰层的厚度比水泥复合砂浆的厚度小时，采用手工凿除方式剔除表层砌体，使得水泥复合砂浆面层不占用室内空间。

5　双面面层之间采用钢筋对拉，拉结钢筋直径为 $6\sim8$mm，间距为 400mm$\times400$mm，墙上钻孔直径应稍大于拉结筋直径（2mm），拉结筋需全长涂胶，一端预先设置弯钩，一端采用人工手扳弯钩。

6　水泥复合砂浆强度不小于 M30，厚度一般为 35mm，钢筋网片宜采取细密型，一般为 $\Phi8@125\times125$，钢筋相互点焊。

【说明】：本节采用等效的表述，以便更加清晰地表述加固构造的重要性。当采用手工喷射水泥复合砂浆时，应多道成型并加强养护。由于钢材与砌体的刚度差异较大，两者之间的协同性不理想，若采用型钢梁、柱加固时，措施应加强。

11.3.3　砌体结构可采用双面钢筋网水泥复合砂浆面层加固，其构造应满足本措施第 11.3.2 条规定，竖向钢筋应穿越中间层，也可采用钢筋等效方式进行，直径 Φ 12@125×125。竖向钢筋可不伸入顶层楼板。

【说明】：由于墙面钢筋较多，全部穿越楼层，钻孔工作量较大，实践证明，采用面积等效的思路是可行的。

11.3.4　墙体加固可采用单面钢筋网水泥复合砂浆面层，拉筋植入墙体长度为 120～150mm，其他构造应满足本措施第 11.3.2 条的规定。

11.3.5　当砌体属于历史建筑，立面承重墙体需要保护时，可以采用内设混凝土墙的方法，确保受保护墙体的稳定。

【说明】：通过内设混凝土墙的方法，既可以大幅度提高墙体的承载力，又能给砌体墙体提供稳定支撑。砌体墙体与混凝土墙之间的连接钢筋做法可参考本措施第 11.3.2 条。

11.3.6　当砌体结构承重墙需要拆除时，可采用满堂红的支撑方式，先支撑再拆除；也可采用墙体与新增混凝土梁联合受力的加固方式，即先在墙体两端设置端柱和墙的两侧设置钢筋混凝土梁，通过穿越墙体的拉结筋将两侧钢筋混凝土形成整体，混凝土强度达到设计强度后，即可拆除梁底墙体。

【说明】：该节提到的联合受力加固方式，适用于施工工期紧、施工环境要求高的场合。

11.3.7　当砌体结构的中间楼层为木结构，需要对该层木结构进行整体升降或者需要材料改成钢筋混凝土结构时，应充分考虑施工过程的稳定性，可按换撑的思路进行设计。新加混凝土楼板时，应在新增楼层标高处的墙体处每隔 500mm 设置 200mm×200mm 的孔洞，并配有箍筋，不小于 2Φ8@200。

【说明】：借用基坑支护的换撑方法，解决了砌体结构楼盖的更换技术问题，墙体里增设的钢筋混凝土构件，可以加强砌体墙与楼盖的连接。

11.4　结　构　增　层

11.4.1　结构增层可采用与原结构脱离的外套钢框架方案，外套框架的水平抗侧力杆件视结构跨度大小可采用钢梁或者钢桁架，外套框架与原结构的周围缝宽宜按钢结构弹塑性层间位移角限值来控制。外套框架的基础应考虑偏心影响。

【说明】：当原有结构的资料完全缺失，且建筑物纵、横向长度不大，比如不超过 40m时，可以采用外套钢框架方法。新增钢结构要预留竖向和水平向与原有结构的变形空间。

11.4.2 结构增层采用与原结构屋顶连接的方案时，增层结构可采用钢筋混凝土结构，也可以采用钢结构，宜符合以下规定：

1 新增结构的柱中心线宜与原结构柱墙中心线重合。

2 新增钢筋混凝土竖向构件的竖向纵筋在原结构屋顶以下的锚固长度不宜小于 $1.7l_{abE}$，不得小于 l_{abE}。

3 新增钢框架柱宜采用过渡层的方案，过渡层的钢框架柱采用外包钢筋混凝土，钢筋混凝土上端伸至离钢梁底 200mm 的位置截止，下端宜伸至离屋顶面以下不小于 $1.7l_{abE}$，钢框架柱可直接放在原结构屋顶面。

【说明】：无论采用哪种结构材料，都要确保新增竖向构件的钢筋在原有结构的可靠锚固，考虑到柱根的重要性，对柱脚钢筋提出了锚固深度不得小于 l_{abE}、不宜小于 $1.7l_{abE}$ 的要求。对楼盖采用的钢梁方案，为了简化钢梁与过渡层钢筋混凝土柱的连接构造，提出混凝土柱与钢梁不接触的处理方法。

附录 A　建筑工程经济指标参考

A.0.1 建筑结构设计应在满足建筑使用要求、结构安全及耐久性要求前提下，按照经济合理的原则进行设计。

【说明】：结构经济性影响因素较多，建筑功能、结构类型、复杂程度、场地情况等影响较大，结构经济性控制应以宏观控制（概念设计）为主，微观上过分地抠钢筋直径或间距等做法并不值得鼓励。近期，有关部门在相关建设工程质量安全管理规定中提出了建设单位不得设定降低工程质量标准的构件配筋率、单位建筑面积钢筋用量上限等要求，也不得委托第三方单位以"优化设计"名义变相降低安全标准。本章节相关经济指标为工程经验总结，多数为范围值，让设计人员对相关指标有一定概念，仅供同类型结构参考，实际工程情况不同及规范调整，相关指标也会变化，不得简单参考应用。

A.0.2 多高层建筑结构的经济性一般以单位面积用钢量控制为主，单位面积混凝土折算厚度控制为辅，应分开地下室、裙楼及塔楼进行控制；大跨度空间建筑结构的经济性以钢结构屋盖（楼盖）每平方米面积用钢量控制。

A.0.3 钢筋混凝土结构低多层居住建筑（别墅）单位面积用钢量指标及单位面积混凝土折算厚度控制指标可参考表A.0.3选用。

低多层居住建筑用钢量和混凝土折算厚度指标参考表　　　表 A.0.3

设防烈度	用钢量（kg/m²）	混凝土折算厚度（m/m²）
6 度（0.05g）	38～42	0.26～0.30
7 度（0.10g）	38～42	0.26～0.30
7 度（0.15g）	40～44	0.28～0.32
8 度（0.20g）	40～44	0.30～0.34
8 度（0.30g）	44～50	0.32～0.36

注：1. 因低多层居住建筑平面复杂，挑高空间及装饰构架较多，且各地具体情况不同，所以计算钢筋含量和混凝土折算厚度时，统一以结构构件的水平投影面积作为基准面积。

2. 统计经济指标时，不含正负零以下构件。

3. 本指标未考虑施工损耗量，不包括砌体构造柱及砌体拉结筋。

4. 装配式混凝土结构的用钢量应适当增加。造型复杂（山地建筑、叠层建筑等）建筑用钢量及混凝土折算厚度不宜参考以上指标数据。

A.0.4 钢筋混凝土结构高层住宅塔楼的经济性控制指标可根据项目建设地点的抗震设防烈度、基本风压及建筑高度等条件确定，常规情况下规则性较好的高层住宅塔楼单位面积用钢量和混凝土折算厚度指标可参考表A.0.4选用，并应根据项目的设计特点（建筑层高、建筑面层做法、平面规则性、竖向规则性、是否装配式建筑等）进行适当调整。

高层住宅塔楼用钢量和混凝土折算厚度指标参考表　　　　表 A.0.4

高度　　　设防烈度	≤60m		≤80m		≤100m		≤150m	
	用钢量（kg/m²）	混凝土折算厚度（m/m²）	用钢量（kg/m²）	混凝土折算厚度（m/m²）	用钢量（kg/m²）	混凝土折算厚度（m/m²）	用钢量（kg/m²）	混凝土折算厚度（m/m²）
6度（0.05g）	38～42	0.30～0.34	42～46	0.32～0.36	44～48	0.35～0.38	52～60	0.36～0.42
7度（0.10g）	40～45	0.33～0.36	43～47	0.34～0.38	47～52	0.36～0.40	55～68	0.38～0.45
7度（0.15g）	43～47	0.34～0.38	45～49	0.36～0.39	49～53	0.37～0.41	58～72	0.39～0.46
8度（0.20g）	45～49	0.36～0.39	48～52	0.38～0.42	50～55	0.40～0.45	65～75	0.43～0.48
8度（0.30g）	46～50	0.37～0.40	50～56	0.39～0.43	60～70	0.42～0.47	68～80	0.45～0.50

注：1. 表中数据适用于不规则性较好、不需进行结构转换且建筑面层不大于5cm的高层住宅（公寓），一般为剪力墙结构。数据未考虑施工损耗量，不包括砌体填充墙构造柱及砌体拉结筋。

　　2. 本指标适用于塔楼标准层层高不大于3m的高层住宅，层高大于3m时，应根据层高情况适当增加。当采用部分框支剪力墙结构时，按标准层面积均摊的用钢量一般增加2～3kg/m²。

　　3. 钢筋级别：HRB400。计算钢筋含量指标统一以建筑面积作为基准面积。

　　4. 表中数据适用于场地土类别Ⅱ类，如为Ⅰ类场地应略减，Ⅲ、Ⅳ类场地应增加。

　　5. 表中数据适用于基本风压≤0.6kPa的地区，基本风压大于0.6kPa的地区应略增。

　　6. 一般情况下，7度（0.10g），80～100m高的住宅，用钢量大致可拆分为板10kg/m²、梁15～18kg/m²、墙柱22～24kg/m²。

　　7. 装配式混凝土结构的用钢量应适当增加。

A.0.5　钢筋混凝土结构商业综合体（含酒店、写字楼、裙楼大商业）的经济性控制指标可根据项目建设地点的抗震设防烈度、基本风压、建筑高度和高宽比等条件确定，常规情况下规则性较好及高宽比在适用范围的塔楼和常规跨度商业裙楼单位面积用钢量和混凝土折算厚度指标可参考表 A.0.5-1 和表 A.0.5-2 选用，并应根据项目的设计特点（建筑层高、建筑面层做法、平面规则性、竖向规则性、是否装配式建筑等）进行适当调整。

商业综合体塔楼用钢量和混凝土折算厚度指标参考表　　　　表 A.0.5-1

高度　　　设防烈度	≤80m		≤100m		≤150m		≤200m	
	用钢量（kg/m²）	混凝土折算厚度（m/m²）	用钢量（kg/m²）	混凝土折算厚度（m/m²）	用钢量（kg/m²）	混凝土折算厚度（m/m²）	用钢量（kg/m²）	混凝土折算厚度（m/m²）
6度（0.05g）	45～55	0.32～0.37	52～65	0.34～0.39	60～90	0.36～0.42	85～120	0.38～0.44
7度（0.10g）	48～60	0.33～0.38	55～70	0.35～0.40	65～95	0.37～0.43	95～130	0.39～0.45
7度（0.15g）	55～65	0.33～0.38	60～75	0.35～0.40	70～100	0.37～0.43	105～140	0.39～0.45
8度（0.20g）	60～70	0.34～0.39	70～85	0.35～0.40	90～120	0.37～0.43	130～170	0.39～0.45
8度（0.30g）	70～80	0.35～0.40	85～120	0.35～0.40	110～170	0.37～0.43	160～210	0.37～0.45

商业综合体裙楼用钢量和混凝土折算厚度指标参考表　　　　表 A. 0. 5-2

设防烈度	用钢量（kg/m²）	混凝土折算厚度（m/m²）
6 度（0.05g）	50～70	0.38～0.42
7 度（0.10g）	55～75	0.40～0.45
7 度（0.15g）	60～80	0.40～0.45
8 度（0.20g）	65～85	0.42～0.47
8 度（0.30g）	75～95	0.45～0.50

注：1. 表中数据适用于规则性较好、不需进行结构转换的抗震设防类别为丙类的商业建筑，塔楼一般采用框架-剪力墙结构或框架-核心筒结构，裙楼一般采用框架-剪力墙结构或框架结构。表中数据已考虑高度超限结构需进行抗震性能化设计的影响。

2. 裙楼经济指标按不含塔楼投影范围的裙楼部分计算。计算钢筋含量指标统一以建筑面积作为基准面积。

3. 当较多竖向构件需要转换时，按标准层面积均摊的用钢量一般增加 2～3kg/m²。

4. 当部分构件为型钢混凝土构件或钢管混凝土柱时，用钢量包含钢筋用量和钢材用量。

5. 表中数据一般适用于场地土类别为Ⅱ类，如为Ⅰ类场地应略减，Ⅲ、Ⅳ类场地应增加。表中数据一般适用于基本风压≤0.6kPa 的地区，基本风压大于 0.6kPa 的地区应略增。

A. 0. 6　大跨度屋盖钢结构经济用钢量受建筑造型、结构选型和使用功能制约，其用钢量变化幅度较大。常规情况下不同类型大跨度钢结构用钢量可参考表 A. 0. 6-1～表 A. 0. 6-3。表格中每平方米用钢量及用索量仅供参考，实际工程选用时应根据建筑造型复杂性、屋面体系、工程所在地风压和合理矢跨比综合评估和合理选型。

大跨度网架和桁架结构用钢量指标参考表（kg/m²）　　　　表 A. 0. 6-1

结构类型	结构跨度　基本风压	<40m	40～60m	60～80m	80～100m
网架	≤0.50kPa	25～35	38～48	45～55	55～70
	0.50～0.80kPa	30～38	40～50	47～57	60～75
	>0.80kPa	35～40	42～52	50～65	65～80
桁架	≤0.50kPa	45～55	60～70	70～80	80～110
	0.50～0.80kPa	47～57	62～72	72～82	82～115
	>0.80kPa	50～60	64～74	74～84	84～120

注：1. 表中用钢量数据一般适用于金属屋面，屋面恒荷载取值范围在 0.6～1.0kPa 之间。

2. 用钢量指标均已包含节点重量，一般网架球节点重量占比在 20%～35% 之间，螺栓球取低值，焊接球取高值；一般管桁架节点重量占比在 10% 左右。

3. 对于航站楼或演艺场馆等建筑的网架结构，由于马道荷载和吊顶荷载较一般网架大，平均用钢量会增加 5kg/m² 左右。

4. 表中用钢量数据仅包括屋盖钢结构，不包含受建筑造型影响较大的竖向支撑结构。

大跨度网壳结构用钢量指标参考表（kg/m²）　　　　　表 A.0.6-2

矢跨比＼结构跨度	＜40m	40～60m	60～80m
≤1/7	25～40	40～70	70～110
1/15～1/7	35～55	55～95	85～150
＞1/15	45～70	70～120	不建议

注：1. 表中用钢量数据一般适用于金属屋面或玻璃光棚，屋面恒荷载取值范围在 0.6～1.5kPa 之间。

2. 用钢量指标未包含单层网壳节点。根据建筑效果单层网壳可采用铸钢节点、鼓型节点等刚接节点，评估经济指标时不可忽略节点影响。

3. 表中用钢量数据仅包括屋盖钢结构，不包含受建筑造型影响较大的竖向支撑结构。

大跨度索结构用钢（索）量指标参考（kg/m²）　　　　　表 A.0.6-3

结构类型＼结构跨度	≤60m	60～90m	90～120m
弦支穹顶	钢：50～60，索：3～7	钢：60～70，索：5～9	钢：70～80，索：7～11
索穹顶	索：10～20	索：15～25	索：20～35
张弦穹顶	索：10～20	索：15～25	索：20～35
张弦梁	索：3～7	索：5～9	索：7～13
单层马鞍形索网	索：10～15	索：15～20	索：20～25
单层索网幕墙	索：10～15	不建议	不建议

注：1. 表中用钢量或用索量数据一般适用于金属屋面或膜结构屋面，屋面恒荷载取值范围在 0.3～1.0kPa 之间，若为膜结构屋面，按低值取值。

2. 索结构周边钢结构的刚度对索结构受力影响巨大，各种不同建筑造型钢结构用钢量指标差异很大。

A.0.7　地下室及地基基础的经济指标可根据项目建设地点的抗震设防烈度、地质情况及人防等级等条件确定，常规情况下地下室用钢量指标可参考表 A.0.7 选用。由于地下室结构及地基基础经济指标涉及的影响因素较多，应根据项目的设计特点（地下室埋深、基础形式、各层层高、柱网布置、设防水位、覆土厚度、人防区域范围、消防车道范围、塔楼区域范围、设备机房布置及荷载等）进行必要的调整。

地下室单位面积用钢量控制标准（kg/m²）　　　　　表 A.0.7

设防烈度	塔楼高度	塔楼结构体系	塔楼以外地下室	塔楼区域地下室	人防地下室
6度	≤80m	剪力墙	105～115（单桩基础）110～120（多桩基础）115～125（独立基础）125～135（筏形基础）	130～150	145～155
		框架-剪力墙		155～165	165～175
	＞80m	剪力墙		135～155	150～160
		框架-剪力墙		165～180	170～180

设防烈度	塔楼高度	塔楼结构体系	塔楼以外地下室	塔楼区域地下室	人防地下室
7度 8度	≤80m	剪力墙	110～120（单桩基础）	135～150	150～165
		框架-剪力墙	115～125（多桩基础）	160～175	170～185
	>80m	剪力墙	120～130（独立基础）	145～165	155～170
		框架-剪力墙	130～140（筏形基础）	170～200	175～190

注：1. 表中数据适用于顶板覆土厚度不大于1.2m、设防水位为室外地坪、层数不超过两层及埋深不超过10m的（核6级人防）多塔楼的大面积地下室，单塔楼地下室时应作调整。

　　2. 一般情况下，单层地下室可取高值，两层地下室可取低值。地下室楼层高度按人防区3.8m，非人防区3.6m考虑，层高增加时应适当调整经济指标。

　　3. 计算钢筋含量指标统一以建筑面积作为基准面积，以地下室底板（含承台）、侧墙及顶板包围范围的地下室结构钢筋用量为计算依据，不包括桩基础或复合地基中刚性桩的钢筋用量。

　　4. 整体地下室的用钢量应根据塔楼区域面积、塔楼以外面积及人防地下室面积的比例确定，塔楼区域一般指塔楼投影外扩半跨的范围，当塔楼区域与人防区域重合时，应按人防区域取值。

　　5. 塔楼区域地下室及人防地下室指标适用于桩基础的情况，当采用独立基础或筏形基础时，用钢量一般增加约15～20kg/m²。

　　6. 当顶板覆土厚度大于1.2m时，覆土厚度每增加0.5m，用钢量增加约5～10kg/m²。

A.0.8　高层住宅的地下室顶板覆土厚度1.2m、设防水位为室外地坪、层数不超过两层及埋深不超过10m的地下室，非人防地下室单位面积混凝土折算厚度不宜超过1000mm，人防地下室不宜超过1200mm，并应根据项目的设计特点进行合理的调整。

A.0.9　高层建筑塔楼范围以外普通地下室楼盖结构常用的为主次梁楼盖、主梁（加腋）大板楼盖及无梁楼盖等形式，楼盖选型综合工期、造价、施工等各方面因素的方案对比分析方法可参考表A.0.9。表格中每平方米混凝土用量及钢筋用量仅供参考，实际工程选用时应根据地下室的柱距、设备荷载、人防等级等作相应调整。

地下室楼盖结构方案对比经济指标参考表　　　　　表A.0.9

类型	部位	柱距 （m×m）	框架柱截面 （mm×mm）	框架梁截面 （mm×mm）	次梁截面 （mm×mm）	楼板 厚度 （mm）	每平方米 混凝土用量 （m³）	每平方米 钢筋用量 （kg）
方案一： 无梁楼盖	中板	7.8×8.3	500×900	—	—	250	0.30	34
	顶板			—	—	400	0.50	49
方案二： 大板楼盖	中板	7.8×8.3	500×900	400×700	—	200	0.29	39
	顶板			500×800	—	350	0.44	81
方案三： 扁梁楼盖	中板	7.8×8.3	500×900	600×450	—	200	0.27	41
	顶板			800×650	—	350	0.45	82
方案四： 十字梁楼盖	中板	7.8×8.3	500×900	300×700	250×550	120	0.24	33
	顶板			500×800	300×700	160	0.27	90

附录 B 混凝土结构设计总说明

B.1 总 则

B.1.1 在本说明中，有☑符号者，凡划"□"为本工程采用。没有□符号者为本工程通用。仅有□符号者非本工程通用。

B.1.2 本工程按国家现行有效的设计规范、规程及标准进行设计，施工单位除应遵守本说明及各设计图纸详图外，尚应执行现行国家施工规范、规程和工程所在地区主管部门颁布的有关规程及规定，并应在设计图纸通过施工图审查，取得施工许可证后方可施工，不得违规违章施工，确保各阶段施工安全。

B.1.3 本工程位于＿＿省＿＿市，地上＿＿层，地下＿＿层，±0.000 为室内地面标高，相当于＿＿＿＿＿＿高程标高＿＿＿＿＿＿m。建筑的长为＿＿m，宽为＿＿m，建筑物总高度为＿＿m。

B.1.4 尺寸单位除注明外，以毫米（mm）为单位，平面角以度（°）分（′）秒（″）表示，标高则以米（m）为单位。

B.1.5 本工程未经技术鉴定或设计许可，不得任意改变结构的形式、用途和使用环境。

B.2 建筑结构体系、安全等级及设计工作年限

B.2.1 本工程为＿＿＿＿＿＿＿＿＿＿＿＿结构。

B.2.2 本工程建筑结构的安全等级为＿＿级，结构设计基准期为 50 年，结构设计工作年限为＿＿年。

B.3 设 计 依 据

B.3.1 采用国家现行有效的设计规范、规程、统一标准、标准图集、工程建设标准强制性条文及"住房与城乡建设部有关公告"作为不能违反的法规，同时考虑工程所在地区实际情况采用地区性规范。

B.3.2 本工程结构设计遵循的主要标准、规范、规程：

1 国家、行业标准部分

□工程结构通用规范 GB 55001-2021

□建筑与市政工程抗震通用规范 GB 55002－2021

□建筑与市政地基基础通用规范 GB 55003－2021

□组合结构通用规范 GB 55004－2021

□混凝土结构通用规范 GB 55008－2021

□建筑结构荷载规范 GB 50009－2012

□混凝土结构设计规范 GB 50010－2010（2015 年版）

□建筑抗震设计规范 GB 50011－2010（2016 年版）

□建筑结构可靠性设计统一标准 GB 50068－2018

□建筑工程抗震设防分类标准 GB 50223－2008

□工程结构可靠性设计统一标准 GB 50153－2008

□建筑地基基础设计规范 GB 50007－2011

□建筑设计防火规范 GB 50016－2014（2018 年版）

□建筑桩基技术规范 JGJ 94－2008

□高层建筑混凝土结构技术规程 JGJ 3－2010

□组合结构设计规范 JGJ 138－2016

2　地方标准部分（未注明时为广东省标准）

□建筑地基基础设计规范 DBJ 15－31－2016

□静压预制混凝土桩基础技术规程 DBJ/T 15－94－2013

□锤击式预应力混凝土管桩工程技术规程 DBJ/T 15－22－2021

□高层建筑钢-混凝土混合结构技术规程 DBJ/T 15－128－2017

□高层建筑混凝土结构技术规程 DBJ/T 15－92－2021

□建筑结构荷载规范 DBJ/T 15－101－2022

B. 3. 3　本工程结构设计采用的计算程序及辅助计算软件名称/软件版本号/编制单位分别为＿＿＿＿＿＿＿＿＿＿；＿＿＿＿＿＿＿＿＿；＿＿＿＿＿＿＿＿＿＿。结构整体计算嵌固部位为＿＿＿＿＿＿＿＿。

B. 3. 4　本工程的详细岩土工程勘察报告＿＿＿＿＿＿＿＿＿＿＿＿由＿＿＿＿＿＿＿＿＿＿＿＿＿＿于＿＿年＿＿月提供。□建筑场地地震安全性评价报告（动参数）由＿＿＿＿＿＿＿＿＿＿＿＿于＿＿年＿＿月提供。

□B. 3. 5　本工程风洞试验报告由＿＿＿＿＿＿＿＿＿＿＿＿＿＿＿＿于＿＿年＿＿月提供。

B. 3. 6　□政府有关主管部门对本工程初步设计的审查批复文件、□超限高层建筑的抗震设防专项审查意见。

B.4　结构抗震设计、荷载、防火及耐久性要求

B.4.1　本工程所在地区的抗震设防烈度为＿＿度，设计基本地震加速度为＿＿g；设计地震分组为第＿＿组；建筑抗震设防类别为＿＿类；场地类别为＿＿类，设计特征周期为＿＿s。地震作用采取的抗震设防烈度为＿＿度，抗震措施采取的设防烈度见表 B.4.2。

B.4.2　现浇钢筋混凝土结构抗震等级及设防烈度：

抗震等级及设防烈度　　　　　　　　　　　　　　表 B.4.2

结构部位	塔楼及其相关范围内的裙楼、地下室			非塔楼相关范围内的裙楼、地下室		
	剪力墙（含核心筒）	框架	框支框架	剪力墙（含核心筒）	框架	框支框架
抗震措施	＿层～＿层	＿层～＿层	＿层～＿层	＿层～＿层	＿层～＿层	＿层～＿层
采取设防烈度						
抗震等级						

特殊构件抗震等级：斜撑＿＿级，转换桁架＿＿级，连体连接部位＿＿级，大跨度框架＿＿级

注：当本工程选用本说明第 B.3.2 条的《高层建筑混凝土结构技术规程》DBJ/T 15-92-2021 时，本项目所有图纸的"抗震等级"均为"抗震构造等级"的简称。

B.4.3　本工程采用的均布活荷载标准值（表 B.4.3）：

1　楼面（屋面）均布活荷载标准值（平面图中另有说明者及按建筑结构荷载规范取用者不另列出；活荷载不包括吊顶及地面材料；大型设备按实际荷载值取用）。

活荷载标准值（kN/m²）　　　　　　　　　　　　表 B.4.3

部位	机房	停车库	餐厅	厨房	客房	卫生间	阳台	楼梯	屋面
活荷载标准值									

□**2**　非室内地下室顶板考虑建筑覆土要求并在消防车道及登高面范围考虑消防车荷载。沿地下室周边地面考虑□10kN/m²，＿＿kN/m² 均布活荷载标准值，□首层室外考虑施工荷载＿＿kN/m² 均布活荷载标准值。□＿＿kN/m 栏杆顶部的水平活荷载标准值，□＿＿kN/m 竖向活荷载标准值。

B.4.4　风荷载：基本风压 $w_0=$＿＿kN/m²（按＿＿年重现期风压值），地面粗糙度为＿＿类。□本工程属对风荷载比较敏感建筑，承载力设计时按基本风压的 1.1 倍采用。□风振舒适度计算按 10 年一遇风荷载考虑。□本工程采用风洞试验的风压值 $w=$＿＿kN/m² 进行设计。

□**B.4.5** 雪荷载：基本雪压 $s_0=$＿＿kN/m² （基本雪压按＿＿年重现期雪压值），雪荷载准永久值系数分区属＿＿区。

□**B.4.6** 地下水作用：本工程地下结构计算考虑地下水作用，设防水位按□＿＿年一遇的设防水位标高＿＿m，□室外地坪标高为＿＿m，水土对地下室侧壁的压力按（□水土分算、□水土合算）考虑。

B.4.7 构件防火：本工程为□建筑火灾危险性类别为＿类的厂房仓库建筑、□＿类的高层民用建筑、□单、多层民用建筑，建筑耐火等级为＿级，相应建筑构件的燃烧性能和耐火极限不应低于防火规范的要求。

B.4.8 混凝土结构应正常使用及维护。本工程构件耐久性的环境类别见表 B.4.8-1；设计工作年限为 50 年的混凝土结构最外层钢筋的保护层厚度需满足表 B.4.8-2 要求。

环境类别 表 B.4.8-1

构件部位	普通构件	底板	侧壁	地下室顶板	基础、基础梁	外露构件	天面构件
环境类别							

保护层厚度（mm） 表 B.4.8-2

环境类别	板、墙、壳	梁、柱、杆
一	15（21）	20（28）
二 a	20（28）	25（35）
二 b	25（35）	35（49）
三 a	30（42）	40（56）
三 b	40（56）	50（70）

注：1. 括号内尺寸适用于设计工作年限 100 年的构件；
2. 受力钢筋保护层不应小于钢筋直径；
3. 预制构件，保护层厚度可比表中规定减少 5mm，但不应小于 15mm；
4. 直接接触土体浇筑的构件的混凝土保护层厚度不应小于 70mm；有混凝土垫层时，从垫层顶面算起的保护层厚度按表中规定且不小于 40mm；
5. 当梁、柱、墙中纵向受力钢筋的保护层厚度大于 50mm 时，应在保护层内增设镀锌钢丝网片φ4@150×150，以防保护层混凝土开裂及剥落，网片钢筋的保护层厚度不应小于 25mm；
6. 当对地下室墙体采取可靠的建筑防水或防护措施时，外侧钢筋的保护层厚度可适当减少，但不应小于 25mm；
7. 当梁上设有防火墙时，梁的保护层厚度不应小于 50mm；
8. 耐火等级为一级的梁，保护层厚度不应小于 25mm。

B.4.9 设计工作年限为 50 年的混凝土材料的耐久性要求见表 B.4.9。设计工作年限为 100 年及环境类别为四、五类时，其耐久性应符合有关标准的要求。

耐久性要求 表 B.4.9

环境类别	最大水胶比	最低强度等级	最大氯离子含量	最大碱含量
一	0.60	C20	0.30%	不限制

续表

环境类别	最大水胶比	最低强度等级	最大氯离子含量	最大碱含量
二 a	0.55	C25	0.20%	
二 b	0.50 (0.55)	C30 (C25)	0.15%	3.0kg/m³
三 a	0.45 (0.50)	C35 (C30)	0.10%	
三 b	0.40	C40	0.10%	

注：1. 混凝土用砂的最大氯离子含量为 0.03%，预应力混凝土用砂的最大氯离子含量为 0.01%；
　　2. 预应力构件混凝土中最大氯离子含量为 0.06%；
　　3. 处于严寒和寒冷地区二 b、三 a 类环境中的混凝土应使用引气剂，并采用括号中的有关参数；
　　4. 当使用非碱活性骨料时，对混凝土中碱含量不作限制；
　　5. 应慎重采用海砂混凝土，如必须使用时，用于配置混凝土的海砂应作净化处理，并应严格执行《海砂混凝土应用技术规范》JGJ 206-2010 的规定。

□**B.4.10**　本工程场地地下水或土对钢筋或混凝土具有＿腐蚀性，与地下水接触部位构件应采用普通硅酸盐水泥，胶凝材料用量不少于＿＿＿kg/m³，最大水胶比＿＿＿，最大氯离子含量＿＿＿%（预应力构件为 0.06%），最大碱含量＿＿＿kg/m³。

B.5　场地、地基及基础部分

B.5.1□　本建筑场地地基土的液化等级＿＿＿。□场地标准冻深为＿＿＿m。

B.5.2　地基基础

1　本工程地基基础设计等级为＿＿＿级。

□**2**　本工程采用＿＿＿＿＿＿＿基础，建筑物桩基设计等级为＿＿＿级，桩端持力层为＿＿＿＿＿＿＿。

□**3**　本工程采用＿＿＿基础，基础持力层为＿＿＿＿＿，□持力层下存在软弱下卧层为＿＿＿＿＿＿。

4　基础施工时若发现地质实际情况与岩土工程勘察报告与设计要求不符时，须通知设计人员及岩土工程勘察单位技术人员共同研究处理。

B.6　现浇钢筋混凝土结构部分

B.6.1　普通钢筋强度设计值（抗拉强度设计值 f_y，抗压强度设计值 f'_y）：HPB300（Φ）：$f_y = f'_y = 270 \text{N/mm}^2$；HRB400（Φ）、HRBF400（Φ^F）：$f_y = f'_y = 360 \text{N/mm}^2$；HRB500（Φ）、HRBF500（Φ^F）：$f_y = f'_y = 435 \text{N/mm}^2$；冷轧带肋钢筋 CRB550（Φ^R）：$f_y = 400 \text{N/mm}^2$，$f'_y = 380 \text{N/mm}^2$；冷轧扭钢筋 CTB550（Φ^T）：$360 \text{N/mm}^2$。施工中当需要

进行钢筋代换时，应按照钢筋承载力设计值相等的原则换算，并应满足抗裂验算及最小配筋率、保护层厚度、钢筋间距等构造要求。当采用进口钢筋时，应符合我国相关规定的要求。抗震等级为特一、一、二、三级的框架和斜撑构件（含梯段），其纵向受力钢筋采用普通钢筋时，应采用带"E"编号的抗震钢筋，钢筋的抗拉强度实测值与屈服强度实测值的比值不应小于 1.25；钢筋屈服强度实测值与屈服强度标准值的比值不应大于 1.3，且钢筋在最大拉力下的总伸长率实测值不应小于 9%；钢筋的强度标准值应具有不小于 95% 的保证率。

B.6.2 钢筋的锚固与连接

1 本工程纵向受力钢筋的基本锚固长度按表 B.6.2-1 的要求计算。锚固长度按表 B.6.2-2 进行计算，并不应小于 200mm。光面钢筋的锚固长度不包括弯钩段。

基本锚固长度 l_{abE}　　　　　　　　　　　　　　　　表 B.6.2-1

钢筋种类　　抗震　　混凝土强度等级 等级		C25	C30	C35	C40	C45	C50	C55	≥C60
HPB300(Φ)	特一、一、二级	—	$35d$	$32d$	$29d$	$28d$	$26d$	$25d$	$24d$
	三级	$36d$	$32d$	$29d$	$26d$	$25d$	$24d$	$23d$	$22d$
	四级	$34d$	$30d$	$28d$	$25d$	$24d$	$23d$	$22d$	$21d$
HRB400（Φ）HRBF400（ΦF）	特一、一、二级	—	$40d$	$37d$	$33d$	$32d$	$31d$	$30d$	$29d$
	三级	$42d$	$37d$	$34d$	$30d$	$29d$	$28d$	$27d$	$26d$
	四级	$40d$	$35d$	$32d$	$29d$	$28d$	$27d$	$26d$	$25d$
HRB500（Φ）HRBF500（ΦF）	特一、一、二级	—	$49d$	$45d$	$41d$	$39d$	$37d$	$36d$	$35d$
	三级	—	$45d$	$41d$	$38d$	$36d$	$34d$	$33d$	$32d$
	四级	—	$43d$	$39d$	$36d$	$34d$	$32d$	$31d$	$30d$

注：1. 构造柱及基础的钢筋基本锚固长度按四级抗震采用；次梁端支座位于混凝土墙或柱时应按框架梁锚固处理，其余情况次梁筋按四级抗震采用，底筋锚固长度为 $12d$（光圆钢筋为 $15d$）；

　　2. 纵向受拉钢筋末端采用符合技术要求的弯钩或机械锚固措施时，包括弯钩或锚固端头在内的基本锚固长度取表中的 60%。

锚固长度 l_{aE}　　　　　　　　　　　　　　　　　表 B.6.2-2

放大系数使用条件	放大系数	备注
带肋钢筋的直径大于 25mm	1.1	1. 锚固长度：$l_{aE} = l_{abE} \times$ 放大系数
环氧树脂涂层带肋钢筋	1.25	2. 同时多种使用条件时，放大系数应连乘
钢筋在混凝土施工中易受扰动（如滑模施工）	1.1	

2 本工程纵向受力钢筋搭接接头的搭接长度 l_{lE} 及要求见表 B.6.2-3，任何情况下受拉钢筋搭接长度不应小于 300mm，受压钢筋搭接长度不应小于受拉钢筋搭接长度的 70% 且不应小于 200mm。绑扎搭接接头连接区段的长度为 $1.3l_{lE}$，同一连接区段内受拉钢筋接头百分率：对板类及墙体构件，不应大于 25%；对柱类构件，不应大于 50%；对梁类构

件，不应大于50%。

搭接长度 l_{lE}　　　　　　　　　　　　　　　　　　表B.6.2-3

同一连接区段内搭接接头面积百分率	25%	50%	100%
纵向受拉钢筋绑扎搭接长度 l_{lE}	$1.2l_{aE}$	$1.4l_{aE}$	$1.6l_{aE}$

3 本工程中各构件的受力钢筋连接方式按表B.6.2-4采用（打"•"者为采用方式），受力钢筋的接头应设在受力较小处，并不应设在节点梁端及柱端的箍筋加密区范围。

表B.6.2-4

连接方式 ＼ 构件／适用条件	柱，钢筋混凝土墙，板 $d>22mm$	柱，钢筋混凝土墙，板 $18mm \leqslant d \leqslant 22mm$	柱，钢筋混凝土墙，板 $d<18mm$	框架梁顶面贯通筋，梁底筋 $d>22mm$	框架梁顶面贯通筋，梁底筋 $d \leqslant 22mm$	转换梁 全部	次梁纵筋 $d>22mm$	次梁纵筋 $d \leqslant 22mm$
机械连接	•			•		•		
焊接连接		•			•		•	
搭接连接			•					•

注：1. 吊柱、框支柱、拱拉杆等轴心或小偏心受拉构件不得采用绑扎接头；
　　2. 各构件非受力钢筋的连接及构造详相应通用说明。

4 机械连接接头：优先采用冷挤压或等强直螺纹接头，经设计人同意可采用锥形螺纹接头。接头应符合《钢筋机械连接技术规程》JGJ 107－2016的要求，机械连接区段长度为 $35d$（d 为连接钢筋较小直径），同一连接区段内的受拉钢筋接头百分率不应大于50%，受压钢筋可不受限制。

5 焊接连接应符合《钢筋焊接及验收规程》JGJ 18－2012的要求：（1）正式焊接前，施焊的焊工应进行现场条件下的焊接工艺试验，并经试验合格后方可正式生产；试验结果应符合质量检验与验收时的要求；（2）采用搭接或帮条电弧焊时，宜优先采用双面焊，焊接长度不小于 $5d$，单面焊时不小于 $10d$；（3）电渣压力焊适用于现浇混凝土结构中竖向受力钢筋的连接；不得在竖向焊接后横置于梁、板等构件中作水平钢筋使用；（4）钢筋焊接接头连接区段长度范围为 $35d$（d 为连接钢筋的较小直径）且不小于500mm，同一连接区段内的受拉钢筋接头百分率不应大于50%，受压钢筋可不受限制。

B.6.3 现浇结构混凝土强度等级及抗渗等级

1 构件混凝土强度等级详各层平面或大样图；基础（桩承台）详基础或桩承台结构图。

2 构件混凝土抗渗等级：水池为P6，其他详地下室各层平面或大样图。

3 无注明的设备基础混凝土强度等级≥C25，设备基础必须待设备到货后，经校对尺寸无误后方可施工。

4 水泥、混凝土及外加剂要求

（1）每一结构层应采用同一厂家同一品种的水泥或混凝土，不得混用。未经主管部门批准，不得使用非预拌商品混凝土；

（2）所有混凝土的外加剂、超细掺合料（硅粉、粉煤灰）、防水掺合料、钢纤维、合成纤维等要求在施工前做相溶性试验及配合比试验，试验结果符合强度要求方可施工。外加剂的使用按《混凝土外加剂应用技术规范》GB 50119-2013 执行。

B.6.4　楼板、屋面板

1　单向板底筋的分布筋及单向板、双向板支座面筋的分布筋，除平面图中另有注明者外应同时满足表 B.6.4（表中Φ替换为Φ和Φ时，直径和间距不变）和不小于受力主筋的 15％的要求，且分布筋的最大间距为 250mm。

分布筋配置表　　　　　　　　　　　　　　　　　表 B.6.4

板厚度（mm）	60～80	85～100	105～120	125～145	150～180	185～220	225～270
HPB300（Φ）	Φ6@250	Φ6@200	Φ6@180	Φ8@250	Φ8@200	Φ10@250	Φ10@200
CRB550（Φ^R）	Φ^R5@250	Φ^R5@200	Φ^R6@250	Φ^R6@200	Φ^R7@200	Φ^R8@250	Φ^R8@200

2　双向板（或异形板）钢筋的放置：短向钢筋置于外层，长向钢筋置于内层。当板底与梁底平时，板的下层钢筋应置于梁内底筋之上。现浇板施工时，应采取措施保证钢筋位置。楼板混凝土强度未达到 1.2MPa 前，不得在其上踩踏或安装支架。

3　结构图中未注明时，钢筋规格代号如下表示，以此类推：

K8=Φ8@200、E8=Φ8@180、N8=Φ8@150、T8=Φ8@120、G8=Φ8@100……

K10=Φ10@200、E10=Φ10@180、N10=Φ10@150、T10=Φ10@120、G10=Φ10@100……

4　凡结构平面图中标有"▲"符号的板角处均需正交放置长度为 1/3 短向板跨（且长度不小于 600mm）、直径为Φ8 且不小于该板负筋直径@100 的双向重叠网格状面筋；标有"▲"符号的板角处，除按以上要求配筋外，另加 5Φ10@100 放射筋，钢筋长度为 2/5 短向板跨。

5　在结构平面图中，边支座负筋标注尺寸指板内钢筋长度；中间支座负筋两侧均有标注时，是指左（右）侧端部至梁中的长度；当负筋标注一个尺寸时，是指含梁宽的负筋全长（以上计算长度不包括下弯直线段）。板筋放置图例见图 B.6.4-1 及图 B.6.4-2。

6　板筋的锚固与连接

（1）板下部受力钢筋伸入支座≥5d 且至少伸至支座中线。楼梯板的下部受力钢筋伸入支座的锚固长度 15d，且不小 150mm。当采用冷轧带肋钢筋（CRB500）时，板下部纵向钢筋伸入支座锚固长度不小于 10d 并不小于 100mm，且至少伸至支座中线。支座为混凝土墙的板上部钢筋锚入墙长度及转换层楼板中钢筋锚入边梁或墙体内长度均按抗震等级四级采用。

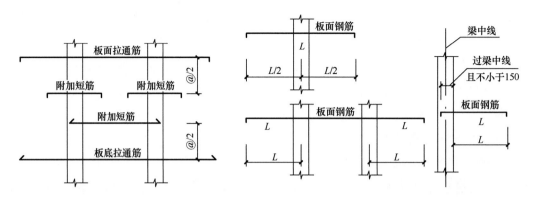

图 B.6.4-1　板拉通筋与附加短筋放置图例　　　　图 B.6.4-2　板面支座钢筋放置图例

注：附加钢筋应与板拉通筋相间布置。

（2）所有板筋（受力或非受力筋）采用搭接接长时，其搭接长度 l_l 不应小于 300mm，相邻接头截面间的最小距离为 $1.3l_l$。现浇钢筋混凝土楼板下部钢筋不得在跨中搭接，板上部钢筋不得在支座搭接。

（3）底筋相同的相邻板跨施工时其底筋可以直通。板面和板底标高差值不超过 20mm 时，板上部和下部钢筋可连通设置，但施工时需做成"⎍⎍⎍⎍⎍"和"⎍⎍⎍⎍⎍"形状。

☐（4）本工程部分楼板采用冷轧带肋焊接钢筋网，冷轧带肋钢筋为 CRB550 级（ϕ^R），应由具有相应资质的焊接钢网生产厂按设计要求制作网片并经设计单位认可，并应按《冷轧带肋钢筋混凝土结构技术规程》JGJ 95‑2011 要求验收。

7　配有双层钢筋的一般楼板、地下室底板及人防顶板，均应加设保证上排筋高度的支撑钢筋（马凳筋）或支撑件，形式及设置间距应由施工单位确定。

8　跨度大于 3.6m 的板（双向板指板短跨），施工时板跨中应按跨度的 1/500 起拱。当悬臂板跨度大于 1.8m 时，按悬臂长度的 6/1000 起拱；如有特殊要求时，详图纸另行注明。

9　板内钢筋如遇洞口当 $D \leqslant 300$mm 时（D 为洞宽）：钢筋绕过洞口不需切断，做法按 18G901‑1 图集 4‑29 页大样；但 $D > 300$mm 时，洞边增设加强筋见施工详图。

10　除平面注明外，非承重砌体墙下未设置梁时，应在墙下板底处另加钢筋，板跨 ＜2500mm 时：3 Φ14@50；板跨为 2500～3500mm 时：3 Φ16@50；两端锚入梁（墙）支座内 $15d$。

11　设备管井道应每层封闭，除特别注明，施工时应预留 Φ8@200 板筋，待管道安装完成后，浇筑混凝土封闭，混凝土强度等级 ≥C20，板厚 ≥80mm。混凝土保护层厚度应 ≥30mm。井道尺寸较大时，应按平面配筋图施工。

12　现浇楼板内预埋暗管时，应尽量分散并减小交叉层数，管径应 ＜1/3 板厚，且尽量埋在板截面中心 1/3 部位，应绑扎牢固定位，不得离板底或板面太近，以防楼板开裂；

当板内埋管多于 3 根（含 3 根）并排时，应在垂直走管方向上下各配置直径 2～2.5mm、网格为 15～20mm 的附加钢丝网，短筋每边伸出≥300mm，埋管应尽量分开，并排数量不得多于 8 根，交叉管线不得多于二层，确保管壁至板上、下层受力钢筋净距不小于 25mm（见图 B.6.4-3）。

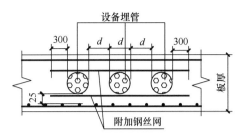

图 B.6.4-3　板内预埋暗管大样

B.6.5　本工程设计钢筋混凝土结构施工图采用平面整体表示方法，梁、柱、剪力墙的构造详图采用国标结构专业系列图集，主要应用的标准图见表 B.6.5，并应结合本公司梁、柱、剪力墙平面表示法及构造详图施工。

设计采用的标准图集　　　　　　　　　　　　　表 B.6.5

序号	图集名称		图集编号	选用
1	混凝土结构施工图平面整体表示方法制图规则和构造详图	现浇混凝土框架、剪力墙、梁、板	22G101-1	□
2		现浇混凝土板式楼梯	22G101-2	□
3		独立基础、条形基础、筏形基础、桩基础	22G101-3	□
4	建筑物抗震构造详图	多层和高层钢筋混凝土房屋	20G329-1	□

1　设备管线需要在柱、墙、梁侧开洞或预设埋件时，应严格按设计图纸要求设置，预留孔洞不得后凿。

2　钢筋混凝土的竖向构件，常温施工时，柱拆模时混凝土强度不得低于 1.5MPa，墙拆模时混凝土强度不得低于 1.0MPa，且应有确保质量的养护措施。安装梁模时，柱的强度应不小于 10.0MPa；承受楼板荷载时，墙体强度不应低于 4.0MPa。

3　悬挑构件需待混凝土强度达到设计混凝土强度的 100% 方可拆除底模。

4　除特殊注明外，梁跨度大于 4m 时，梁的跨中应按跨度的 1/500 起拱，悬臂梁跨度大于 2m 时，应按净跨的 2/500 起拱。

5　露天反梁结构须按建筑排水要求预埋 $\phi100$（注明除外）套管泄水孔（孔底比建筑完成面低 20mm）。

B.6.6　钢筋混凝土结构预埋件及吊环

1　预埋件的锚固应采用 HPB300、HRB400 级钢筋，设备检修用的吊环应采用 HPB300 级钢筋，严禁使用冷加工钢筋。吊环每端埋入混凝土的锚固深度不应小于 $35d$，并应焊接或绑扎在钢筋骨架上。

2　与填充墙钢筋混凝土水平系梁、过梁连接的钢筋混凝土柱、墙，应在水平系梁纵向钢筋对应位置预埋插筋，锚入柱、墙内不小于 $35d$，伸出柱、墙外不小于 700mm，并与水平系梁、过梁钢筋搭接。

3　当详图中无要求时，作为承重结构预埋件的钢板及型钢采用 Q235B 级钢。焊条及焊剂按国标图集《钢筋混凝土结构预埋件》16G362第5页第3.5条规定。所有外露铁件均应涂刷防锈底漆及面漆，材料及颜色按建筑要求施工。

4 附设在外墙的装饰及围蔽构件如需外挂时，应用预埋件及植螺栓；除经设计人同意外，不得使用膨胀螺栓。

B.7 非 结 构 构 件

B.7.1 砌体部分

1 本工程砌体均为主体结构的填充墙，不作承重结构用，砖砌块强度等级不低于MU5，其他实心块体强度不低于MU2.5，空心块体强度不低于MU3.5；除非得到当地环保主管部门同意，本工程所采用的砂浆均应使用预拌砂浆（强度等级不小于WM M5或DM M5），优先选用湿拌砂浆，除地面防潮层以下采用水泥砂浆外，其余为水泥石灰混合砂浆。

2 本工程墙体砌块及砂浆选用详见表B.7.1-1及表B.7.1-2，砌体施工质量控制等级为B级。

砌块选用表 表 B.7.1-1

选用	砌块（砖）名称	重度（kg/m³）	强度等级	执行标准编号	使用范围	备注
□	蒸压加气混凝土砌块	≤750		GB/T 11968－2020	□外墙□内墙	
□	普通混凝土小型砌块	≤1400		GB/T 8239－2014	□外墙□内墙	
□	蒸压灰砂砖	≤1800		GB/T 11945－2019	±0.000以下外墙	

砂浆选用表 表 B.7.1-2

选用	砂浆类型	砂浆强度等级	执行标准编号	使用范围
□	预拌砂浆	□WM M5 □DM M5	GB/T 25181－2019	□外墙□内墙

□**3** 层数不小于12层的建筑中的非承重墙，不得使用重度大于1400kg/m³的墙体材料，禁止使用黏土类烧结砖。

4 当砌体墙的水平长度8m或大于2倍层高（蒸压加气混凝土砌块1.5倍层高）和需加强的丁字墙、转角墙，应在墙转角、中间或端部设置间距不大于4m的构造柱GZ（见图B.7.1-1）。构造柱须先砌墙后浇柱，砌墙时墙与构造柱连接处要砌成马牙槎（见图B.7.1-2）。构造柱的混凝土强度等级≥C20，竖筋4Φ12，箍筋Φ6@200，柱脚及柱顶在主体结构中预埋4Φ12竖筋，竖筋伸出主体结构面500mm。

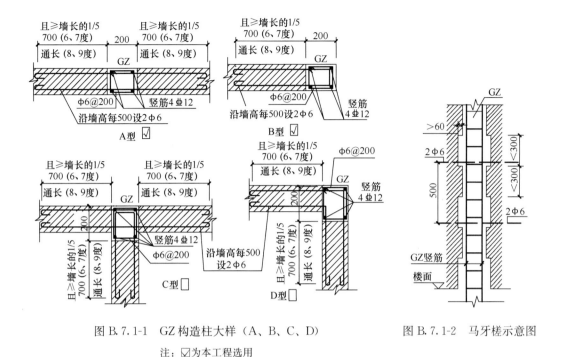

图 B.7.1-1　GZ 构造柱大样（A、B、C、D）　　　图 B.7.1-2　马牙槎示意图

注：☑为本工程选用

5 填充墙应沿钢筋混凝土墙或柱（构造柱）全高每隔 500mm 设 2Φ6 钢筋，拉筋伸入砌体墙内的长度，抗震设防烈度 6、7 度时□全长贯通，8、9 度时应全长贯通（见图 B.7.1-1、图 B.7.1-3），墙与柱的拉结筋应在砌墙时预埋。

6 墙高度大于 4m 的 190 砌体及高度大于 3m 的 90、120 砌体，需在墙半高或门顶标高处设置与柱连接且沿墙全长贯通的钢筋混凝土水平系梁，墙厚 190（120）时，梁截面为 190（120）×120，纵筋 4Φ10，箍筋Φ6@300；墙厚 90 时，梁截面为 90×120，纵筋 4Φ10，Φ6@300 的箍筋，纵筋锚入柱内不小于 35d，系梁混凝土强度等级为≥C20。

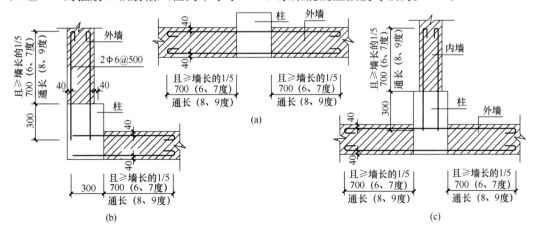

图 B.7.1-3　墙柱与砌体连结构造

（a）中柱与外墙连接；（b）角柱与外墙连接；（c）中柱与内、外墙连接

7 楼梯间和人流通道的砌体填充墙，应采用钢丝网面层加强，具体做法详见《建筑统一说明》第四（四）条第 3 点的做法。

8 填充墙砌至接近梁、板底时，应留一定缝隙，待填充墙砌筑完成并至少间隔 14d 后，再将其补砌挤紧。不到板底或梁底的砌体必须加设压顶梁。轻质砌块隔墙砌体上门窗洞口应设置钢筋混凝土过梁，见图 B.7.1-4；当洞顶与结构梁（板）底的距离小于过梁的高度时，过梁须与结构梁（板）浇成整体（见图 B.7.1-5）。过梁构造配筋详见表 B.7.1-3。

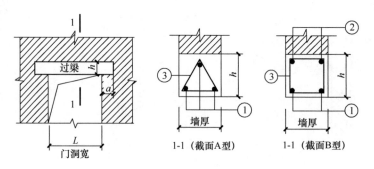

图 B.7.1-4 门窗过梁

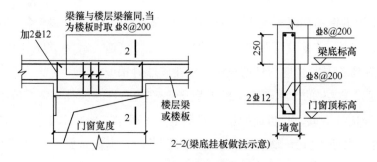

图 B.7.1-5 过梁与结构梁连成整体

过梁构造配筋表 表 B.7.1-3

L (mm)	截面形式	h（梁高）(mm)	a（支座宽）(mm)	①	②	③
$L<1000$	A	120	300	2Φ10	—	Φ8@200
$1000 \leqslant L<1500$	A	120	300	3Φ10	—	Φ8@200
$1500 \leqslant L<1800$	B	150	300	2Φ12	2Φ8	Φ8@200
$1800 \leqslant L<2400$	B	180	300	3Φ12	2Φ8	Φ8@180
$2400 \leqslant L \leqslant 3000$	B	240	350	3Φ14	2Φ10	Φ8@150

注：1. 截面形式见图 B.7.1-4；
 2. 过梁配筋仅考虑 $L/3$ 高度墙体自重，当超过或梁上作用有其他荷载时，应另行计算；
 3. 混凝土强度等级≥C25。

9 电梯井壁为砌体填充时，应设置构造梁、柱（见图 B.7.1-6）。任何结构形式的电梯井坑底不得用作人工作业的工作间或操作用房。

□**10** 底层内隔墙（高度＜4000mm）可直接砌置在混凝土地骨（垫层）上。按图 B.7.1-7所示施工，地骨材料详建筑施工图。

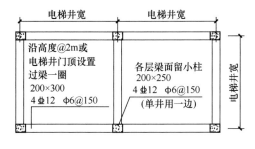

图 B.7.1-6 砌体电梯井构造梁柱平面

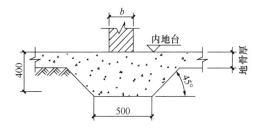

图 B.7.1-7 首层内墙地骨

□**11** 本工程砌体填充墙与骨架结构采用柔性连接，具体构造另详大样及图集_____ 的要求。

B.7.2 轻质墙体按建筑施工图施工，应执行《建筑轻质条板隔墙技术规程》JGJ/T 157－2014。部分墙体采用（□轻质板条、□砂浆钢丝网架夹芯墙、□龙骨平板墙板、□其他轻质墙板）。未经设计同意，不得更改墙体材料、厚度和位置。

B.7.3 围护墙体采用玻璃幕墙时，应执行《玻璃幕墙工程技术规范》JGJ 102－2003 及《金属与石材幕墙工程技术规范》JGJ 133－2001，幕墙与主体结构连接的预埋件应在浇灌混凝土时预埋，除旧楼改建外，不应打膨胀螺栓或化学植筋作连接锚固件。幕墙施工图应由主体结构设计单位审核确定后方可施工，幕墙安装应由具有相应资质的施工单位施工。

B.7.4 本工程建筑附属机电设备的自身及与结构主体的连接应进行抗震设计，具体深化设计由专业公司完成。

□**B.7.5** 电梯订货应符合本工程图纸提供的洞口尺寸及基坑深度要求，订货后应提供电梯施工详图给设计单位进行尺寸复核、预留机房空洞以及设计吊钩等工作；机房主承重工字钢两端应可靠支承于梁或剪力墙上。

□**B.7.6** 设备基础应待订货设备到达后对设计进行复核后才能施工，大型设备的吊装及在主体结构内运输应经设计复核后方可实施。

B.8 地 下 室

□**B.8.1** 本工程地下共____层，地下室－__层～－__层的防水等级为____级。

B.8.2 钢筋构造

1 底板与核心筒承台交接处，底板上下层钢筋伸入承台锚固长度不少于 l_a，底板面筋可贯通承台并等面积代替承台面筋；基础梁在承台支座处，底筋及面筋伸入承台的锚固长度应按框架梁构造要求执行。

2 底板的板面筋、梁面筋置于支承构件的面筋之内，当放在上层时，应锚入支座 l_a，并垂直下弯 $10d$。

3 底板的底、面筋需优先采用直通钢筋；当采用连接时，优先采用机械连接或焊接；当必须采用搭接时（$d \geqslant 28mm$ 时不应采用搭接），如无特别注明，底筋接头一般位于离支座边 1/3 跨处，面筋位于支座处，接头要求按本措施 B.6.2 条。

4 人防底板、顶板（侧板），底、面筋（内、外层筋）之间应设置梅花形排列的拉结钢筋，直径 $\geqslant \Phi6$，间距 $\leqslant @500 \times 500$。

5 桩台、筏板施工时，应设置可靠的钢筋支撑体系，以确保上层钢筋的定位、承受钢筋的重量和承受全部施工荷载，支撑体系的形式及设置间距由施工单位根据实际情况确定。

B.8.3 当大型桩台、筏基厚度大于 2m 需采用水平分层（段）浇筑时，应在分层（段）浇筑的接口处水平施工缝下设一道不小于 $\Phi12@300 \times 300$ 的水平向钢筋网，另预埋 $\geqslant \Phi12@600 \times 600$（梅花形布置）的竖向插筋，锚固长度和伸出段均为 $35d$。局部体积较大、厚度较厚的混凝土，应及时采取有效保温措施，防止混凝土内外温差引起裂缝。

B.8.4 地下室墙顶构造见图 B.8.4-1～图 B.8.4-3。

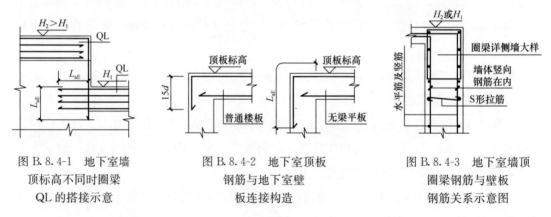

图 B.8.4-1 地下室墙
顶标高不同时圈梁
QL 的搭接示意

图 B.8.4-2 地下室顶板
钢筋与地下室壁
板连接构造

图 B.8.4-3 地下室墙顶
圈梁钢筋与壁板
钢筋关系示意图

B.8.5 地下室大体积混凝土应合理选择原材料（如采用低水化热水泥加适量粉煤灰等）和配合比，尽量降低水泥用量，控制混凝土浇灌温度和采取其他降低混凝土水化热和减少混凝土干缩的有效措施。采取有效的保温保湿措施，控制混凝土内外温差不超过 25℃，温度陡降不超过 10℃，避免产生裂缝，保湿养护时间不少于 14 昼夜。地下室顶板施工完成但尚未覆土前，顶板不应长期暴露在自然环境下，当暴露时间超过 30d 时，应采用有效的覆盖保温措施以避免顶板的开裂。

☐**B.8.6** 超长地下室混凝土材料的配合比要求：

1 选用质量稳定、低水化热和含碱量较低的水泥，不得使用早强水泥、C_3A 含量偏高水泥（C_3A 含量不得超过 7％）及立窑水泥。选用坚固耐久的、级配合格、粒形良好的骨料。

2 混凝土到浇筑工作面的坍落度不宜大于 160mm。

3 尽量降低拌合水的用量，用水量不宜大于 175kg/m³。

4 粉煤灰掺量不宜超过胶凝材料用量的 40％，矿渣粉的掺量不宜超过胶凝材料用量的 50％。粉煤灰和矿渣粉掺合料的总量不宜大于混凝土中胶凝材料用量的 50％。

5 控制砂率为 0.35～0.42，水胶比不宜大于 0.5。

B.8.7 施工期间应注意基坑降水，控制整个基坑范围内地下水位不高于基坑最低点（承台或底板垫层底）以下 0.5m；本工程地下室基坑降水应施工至地上____层浇筑完成（未注明时为主体结构封顶）及地下室室外顶板覆土完成方可停止。

B.8.8 基坑开挖至接近坑底标高时，应尽量保护地基原状土，减少扰动，尽快做好垫层，经扰动的土应夯密实或换填砂石振实。对大型基坑工程，应分区分块挖至设计标高，分区分块应及时浇筑垫层。

B.8.9 管道穿地下室外墙时，均应按有关专业图纸预埋套管或钢板，当无注明时，可按国标图集《民用建筑工程结构施工图设计深度图样》09G103 第 31 页大样实施。

B.8.10 电气避雷引下线位置及大样见电气专业图纸。作引下线及接地体的柱竖筋及基础钢筋必须焊接连通，焊接长度不小于 6d。

B.8.11 基坑、承台周围回填土及位于设备基础、斜坡、踏步等位置的回填土应分层夯实，回填土采用粉质黏土、粉土等作填料，填土的最优含水量、分层厚度和夯实遍数通过试验确定，压实系数≥0.94，严禁回填建筑垃圾及淤泥，以防止地面开裂。

B.8.12 地下室顶板回填土厚度应严格按照首层平面标高或设计允许覆土高度确定，回填土施工时，应均匀分层压实，不得超载及在回填土上随意挖掘，相邻柱跨填土高差不得超过 0.5m。未经设计同意，不得在回填土上随意行驶超重车辆或堆放重物。

B.9 后浇带及施工缝

□**B.9.1** 后浇带的设置

1 本工程设置□收缩后浇带□沉降后浇带，后浇带宽_____mm，有调整沉降要求的沉降后浇带具体定位见平面图，收缩后浇带一般在 42～60d 封闭。当特殊情况必须快速施工时，在夏季温度较高并有可靠措施保证下，经设计确认后最短时间不得少于 20d；浇筑前，被后浇带断开的梁板在本跨内的模板不得拆除，待后浇混凝土强度达到设计强度后方可拆除。

2 后浇带内主筋的连接。

（1）所有梁以及地下室的底板与侧板，主筋较密时，可不断开；

（2）楼板中通过板后浇带的钢筋，做成双层钢筋并应断开搭接，搭接长度 $L \geqslant 1.6l_a$（l_a 取四级抗震的 l_{aE}），搭接要求见本说明第 B.6.2 条第 2 款；后浇带大样见图 B.9.1-1，梁后浇带大样见图 B.9.1-2；

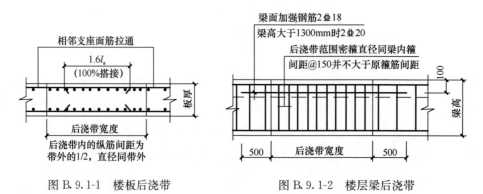

图 B.9.1-1　楼板后浇带　　　　　　　图 B.9.1-2　楼层梁后浇带

（3）后浇带的交界缝可做成平直缝（或凹缝），浇灌混凝土前应将其表面浮浆及杂物清除，表面涂刷混凝土界面剂（水平缝可先铺净浆，再铺 30～50mm 厚的 1:1 水泥砂浆），并及时浇灌混凝土；

（4）后浇带混凝土施工前，后浇带部分和外贴式止水带应予以保护，严防落入杂物和损伤外贴式止水带；

（5）后浇带混凝土强度等级应提高一级（5MPa），宜采用早强、补偿收缩的微膨胀混凝土浇灌；

□（6）底板后浇带范围须将垫层局部加厚并加防水层（防水胶布、涂料或外贴式止水带），板中加止水钢板，见图 B.9.1-3；

（7）地下室侧板后浇带须在墙外侧加设防水层，且用 M10 水泥砂浆砌 120mm 厚砖墙保护，侧墙中间加设止水钢板，见图 B.9.1-4；

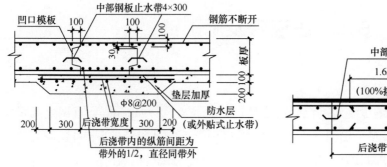

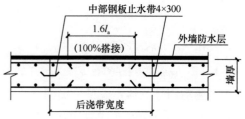

图 B.9.1-3　地下室底板后浇带　　　　　图 B.9.1-4　地下室外墙后浇带

□（8）如现场地下水位高不易施工时，对于底板后浇带的做法可参照《地下工程防水技术规范》GB 50108，后浇带超前止水构造图施工，见图 B.9.1-5。

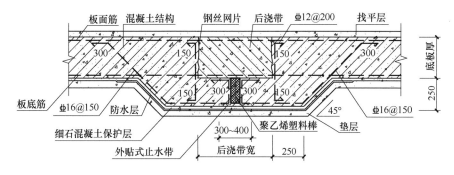

图 B.9.1-5 后浇带超前止水构造

B.9.2 施工缝的设置

1 水平施工缝：

（1）肋形楼盖应沿着次梁跨度方向浇筑混凝土，施工缝留置在次梁跨中的 $L/3$ 区段内；平板无梁楼盖，施工缝应平行于板的短跨。板施工缝大样见图 B.9.2-1。

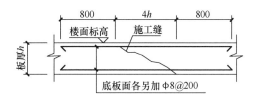

图 B.9.2-1 板施工缝大样

（2）地下室底板、楼板、顶板与外侧墙交接的施工缝设在墙上，其位置及止水带的位置见图 B.9.2-2。

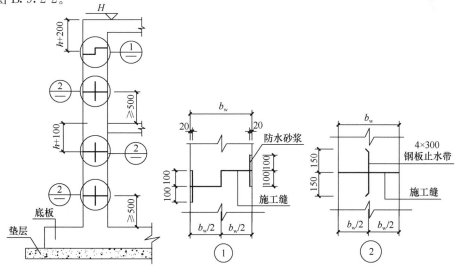

图 B.9.2-2 地下室外侧板施工缝及止水带示意图

注：h 为楼层最大梁高。

2　垂直施工缝：除地下外墙后浇带和短期后浇带留设垂直施工缝外，剪力墙不应留设垂直施工缝。

3　墙柱与梁混凝土强度等级变化处的做法：不超过一个等级时，可随梁板同时浇筑。当墙柱的混凝土强度等级高于梁板一个等级或以上时（5MPa 为一级），其节点区应按等级高的混凝土浇筑，见图 B.9.2-3。

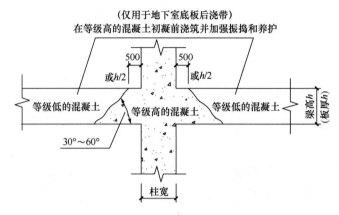

图 B.9.2-3　柱（墙）梁混凝土级差施工缝大样

注：框架柱、混凝土墙与梁混凝土强度等级不同时采用。

B.10　其　　他

B.10.1　基础、桩检测

□**1**　基槽（坑）开挖后，应进行基槽检验。基槽检验可用触探或其他方法，当发现与勘察报告和设计文件不一致，或遇到异常情况时，应结合地质条件提出处理意见。

□**2**　对人工加固板条式地基（灰土、灰砂混合、粉煤灰、强夯、注浆、预压），其地基承载力检验后必须达到设计要求的标准，检验数量，每单位工程不应少于 3 点。每一独立基础下至少应有一点，基槽每 20 延米应有一点。

□**3**　对于加强体为桩基（搅拌桩、高压喷注浆桩、砂桩、振冲桩、土和灰土挤密桩、水泥粉煤灰碎石桩、夯实水泥土桩）的复合地基，地基检测要求见结施____《复合地基基础设计总说明》。

□**4**　工程桩应进行单桩承载力及桩身完整性抽样检测，桩具体检测要求见结施____，检测方案应结合有关国家规范及工程建设所在地的有关规定，由业主、监理、设计、施工各方共同确定，并经建设主管部门确认后方可实施。

□**B.10.2**　水池

1　凡水池底的反梁，均应预留直径 100mm（除注明外）的套管连通孔，孔底平板的结构面，个数不少于 3 个或见具体设计图。

2　水池底板混凝土应一次浇筑不设施工缝，水池侧壁与底板连接处的施工缝设在板面上 200～300mm 处。侧壁施工前应将接缝松散部分凿去，用水冲洗干净并加覆盖保湿 24h，然后扫水泥浆一道再浇侧壁混凝土。

3　混凝土强度达 100% 后应进行试水：第一次半池深，静置观察 3 天，第二次满池，观察一周，发现渗漏应进行补漏，经复试无渗漏后才能进行面层的施工。

4　爬梯位置见建筑图，除有大样外，爬梯为沿高度 Φ 20@300。

□B. 10.3　沉降观测

□1　本工程要求建筑物在施工及使用过程进行沉降观测，并符合《建筑变形测量规范》JGJ 8 的有关规定。

□2　沉降观测点布置另见结施＿＿＿，图中有符号"↑"表示沉降观测点埋设的位置，埋件大样见图 B.10.3。

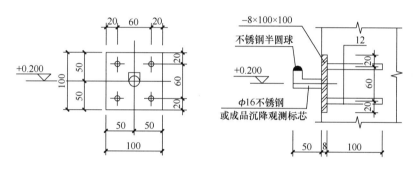

图 B.10.3　沉降观测点标芯埋设大样

□3　施工期内观测工作从基础施工完成后即应开始，有地下室时首层完工后观测 1 次，后续建筑物每升高＿＿＿层观测 1 次，结构封顶后＿＿＿月观测 1 次，施工过程如暂时停工，在停工时及新开工时应各观测 1 次，停工期间每隔 2～3 个月观测 1 次。使用内第一年观测 3～4 次，第二年观测 2～3 次，第三年后每年 1 次，直至稳定为止。

□B. 10.4　本工程部分采用的□预应力结构□钢结构□钢混结构，另见结施图说明。

□B. 10.5　本工程部分采用的□装配式混凝土结构□装配式钢-混凝土组合结构，另见结施＿＿＿装配式结构说明。

□B. 10.6　本工程为＿＿＿星级绿色建筑，□HRB400 级以上受力钢筋占总量 70% 以上，□混凝土结构中高耐久性混凝土用量占总量 50% 以上，□混凝土承重构件采用 C50 以上混凝土用量占总量 50% 以上。

B. 10.7　工程施工前，参建各方应进行设计图纸技术交底及会审；施工过程中，如发现实际情况与设计图纸不符时，应及时通知设计人员研究解决。

B. 10.8　结构总说明的有关内容在详图中同时有作特别说明的，应以详图的要求为准。

B. 10.9　建筑安全生产专项要求见《建筑安全生产专篇》。

附录 C 建筑安全生产专篇

C.1   总   则

在本专篇中，有□符号者，凡划"☑"为本工程采用。没有□符号者为本工程通用。仅有□符号者非本工程通用。

C.2   本专篇遵循的文件

C.2.1   国家规定

《建设工程安全生产管理条例》（中华人民共和国国务院令第393号）

《危险性较大的分部分项工程安全管理规定》（住建部〔2018〕37号）

《住房城乡建设部办公厅关于实施〈危险性较大的分部分项工程安全管理规定〉有关问题的通知》（建办质〔2018〕31号）

C.2.2   地方规定

□《广东省住房和城乡建设厅关于房屋市政工程危险性较大的分部分项工程安全管理的实施细则》（粤建规范〔2019〕2号）

C.3   特殊分部分项工程

本工程存在以下可能影响工程施工安全，且尚无国家、行业及地方技术标准的分部分项工程：

□C.3.1   本工程_____部位采用新技术为_____；

□C.3.2   本工程_____部位采用新工艺为_____；

□C.3.3   本工程_____部位采用新材料为_____；

□C.3.4   本工程_____部位采用新设备为_____；

□C.3.5   本工程_____部位采用特殊结构为_____；

□C.3.6   本工程_____部位采用特殊材料为_____。

C.4 基坑（深基坑）工程

☐**C.4.1** 本工程未设埋地建（构）筑物。±0.000 的绝对标高为_____ m，室外地坪标高_____ m，边缘承台底面标高_____ m，承台厚度____ mm，垫层厚度____ mm，从室外地坪标高算至垫层底面标高，土方开挖深度为____ m。

☐**C.4.2** 本工程设有埋地或半埋地式建（构）筑物，±0.000 的绝对标高为____ m，地下室层数为____ 层。室外地坪标高_____ m，地下室底板面标高_____ m，地下室底板厚度____ mm，底板垫层厚度____ mm，从基坑顶室外地坪标高算至底板垫层底面标高，土方开挖深度为____ m。勘察报告中，场地的绝对标高从_____ m 至_____ m，地下室底板垫层底的绝对标高为_____ m。

☐**C.4.3** 本工程基坑开挖深度<3m，但地质条件、周围环境和地下管线复杂，或影响毗邻建（构）筑物安全的基坑（槽）的土方开挖、支护、降水工程。

☐**C.4.4** 本工程基坑开挖深度≥3m 且<5m，但地质条件、周围环境和地下管线复杂，或影响毗邻建（构）筑物安全的基坑（槽）的土方开挖、高边坡、支护、降水工程。

☐**C.4.5** 本工程存在开挖深度≥3m 且<5m 的基坑（槽）的土方开挖、支护、降水工程。

☐**C.4.6** 本工程存在开挖深度≥5m 的基坑（槽）的土方开挖、支护、降水工程。

☐**C.4.7** 本工程或周边存在土质边坡，且边坡高度≥10m，边坡高度为_____ m，坡率为_____。

☐**C.4.8** 本工程或周边存在岩质边坡，且边坡高度≥15m，边坡高度为_____ m，坡率为_____。

C.5 模板工程及支撑体系

C.5.1 本工程存在以下高支模模板工程或支撑体系的工程部位：

☐**1** 存在设计层高较大楼层，预计模板搭设高度由从下层楼地面标高算至上层板底标高：

☐模板搭设高度 ≥5m 且<8m；

☐模板搭设高度 ≥ 8m；

具体部位为：第____ 层，层高____ m，设计楼板厚度____ mm；预计模板搭设高度为____ m。

□**2**　存在大堂、中庭、中空跃层等位置，预计模板搭设高度由上空梁板底算至下层楼地面标高：

□模板搭设高度≥5m且<8m；

□模板搭设高度≥8m；

具体部位为：第____层，下层楼地面标高____m，上层楼面标高____m，上层楼板设计厚度____mm；预计模板搭设高度为____m，轴线范围：_____。

□**3**　建筑物外立面存在突然外挑的构件：

□模板搭设高度≥5m且<8m；

□模板搭设高度≥8m；

具体部位为：外挑的梁板，板底标高为____m，所处立面：_____，轴线范围：_____。外挑的屋檐，板底标高为____m，所处立面：_____，轴线范围：_____。悬挑阳台，板底标高为____m，所处立面：_____，轴线范围：_____。

□**4**　汽车出入口，坡道面标高至上空板底标高：

□模板搭设高度≥5m且<8m；

□模板搭设高度≥8m；

板底标高为____m，轴线范围：_____。

□**5**　其他高支模模板工程及支撑体系部位（列出具体楼层和轴线范围）：

C.5.2　本工程存在以下大跨度模板工程及支撑体系的工程部位：

□模板搭设跨度≥10m且<18m；

□模板搭设跨度≥18m；

具体部位：第____层，轴线范围_____，或者涉及梁号_____之间所包含楼板区域。

□其他大跨度模板工程及支撑体系部位（列出具体楼层和轴线范围）：

模板搭设跨度____m，具体部位：第____层，轴线范围_____，或者涉及梁号_____之间所包含楼板区域。

C.5.3　本工程存在以下大荷载的工程部位：

□**1**　施工总荷载（荷载效应基本组合的设计值，以下简称设计值）≥10kN/m² 且<15kN/m² 的工程部位：

具体部位：第____层，轴线范围_____，或者涉及梁号_____之间所包含楼板区域。

□**2**　施工总荷载（设计值）≥15kN/m² 的工程部位：

具体部位：第____层，轴线范围_____，或者涉及梁号_____之间所包含楼板区域。

□**3** 集中线荷载（设计值）≥15kN/m且＜20kN/m的工程部位：

具体部位：第＿＿层，轴线范围＿＿＿＿＿＿＿＿，或者涉及梁号＿＿＿＿＿＿之间所包含楼板区域。

□**4** 集中线荷载（设计值）≥20kN/m的工程部位：

具体部位：第＿＿层，轴线范围＿＿＿＿＿＿＿＿，或者涉及梁号＿＿＿＿＿＿之间所包含楼板区域。

□**5** 高度大于支撑水平投影宽度且相对独立无联系构件的混凝土模板支撑工程：

具体部位：第＿＿层，轴线范围＿＿＿＿＿＿＿＿，或者涉及梁号＿＿＿＿＿＿之间所包含楼板区域。

□**6** 用于钢结构安装等满堂支撑体系；□且承受单点集中荷载≥7kN。

□**7** 其他大荷载模板工程及支撑体系部位（列出荷载数值、楼层和轴线范围）：

具体部位：第＿＿层，轴线范围＿＿＿＿＿＿＿＿＿，荷载数值（设计值）＿＿＿＿＿＿＿＿＿＿＿。

C.6 其 他 情 况

□**C.6.1** 预计存在单件起吊重量≥10kN且＜100kN的起重吊装工程，具体部位：第＿＿层，轴线范围＿＿＿＿＿＿。

□**C.6.2** 预计存在单件起吊重量≥100kN的起重吊装工程，具体部位：第＿＿层，轴线范围＿＿＿＿＿＿＿＿＿。

□**C.6.3** 预计存在搭设高度≥24m的落地脚手架工程（包括采光井、电梯井脚手架），具体部位：第＿＿层，轴线范围＿＿＿＿＿＿＿＿＿＿＿＿＿＿＿＿。

□**C.6.4** 预计存在搭设高度≥50m的落地脚手架工程：

具体部位：第＿＿层，轴线范围＿＿＿＿＿＿＿＿＿＿＿＿＿＿＿。

□**C.6.5** 本工程存在幕墙安装工程；□且施工高度≥50m；

具体部位：所处立面＿＿＿＿＿＿＿＿＿，轴线范围＿＿＿＿＿＿＿＿＿＿，高度＿＿＿＿m。

□**C.6.6** 本工程存在钢结构安装工程；□且跨度≥36m；

具体部位：轴线范围＿＿＿＿＿＿＿＿＿＿＿＿＿，面积＿＿＿＿＿＿＿，高度＿＿＿＿m。

□**C.6.7** 本工程存在网架或索膜结构安装工程；□且跨度≥60m；

具体部位：轴线范围＿＿＿＿＿＿＿＿＿＿＿＿＿，面积＿＿＿＿＿＿＿，高度＿＿＿＿m。

□**C.6.8** 本工程采用人工挖孔桩；□且开挖深度预计≥16m。

□**C.6.9** 本工程预计存在水下作业工程。

□**C.6.10** 本工程存在装配式建筑混凝土预制构件吊装或安装工程。

□**C.6.11** 本工程预计存在重量≥1000kN的大型结构整体顶升、平移、转体等施工工艺。

□**C.6.12** 本工程存在无梁楼盖结构地下室顶板上的土方回填工程。

□**C.6.13** 本工程存在厚度大于1.5m的底板钢筋支撑工程。

C.7 建筑工程安全生产技术要求

C.7.1 施工单位应根据建筑施工安全相关规范，结合工程现场实际的情况、施工作业具体内容、设计图纸及文件要求等，对本工程有可能出现的安全风险源，制定相对应的施工安全专项方案及作业指导书，提出针对潜在安全风险源的实施措施及预防的管理细则，包括施工方案、工艺流程、组织架构、应急预案、监管机制等各方面，并交监理及有关安监部门审批备案，经批准后方可施工，实际施工应严格按此措施及细则切实遵照执行。

C.7.2 本工程场地周边环境可能有建筑物、货运站场、学校、公园、医院及大型客运站等人流密集场所；跨越或下穿铁路、高速公路、桥梁、隧道；毗邻边坡路堤、河流；有上述若干情况时，施工单位进驻现场后，需逐一查明工程建设范围周边状况，评估施工过程中可能对周边建筑及人员安全造成影响，编制相对应施工方法保护周边建筑及来往人员的安全，对跨越重要设施、线路（航道、铁路、堤坝、地铁）等施工方案需报相关主管部门审批后方可实施。

C.7.3 本工程中，施工范围中可能存在有轨道交通、高压电塔、高压走廊、地下电缆、光纤缆线、供水管、雨污水管（涵）、燃气管等各类管线，施工前，应与相关的主管及运营单位协调好，做好管线保护等相关安全事宜。

C.7.4 施工场地周围可能存在高压线路经过，需在线路下进行桩机（含钻孔、冲孔、旋挖、搅拌、旋喷、静压、锤击、振冲等各种工艺）及架桥机施工，应复核桩机（或架桥机）设备与高压线的安全距离，并做好防电、防雷措施。

C.7.5 除本说明提及的施工安全要求外，施工单位还应根据场地环境、施工工艺特点及安全风险分析，制定相应的安全措施，以确保安全。

C.7.6 应制定一套适合施工场地的安全防护措施，内容应涵盖所有施工作业内容及生活生产细则，并对所有进场工人进行安全教育及技术培训，经考试合格后才能上岗。工人调换工种或使用新工具、新设备时，必须重新进行针对新工种的岗位安全教育和技术培训。

C. 7. 7　正式施工前，针对本工程的特点、施工外部和内部环境要求，进行安全技术交底；施工过程中，应严格执行安全生产会议制度、安全检查制度、安全评议制度，对安全生产出现的问题应指定专人限期整改。

C. 7. 8　现场材料、机械、临设按施工平面图整齐放置或搭设。施工现场存在的危险处（坑、洞、悬空及其他危险区域等），必须设置防护设施和明显的警示标志，不准任意移动或拆除。施工区按有关规定建立消防责任制，按照有关防火要求布置临设，配备足够数量的消防器材，并设立明显的防火标志。

C. 7. 9　日常安全检查及不定期抽查相结合。内容包括施工机具检查及各项安全措施的执行情况（台风、暴雨、防寒、防暑、雨季、卫生等）检查，同时要严格执行各类机械设备的专人管理和操作制度，所有机械均有安全保护设备，所有机械进场前需提供合格证及其他相关检测安全证件，并对机械进行定期保护，保证机械正常运行和操作人员安全。

C. 7. 10　施工现场外部围蔽结构必须安全牢靠，并在外部显眼位置设定警示标志，严禁非施工人员及未经允许人员进入，防止外来车辆失控闯入。

C. 7. 11　施工中，需要在特殊危险和潮湿场合环境中使用携带式电动工具，高度不足 2.5m 的一般照明灯，如果没有特殊安全措施，应采取安全电压。

C. 7. 12　埋地（半埋地）建（构）筑物地下部分需要进行基坑回填，回填土需满足设计参数要求，必须在结构构件自身强度满足要求时才能开始，回填时应对称、分层压实或夯实，防止土压不平衡导致结构构件破坏；同时，应防止施工机械因回填土松软，造成机械倾覆等安全事故。

C. 7. 13　工程中存在高处作业时，必须搭设脚手架及安全围网；高空作业人员必须系好安全带，并根据实际条件制定出切实可行的安全防范措施。

C. 7. 14　高支模结构体系施工单位应制作相关施工组织方案，充分计算考虑支模的承载力、整体稳定性、支架地基强度、预压荷载及稳定沉降控制标准等，同时还应满足相关规范要求，以及预计施工期可能遭遇的恶劣气候影响；临时通行通道的支墩，要加强防撞设施及提前设置限速、限高等预警提示标志等设施。

C. 7. 15　所有构件的模板拆除，必须待其构件混凝土强度满足设计及施工规范要求后才能施工。

□**C. 7. 16**　不得采用梁板墙柱混凝土同时浇筑的施工工艺，当因工程条件限制确需采用此项工艺时，必须编制专项施工方案并组织专家论证。

C. 7. 17　当施工阶段的施工荷载较大时，施工过程产生的内力可能对主体结构造成不利影响，施工单位必须根据其受力要求，对相关的主体结构构件补充施工过程分析，并设置临时支顶或加固措施，避免对主体结构造成不利影响。

附录 D　初步设计说明

D.1　工　程　概　况

D.1.1　＿＿＿＿＿＿项目，场地位于＿＿＿＿＿＿，建筑用地面积＿＿＿＿＿m²，总建筑面积＿＿＿＿＿m²，其中地下建筑面积＿＿＿m²。本工程为＿＿＿＿建筑，地面以上＿＿层，其中＿＿至＿＿层为裙房部分，＿＿至＿＿层为塔楼部分，地面以上建筑物总高度为＿＿m。地面以下＿＿层，主要为停车库及设备用房，其中地下＿＿层为核＿＿级人防地下室。

D.1.2　本工程建筑特征见表 D.1.2。

建筑特征　　　　　　　　　　　　　　　　　　　　　表 D.1.2

结构单元	地下室	地上部分
建筑面积	m²	m²
层数		
外包尺寸 A（m）$\times B$（m）		
主要层高（m）		
长宽比 A/B		
高宽比 H/B		

D.2　设　计　依　据

D.2.1　设计基准期及结构设计工作年限

根据《建筑结构可靠性设计统一标准》GB 50068-2018，本工程的设计基准期为 50 年，结构的设计工作年限为＿＿年。

D.2.2　自然条件

1　基本风压值为＿＿＿＿＿＿kN/m²（$n=50$）；基本雪压值为＿＿＿kN/m²（$n=50$）。

2　抗震设防烈度为＿＿度（＿＿g）。

D.2.3　《岩土工程勘察报告》，由＿＿＿＿＿＿提供。

D.2.4　《工程场地地震安全性评价报告》，由＿＿＿＿＿＿提供。

D.2.5　《风洞试验报告》，由＿＿＿＿＿＿提供。

D.2.6　本工程±0.000 为室内地面标高，相当于测量图绝对标高＿＿＿m（＿＿＿高程）。

D.2.7　政府有关主管部门对方案的批复文件。

D.2.8　建设单位提出的有关技术要求。

D.2.9　本工程采用国家现行有效的设计规范、规程、统一标准、标准图集及住房和城乡建设部有关公告文件进行设计，同时考虑工程实际情况，部分采用地区性标准等作为设计依据。

主要设计标准、规范及规程：

国家和行业标准部分：

《建筑工程设计文件编制深度规定》（2016 年版）	建质函［2016］247 号
《工程结构通用规范》	GB 55001 - 2021
《建筑与市政工程抗震通用规范》	GB 55002 - 2021
《建筑与市政地基基础通用规范》	GB 55003 - 2021
《组合结构通用规范》	GB 55004 - 2021
《木结构通用规范》	GB 55005 - 2021
《钢结构通用规范》	GB 55006 - 2021
《砌体结构通用规范》	GB 55007 - 2021
《混凝土结构通用规范》	GB 55008 - 2021
《工程勘察通用规范》	GB 55017 - 2021
《既有建筑鉴定与加固通用规范》	GB 55021 - 2021
《既有建筑围护与改造通用规范》	GB 55022 - 2021
《建筑结构可靠性设计统一标准》	GB 50068 - 2018
《工程结构可靠性设计统一标准》	GB 50153 - 2008
《建筑结构荷载规范》	GB 50009 - 2012
《建筑工程抗震设防分类标准》	GB 50223 - 2008
《建筑抗震设计规范》（2016 年版）	GB 50011 - 2010
《混凝土结构设计规范》（2015 年版）	GB 50010 - 2010
《高层建筑混凝土结构技术规程》	JGJ 3 - 2010
《建筑地基基础设计规范》	GB 50007 - 2011
《建筑桩基技术规范》	JGJ 94 - 2008
《钢结构设计标准》	GB 50017 - 2017
《组合结构设计规范》	JGJ 138 - 2016
《地下工程防水技术规范》	GB 50108 - 2008
《建筑设计防火规范》（2018 年版）	GB 50016 - 2014
《全国民用建筑工程设计技术措施》	2009 年版

□地方标准部分：（未注明时为广东省标准）

《建筑结构荷载规范》	DBJ/T 15 - 101 - 2022
《高层建筑混凝土结构技术规程》	DBJ/T 15 - 92 - 2021

《高层建筑钢-混凝土混合结构技术规程》	DBJ/T 15 - 128 - 2017
《建筑地基基础设计规范》	DBJ 15 - 31 - 2016
《锤击式预应力混凝土管桩工程技术规程》	DBJ/T 15 - 22 - 2021
《静压预制混凝土桩基础技术规程》	DBJ/T 15 - 94 - 2013

D. 2. 10　主要结构计算软件及版本号

多层及高层建筑结构空间有限元分析与设计软件：_____

建筑及土木结构通用结构分析与优化设计软件：_____

广厦建筑结构设计软件：_____、_____

D. 3　建筑分类等级

D. 3. 1　建筑分类等级见表 D. 3. 1。

建筑分类等级　　　　　　　　　　　　　　　　　　　表 D. 3. 1

序号	名称		等级	依据的国家标准规范
1	建筑结构安全等级			《建筑结构可靠性设计统一标准》GB 50068 - 2018
2	地基基础设计等级			《建筑地基基础设计规范》GB 50007 - 2011
	建筑桩基设计等级			《建筑桩基技术规范》JGJ 94 - 2008
3	建筑抗震设防类别			《建筑工程抗震设防分类标准》GB 50223 - 2008
4	抗震 等级			《建筑抗震设计规范》GB 50011 - 2010（2016 年版） 《混凝土结构设计规范》GB 50010 - 2010（2015 年版） 《高层建筑混凝土结构技术规程》JGJ 3 - 2010
5	地下室防水等级			《地下工程防水技术规范》GB 50108 - 2008
6	人防地下室的设计类别			《人民防空地下室设计规范》GB 50038 - 2005 人防主管部门的有关批文
	防常规武器抗力级别			
	防核武器抗力级别			
7	建筑防火分类等级			《建筑设计防火规范》GB 50016 - 2014（2018 年版）
	耐火等级			

注：当本工程选用本说明第 D. 2. 9 条的《高层建筑混凝土结构技术规程》DBJ/T 15 - 92 - 2021 时，本说明的"抗
　　震等级"均为"抗震构造等级"的简称。

D. 3. 2　混凝土结构耐久性要求：本工程混凝土结构的环境作用等级见表 D. 3. 2。

构件耐久性的环境类别表　　　　　　　　　　　　　表 D. 3. 2

构件部位	底板	侧壁	顶板	基础、基础梁	外露构件	天面构件	其余构件
环境类别							

D.4　主要荷载（作用）取值

D.4.1　楼（屋）面活荷载

楼面活荷载按《建筑结构荷载规范》GB 50009－2012、《高层建筑混凝土结构技术规程》JGJ 3－2010 以及《全国民用建筑工程设计技术措施》（2009 版）等的相关规定取值。楼层部位使用功能活荷载标准值见表 D.4.1。

表 D.4.1

活荷载标准值

序号	建筑使用功能	活载标准值（kN/m²）	备注
1	地下车库		
2	车道		
3	消防车道		
4	发电机房、变配电房		
5	水泵房		
6	电梯机房		
7	管理用房		
8	贮藏室		
9	首层顶板		
10	住宅架空层		
11	住宅卫生间		
12	入户花园		
13	客厅		
14	卧室		
15	阳台		
16	厨房		
17	前室、走廊、电梯厅		
18	办公部分		
19	商业部分		
20	餐饮		
21	餐饮厨房		
22	楼梯		
23	上人屋面		
24	不上人屋面		

注：1. 其他未列项目见现行标准、规范及规程；

2. 地下室顶板的消防车荷载：板按等效均布活荷载考虑，梁活荷载按消防车最不利布置考虑；

3. 地下室顶板的施工荷载与覆土荷载两者选取较大者进行计算；

4. 首层及裙房屋面宜考虑 10kN/m² 施工荷载，此荷载与覆土荷载不同时考虑；

5. 附加恒荷载应按建筑功能及实际构造计算；

6. 地下室水泵房、空调机房顶板及附近管道集中处的顶板，均应另加 1kN/m² 管道荷载；

7. 对楼板上设置较大的吊灯或特殊设备时，应按实际情况考虑荷载。

D.4.2 风荷载

本工程风荷载及参数取值按《建筑结构荷载规范》GB 50009－2012、《高层建筑混凝土结构技术规程》JGJ 3－2010 等确定，见表 D.4.2。

风荷载   表 D.4.2

基本风压值 w_0	基本风压重现期	地面粗糙度类别	体型系数	备注
kN/m²	50 年			结构承载力验算
kN/m²	50 年			结构水平位移验算
kN/m²	10 年			风振舒适度计算

□D.4.3 雪荷载

1 基本雪压 $s_0＝$＿＿kN/m²（基本雪压按＿＿年重现期雪压值）。

2 雪荷载准永久值系数分区属＿＿区。

D.4.4 地震作用

1 建筑场地类别

本工程建设场地内未发现断裂构造迹象，土层等效剪切波速在＿＿之间，场地土为＿＿土，场地覆盖层厚度在＿＿m之间，场地类别为＿＿类，属抗震＿＿地段。

2 抗震设防的基本参数

本工程的抗震设防类别为＿＿类，建筑场地地震抗震设防烈度为＿＿度，本工程地震作用计算采用的抗震设防烈度为＿＿度；抗震措施采用的抗震设防烈度为＿＿度。

设计地震分组为第＿＿组，设计基本地震加速度值为＿＿g，多遇地震水平地震影响系数最大值为＿＿，偶遇地震水平地震影响系数最大值为＿＿，罕遇地震水平地震影响系数最大值为＿＿，反应谱特征周期 $T_g＝$＿＿s（罕遇地震时为＿＿s），结构阻尼比为＿＿。

□D.4.5 温度作用的有关计算参数

1 本工程地下室采用超长混凝土结构无缝设计，最长区域远远超出规范建议的伸缩缝间距，结构设计中考虑温度应力的影响，进行定量计算。

2 计算中考虑混凝土收缩、水化热和环境温度变化三种不利因素，同时考虑混凝土可随时间塑性徐变和允许裂缝的开展可释放应力的有利因素来分析温度应力。

3 温度作用取值：混凝土收缩应力通过等效当量温度来模拟，等效当量温度考虑为＿＿℃，由于本工程间隔＿＿m左右设置后浇带，考虑后浇带封闭之前混凝土收缩量，混凝土收缩当量温差为＿＿℃；混凝土水化热产生的温差在后浇带封闭之前已经得到平衡，计算时未作考虑，环境温度变化（季节温差）为＿＿℃。

4 应力折减系数 $K＝0.3$，混凝土弹性模量折减系数为0.9。

D.4.6 地下室水土荷载

1　本工程地下室设防水位及抗浮设计水位为____m，相当于绝对标高____ m（____高程）。

2　地下室侧壁所受的水土压力，采用水土分算的原则；地下水按永久荷载考虑。

3　地下室周边地面活荷载标准值 q_k＝____kN/m²。

D.4.7　人防地下室结构等效静荷载标准值见《人民防空地下室设计规范》GB 50038-2005 的有关规定。

D.4.8　建筑隔墙墙体材料自重见表 D.4.8。

建筑隔墙墙体材料 表 D.4.8

位置	墙体材料	自重	砌体强度等级	砂浆强度等级	砌体干燥收缩率
外墙		kN/m²			
内墙		kN/m²			
内地台以下		kN/m²			≤0.4mm/m

D.5　上部及地下室结构设计

D.5.1　结构缝的设置

本工程地下室根据建筑功能使用、防水及结构耐久性的要求，为避免设缝削弱结构的整体性及对防水、通风等建筑构造带来的困难，地下室结构不设置伸缩缝。地上部分各塔楼之间设置防震缝，防震缝宽____ mm。

D.5.2　结构选型及结构布置

1　竖向承重及抗侧力结构体系：根据建筑物的总高度、抗震设防烈度、建筑的用途等情况，本工程采用____ 结构体系。结构的主要抗侧力构件为____，主要设置在_____位置，以提供结构的抗侧及抗扭刚度。由于考虑到本工程的总高度较高，为了提高竖向抗侧力构件的侧向刚度，核心筒重要部分墙厚为_____。

2　楼盖结构体系：根据建筑物的结构体系特点、使用要求和施工条件，本工程均采用现浇钢筋混凝土梁板体系，整体性良好。

1）地下室底板采用平板结构，板厚 h＝____mm；地下室楼板按双向板布置，板厚 h＝____mm；首层（地下室顶板）采用梁板结构，板厚 h＝____ mm；塔楼部分板厚为____mm，屋面层板厚 h＝____mm；

2）加强薄弱部位连廊板配筋，来抵抗连廊两边楼层变形不均时的应力差引起的开裂；

3）转换层楼板厚 h＝____ mm，双层双向配筋，以承担较大的水平力转移；

4）核心筒附近楼板薄弱，除与建筑商量，尽量减少凹入尺寸及开洞，以避免楼面削弱过大外，此部分楼面加厚至 $h=$ ____mm，并双层双向配筋。

有关梁板截面尺寸见结构布置平面图。

□3   屋盖钢结构：

根据建筑物屋盖的体型，综合考虑建筑要求及造价因素，本工程大跨度屋盖主要采用_____结构。

□**D.5.3**   结构转换层的设计：根据建筑立面和功能的要求，本工程部分局部结构竖向柱构件上下不连续贯通，需要进行竖向构件转换。考虑工程实际情况，通过方案比选确定转换结构采用传力合理的转换结构。

1   设计：考虑工程实际情况，通过方案比选确定转换结构采用传力合理的_____转换结构。

2   材料：主要转换构件均采用_____。

3   施工措施：_____。

□**D.5.4**   超长结构控制措施：本工程的地下室超长，为避免温度、收缩应力使地下室开裂漏水，在地下室中采取如下措施：

1   设计：结构设计中考虑温度应力的影响，进行定量计算。提高长方向的底板及楼板最小配筋率，顶板设置温度凹槽，底板、侧壁、地下一层及地下二层楼面每间距 40～50m 设后浇带，后浇带采用微膨胀混凝土。

2   材料：采用低水化热的矿渣水泥，不得使用收缩性大的火山灰水泥；混凝土中添加粉煤灰代替部分水泥用量，同时采用 60 天龄期强度作为设计强度。

3   施工：做好温度控制，加强养护（建议采用蓄水养护）并延长养护期；加强楼面保护。地下室各层楼面不应长期日晒雨淋，应及时覆土或做保护面层；在地下室周边未回填、顶板未覆土之时，采取临时保护措施，防止地下室因温度变化、日晒、干燥等产生裂缝。

□**D.5.5**   特殊构件的设计：_____。

D.6 地 基 基 础 设 计

D.6.1   工程地质概况：

1   场地、地形：根据_____编制的《岩土工程勘察报告》，本场地地面较平坦，自然地面标高为_____m（____高程）。

2   场地质特征描述见表 D.6.1。

场地地质特征   表 D. 6. 1

地层代号	土层岩性	层顶埋深 (m)	层厚 (m)	地基承载力特征值 f_{ak}（kPa）	桩极限侧阻力标准值 q_{sik}（kPa）	桩极限端阻力标准值 q_{pk}（kPa）	岩石饱和单轴抗压强度标准值 f_{rk}（MPa）

3 本场地地基____液化土层。

4 水文地质情况：本工程地下水主要是大气降水补给的上层滞水和岩层裂隙水，地下水量较小，基坑涌水量约为____ m³/d。基本稳定水位高程为____m，100 年一遇的最高洪水水位高程为____m。

5 地下水（土）腐蚀性评价：场地地下水对混凝土结构及对钢筋混凝土结构中的钢筋____腐蚀性，对钢结构____腐蚀性。场地土对混凝土结构____腐蚀，对钢筋混凝土结构中的钢筋具____腐蚀性。

D. 6. 2 基础选型说明：根据地基土质、上部结构体系及施工条件等资料，经技术和经济对比优化，本工程基础采用_____基础，地基（或桩端）持力层为_____，持力层地基承载力特征值为____（或桩端持力层端阻力标准值为_____，或桩端岩层饱和单轴抗压强度标准值为_____ ）。

□D. 6. 3 抗浮措施：由于结构自重及首层填土等永久荷载不能平衡水浮力时，为满足建筑物整体抗浮要求及控制底板结构配筋的经济性，地下室部分桩基础兼作抗拔基础，同时设置底板抗拔锚杆进行抗浮，锚杆间距____m ×____ m，单根锚杆抗拔力特征值为____ kN。

□D. 6. 4 关键技术问题的解决方法：_____。

□D. 6. 5 沉降差异的处理措施：本工程塔楼区域采用____基础，裙楼区域采用____基础，结构设计在裙楼与主楼相邻跨设置沉降后浇带，待塔楼结构施工至____层时方可封闭。

□D. 6. 6 关于人工挖孔桩的注意事项：根据《广东省建设厅关于限制使用人工挖孔灌注桩的通知》（粤建管字［2003］49 号），采用人工挖孔桩时应报送当地建设行政主管部门审批。

D. 7 结 构 分 析

D. 7. 1 整体分析：

1 本工程采用_____程序进行计算分析，选用_____
_____。结构计算考虑偶然偏心地震作用、双向地震作用、扭转耦联及施工模拟。

2 结构整体分析采用空间杆-壳元墙元模型，结构整体计算嵌固部位在地下室顶板，结构分析的主要参数见表 D.7.1-1。

结构整体计算参数   表 D.7.1-1

计算内容	多遇地震（小震）	偶遇地震（中震）
计算软件		
水平力与整体坐标夹角		
混凝土重度		
钢材重度		
裙房层数		
地下室层数		
楼板假定		
结构材料信息		
结构体系		
风荷载计算信息		
地震作用计算信息		
地面粗糙度类别		
基本风压		
结构规则性		
设计地震分组		
场地类别		
考虑偶然偏心		
计算振型个数		
活荷载折减系数		
周期折减系数		
结构阻尼比		
特征周期		
影响系数最大值		
梁端负弯矩调整系数		
梁设计弯矩放大系数		
连梁刚度折减系数		
中梁刚度放大系数		
按《抗规》(5.2.5 条)调整各楼层地震内力		
全楼地震作用放大系数		
考虑 P-Δ 效应		

计算内容	多遇地震（小震）	偶遇地震（中震）
结构重要性系数		
柱配筋计算原则		
恒荷载分项系数		
活荷载分项系数		
活荷载组合值系数		
活荷载重力代表值系数		
风荷载分项系数		
风荷载组合值系数		
水平地震作用分项系数		

3 整体计算主要控制性计算结果见表 D. 7. 1-2。

整体计算结果   表 D. 7. 1-2

计算软件		SATWE	GSSAP
计算振型数			
第一、二平动周期		（X 向）	（X 向）
		（Y 向）	（Y 向）
第一扭转周期			
第一扭转周期 / 第一平动周期			
地震下基底剪力（kN）	X		
	Y		
结构总重量（kN）（不含地下室）			
单位面积重量（kN/m²）			
剪重比（不足时已按规范要求放大）	X		
	Y		
地震作用下倾覆弯矩（kN·m）	X		
	Y		
有效质量系数	X		
	Y		
50 年一遇风荷载下最大层间位移角（层号）	X		
	Y		
地震作用下最大层间位移角（层号）	X		
	Y		
考虑偶然偏心最大扭转位移比（层号）	X		
	Y		
地震作用下，楼层与相邻上层的考虑层高修正的侧向刚度比（层号）	X		
	Y		

计算软件		SATWE	GSSAP
框架结构层侧向刚度与上层70%或上3层平均值80%比值中最小值（层号）	X		
	Y		
楼层受剪承载力与上层的比值（层号）	X		
	Y		
刚重比	X		
	Y		

4 结构计算结果图表。

5 构件最大轴压比计算结果见表 D. 7. 1-3。

轴压比计算结果 表 D. 7. 1-3

位置	地下二、三层			地下一层			首层			塔楼标准层
结构构件	框支柱	框架柱	剪力墙	框支柱	框架柱	剪力墙	框支柱	框架柱	剪力墙	剪力墙
抗震等级										
轴压比限值										
裙楼										
主楼										

注：框支柱全高采用井字复合箍，箍筋间距 100mm，肢距不大于 200mm，直径不小于 12mm。

D. 7. 2　计算结果小结（与规范要求对比）：

1　在风荷载及地震作用下各构件的强度和变形均满足有关规范的要求。

2　墙、柱的轴压比均符合《建筑抗震设计规范》GB 50011－2010（2016 年版）的要求。

3　按弹性方法计算的楼层层间最大位移与层高之比满足《高层建筑混凝土结构技术规程》JGJ 3－2010 第 3.7.3 条的要求。

4　塔楼均满足《高层建筑混凝土结构技术规程》JGJ 3－2010 第 3.4.5 条关于复杂高层建筑结构扭转为主的第一自振周期与平动为主的第一自振周期之比 A 级高度高层建筑不应大于 0.9 和复杂高层建筑不应大于 0.85 的要求。

5　满足《高层建筑混凝土结构技术规程》JGJ 3－2010 第 3.4.5 条关于不规则建筑各楼层的竖向构件最大水平位移不应大于该楼层平均值的 1.5 倍的规定。

6　满足《高层建筑混凝土结构技术规程》JGJ 3－2010 第 3.5.2 条关于高层建筑相邻楼层的侧向刚度变化的规定。

7　满足《高层建筑混凝土结构技术规程》JGJ 3－2010 第 3.5.3 条关于楼层层间受剪承载力不宜小于相邻上一层的 80% 的规定（B 级高度不应小于 75%）。

8　满足《高层建筑混凝土结构技术规程》JGJ 3－2010 第 5.4.4 条关于结构稳定性的

规定。

9 水平地震作用计算时，结构各楼层对应于地震作用标准值的剪力均按《高层建筑混凝土结构技术规程》JGJ 3－2010 第 4.3.12 条的规定进行调整。

D.7.3 结构的弹性时程分析

1 时程分析参数：_____。

2 弹性时程分析计算图表。

3 弹性时程分析结论：

（1）时程分析结果满足平均底部剪力不小于振型分解反应谱法结果的80％，每条地震波底部剪力不小于反应谱法结果的65％的条件；

（2）由上述各图对比可见，弹性时程分析的楼层反力和位移平均值均小于规范反应谱结果，反应谱分析结果在弹性阶段对结构起控制作用；

（3）楼层位移曲线以弯曲型为主，位移曲线光滑无突变，反映结构侧向刚度较为均匀；

（4）各条地震波时程分析结果中的层间位移角曲线形状均较相似，但底部几层反应变化较大，是由于本工程底部的跨层柱引起的，在设计中已对该部位构件的计算内力进行放大处理。

□D.7.4 本工程结构超限情况见表 D.7.4-1、表 D.7.4-2。

参照《超限高层建筑工程抗震设防专项审查技术要点》（建质［2015］67号）、《高层建筑混凝土结构技术规程》JGJ 3－2010 的有关规定，结构超限情况说明如下：

1 特殊类型高层建筑

本工程采用_____结构体系，不属于《建筑抗震设计规范》GB 50011－2010（2016年版）、《高层建筑混凝土结构技术规程》JGJ 3－2010 和《高层民用建筑钢结构技术规程》JGJ 99－2015 暂未列入的其他高层建筑结构。

2 高度超限判别

本工程建筑物高____m，按照《高层建筑混凝土结构技术规程》JGJ 3－2010 第 3.3.1条：_____，本工程_____高度超限结构。

3 不规则类型判别

（1）同时具有下列三项及以上不规则的高层建筑工程判别（表 D.7.4-1）

超限判别一　　　　　　　　　　　　　　表 D.7.4-1

序号	不规则类型	简要含义	本工程情况	超限判别
1a	扭转不规则	考虑偶然偏心的扭转位移比大于1.2		
1b	偏心布置	偏心率大于0.15或相邻层质心大于相应边长15%		
2a	凹凸不规则	平面凹凸尺寸大于相应投影方向总尺寸的30%等		
2b	组合平面	细腰形或角部重叠形		

序号	不规则类型	简要含义	本工程情况	超限判别
3	楼板不连续	有效宽度小于50%，开洞面积大于30%，错层大于梁高		
4a	刚度突变	相邻层刚度变化大于70%或连续三层变化大于80%		
4b	尺寸突变	竖向构件位置缩进大于25%或外挑大于10%和4m，多塔		
5	构件间断	上下墙、柱、支撑不连续，含加强层、连体类		
6	承载力突变	相邻层受剪承载力变化大于80%		
7	其他不规则	如局部的穿层柱、斜柱、夹层、个别构件错层或转换		
不规则情况总结		不规则项____项		

（2）具有下列某一项不规则的高层建筑工程判别（表 D.7.4-2）

超限判别二　　　　　　　　　　　　　　　　　　　　表 D.7.4-2

序号	不规则类型	简要含义	本工程情况	超限判别
1	扭转偏大	裙房以上的较多楼层，考虑偶然偏心的扭转位移比大于1.4		
2	抗扭刚度弱	扭转周期比大于0.9，混合结构扭转周期比大于0.85		
3	层刚度偏小	本层侧向刚度小于相邻层的50%		
4	高位转换	框支墙体的转换构件位置：7度超过5层，8度超过3层		
5	厚板转换	7~9度设防的厚板转换结构		
6	塔楼偏置	单塔或多塔与大底盘的质心偏心距大于底盘相应边长的20%		
7	复杂连接	各部分层数、刚度、布置不同的错层，两端塔楼高度、体型或振动周期显著不同的连体结构		
8	多重复杂	结构同时具有转换层、加强层、错层、连体和多塔等复杂类型的3种		
不规则情况总结		不规则项____项		

结论：根据《超限高层建筑工程抗震设防专项审查技术要点》（建质〔2015〕67号），本工程高度_____规定限值，结构类型____现行规范的适用范围，____结构布置复杂的钢筋混凝土高层建筑，____体型特别不规则、严重不规则的高层建筑，_____超限审查。

D.8　主要结构材料

D.8.1　本工程主体采用现浇钢筋混凝土结构，混凝土强度等级见表 D.8.1。

混凝土强度等级、抗渗等级　　　　　表 D. 8. 1

结构部位		混凝土强度等级	混凝土抗渗等级	备注
基础（承台）		C		
基础梁及底板		C		
侧壁		C		
框架柱 剪力墙	层～ 层	C		
	层～ 层	C		
	层～ 层	C		
楼层梁板	层～ 层	C		
	层～ 层	C		
	层～ 层	C		
屋面	梁板	C		
	小楼	C		
	水池	C		
转换层楼盖		C		
楼梯				

D. 8. 2　钢筋钢材

钢筋：$d<$＿＿mm，HPB300，$f_y = f'_y = 270 \text{N/mm}^2$，符号用Φ；

　　　□$d \geqslant$＿＿mm，HRB400，$f_y = f'_y = 360 \text{N/mm}^2$，符号用Φ；

　　　□$d \geqslant$＿＿mm，HRB500，$f_y = f'_y = 435 \text{N/mm}^2$，符号用Φ。

D. 8. 3　型钢、钢板：选用＿＿钢。

D. 8. 4　焊条：HPB300 钢筋，Q235B 钢焊接，选用 E43 系列；

　　　　　　HRB400 钢筋焊接，选用 E55 系列；

　　　　　　HRB500 钢筋焊接，选用 E60 系列。

□**D. 8. 5**　钢结构螺栓连接节点均采用＿＿级高强度螺栓；抗剪栓钉的直径为＿＿mm，材料性能等级取＿＿级。

□**D. 8. 6**　特殊材料或产品选材：（成品拉索、锚具、阻尼器等）

□**D. 8. 7**　钢结构防腐：

本工程钢结构防腐设计耐久年限为＿＿年，所有外露钢结构的外表面均应进行防腐涂装，外露钢结构范围包括＿＿＿＿＿。型钢混凝土构件内钢结构不需作防腐处理。

□**D. 8. 8**　钢结构防火：

本工程钢结构防火等级为＿＿级，＿＿构件耐火极限＿＿h，＿＿构件耐火极限＿＿h，构件耐火极限＿＿h。

D.9   新技术的推广和应用

为推广新技术、新材料，加快施工进度，缩短施工工期，确保工程质量，从整体上获得良好的经济效益，故根据本工程的实际，采用以下新技术、新材料：

□**D.9.1**   高强混凝土的应用

本工程采用＿＿＿混凝土强度等级，有效地减小柱截面，增加了建筑面积，提高了使用率。

□**D.9.2**   钢管混凝土柱技术的应用

为有效地减小柱截面，除采用高强混凝土外，本工程＿＿＿＿＿＿＿＿区域采用钢管混凝土柱，使得柱截面控制在较为合理的尺寸范围内，同时引入新型的节点技术，既提高了柱的承载力，又解决了钢管混凝土柱面临的技术难题，易于施工，经济性也较好。

D.10   其他需要说明的问题

□**D.10.1**   场地复杂情况：＿＿＿＿＿＿＿＿＿＿＿＿＿＿＿＿＿＿＿＿＿＿＿＿。

D.10.2   本工程应设置可靠的水准基点，在施工期间和竣工后对建筑物进行严格、长期的沉降观测，直到沉降趋于稳定。观测点的位置和沉降要求按照《建筑变形测量规范》JGJ 8-2016 有关规定执行。

□**D.10.3**   施工特殊要求：＿＿＿＿＿＿＿＿＿＿＿＿＿＿＿＿＿＿＿＿＿＿＿＿。

D.10.4   建设单位应尽快提供电梯、特殊设备订货样本。

D.11   图   纸   目   录

附录 E　广州市某项目
荷载取值计算书

E.1 恒 荷 载

E.1.1 线上恒荷载

1 墙体单位面积重量（kN/m²）：

地下室采用灰砂砖砌体，重度取 18 kN/m³；地上采用轻质砌体，重度取 8kN/m³；

灰砂砖砌体墙 200mm 厚（双面抹灰）：18×0.2＋20×0.02×2＝4.4kN/m²；

轻质砌体墙 200mm 厚（双面抹灰）：8×0.2＋20×0.02×2＝2.4kN/m²；

轻质砌体墙 200mm 厚（单面抹灰＋50mm 干挂花岗石）：8×0.2＋20×0.02＋28×0.05＝3.4kN/m²；

轻质砌体墙 100mm 厚（双面抹灰）：8×0.1＋20×0.02×2＝1.6kN/m²；

轻质砌体墙 100mm 厚（单面抹灰＋单面贴瓷砖）：8×0.2＋20×0.02×2＋0.4＝2.8kN/m²；

玻璃幕墙：1.0kN/m²；

钢筋混凝土飘窗侧板 100mm 厚（双面抹灰）：25×0.1＋20×0.02×2＝3.3kN/m²；

钢筋混凝土女儿墙 120mm 厚（双面抹灰）：25×0.12＋20×0.02×2＝3.8kN/m²；

钢筋混凝土女儿墙 150mm 厚（双面抹灰）：25×0.15＋20×0.02×2＝4.55kN/m²；

钢筋混凝土女儿墙 200mm 厚（双面抹灰）：25×0.2＋20×0.02×2＝5.8kN/m²。

2 梁上（板上）线荷载（kN/m）：

（1）砌体填充墙线荷载：

层号	面层情况	层高(m)	线荷载				
			墙体重度(kN/m³)	墙厚(mm)	装饰面层单位面积重量(kN/m²)	上层梁高/板厚(mm)	单位长度墙重量(kN/m)
-1	双面抹灰	6.10	18.0	200	80.	700	23.76
						500	24.64
						180	26.05
1	双面抹灰	4.20	8.0	200	0.80	600	8.64
						400	9.12
标准层	双面抹灰	3.00	8.0	200	0.80	600	5.76
	单面抹灰＋50mm干挂石材			200	1.80	600	8.16
	双面抹灰				0.80	400	6.24
	单面抹灰＋单面贴瓷砖			100	1.20	400	7.28

续表

层号	面层情况	层高（m）	线荷载				
			墙体重度（kN/m³）	墙厚（mm）	装饰面层单位面积重量（kN/m²）	上层梁高/板厚（mm）	单位长度墙重量（kN/m）
标准层	单面抹灰＋单面贴瓷砖	3.00	8.0	100	1.20	100	8.12

注：1. 墙上开门、窗时，应按实际开门、窗面积比例进行折减，折减后再加上门、窗的重量；

  2. 卫生间和厨房填充墙底部采用 300mm 高的素混凝土反边，200mm 厚墙体时，卫生间和厨房的单位长度墙重量应在上表基础上增加 0.96kN/m；100mm 厚墙体时，卫生间和厨房的单位长度墙重量应在上表基础上增加 0.48kN/m。

（2）钢筋混凝土飘窗侧板 100mm 厚（双面抹灰）线荷载：$3.3 \times 2.9 = 9.57 \text{kN/m}^2$；

（3）阳台栏杆（仅是玻璃栏杆、金属栏杆）竖向线荷载：取 1.0kN/m。

E.1.2　面上恒荷载

钢筋混凝土重度取 25kN/m³，砂浆面层重度取 20kN/m³，楼板自重程序自动计算。

1　地下室面附加恒荷载

地下室楼板面层 100mm 厚，考虑管线重量 0.5kN/m²，附加恒荷载为：$0.1 \times 20 + 0.5 = 2.5 \text{kN/m}^2$；

首层室内楼板面层 50mm 厚，考虑管线重量 0.5kN/m²，附加恒荷载为：$0.05 \times 20 + 0.5 = 1.5 \text{kN/m}^2$；

首层室外覆土 2m 厚，湿重度取 19kN/m³，考虑管线重量 0.5kN/m²，附加恒荷载为：$2 \times 19 + 0.5 = 38.5 \text{kN/m}^2$；

制冷机房附近区域、水管管径较大区域或其他特殊情况，应根据实际情况增加吊顶附加恒荷载。

2　标准层面附加恒荷载

标准层楼板面层 50mm 厚，吊顶面层 25mm 厚，附加恒荷载为：$(0.05 + 0.025) \times 20 = 1.5 \text{kN/m}^2$；

卫生间下沉 350mm，采用陶粒填充，取填充物重度 10kN/m³，面层 50mm 厚，吊顶重量 0.5kN/m²，附加恒荷载为：$0.35 \times 10 + 0.05 \times 20 + 0.5 = 5.0 \text{kN/m}^2$；

阳台下沉 100mm，采用单向找坡 2%，找坡平均厚度 40mm，面层 50mm 厚，吊顶面层 25mm 厚，附加恒荷载为：$(0.04 + 0.05 + 0.025) \times 20 = 2.3 \text{kN/m}^2$；

管线集中区域或其他特殊情况，应根据实际情况增加吊顶附加恒荷载。

3　屋面层面附加恒荷载

屋面找坡采用单向和双向结合，坡度 2%，找坡的坡顶线与坡底线距离 10m，找坡平均厚度 100mm，面层 50mm 厚，吊顶面层 25mm 厚，保温隔热等重量 0.5kN/m²，附加恒荷载为：$(0.1 + 0.05 + 0.025) \times 20 + 0.5 = 4.0 \text{kN/m}^2$；

屋面冷却塔或其他设备基础，应根据实际情况增加附加恒荷载。

E.1.3　楼梯恒荷载

A 型梯板，梯板板厚取 120mm；

踏步宽度 260mm、高度 160mm，沿梯板角度方向投影折算厚度为：$260 \times 160/2/\sqrt{260^2+160^2}=68mm$；

踏步顶面和侧面的面层 50mm 厚，沿梯板角度方向投影折算面层厚度为：$(260+160) \times 50/\sqrt{260^2+160^2}=69mm$；

吊顶面层 25mm 厚；

沿梯板角度方向投影含梯板自重的恒荷载为：$(0.12+0.068) \times 25+(0.069+0.025) \times 20=6.58kN/m^2$；

沿水平方向投影含梯板自重的恒荷载为：$6.58 \times \sqrt{260^2+160^2}/260=7.73kN/m^2$。

E.2　活　荷　载

使用类别	活荷载标准值（kN/m²）	备注
小汽车车道及车库	2.5	地下室底板采用无梁楼盖，柱网 8m×8m
小汽车车道及车库	3.5	地下一层楼板采用双向板，板跨 4m
消防车道及消防登高面	18.4	双向板，覆土厚度 2m，板跨≥6m
通风机房、电梯机房	8.0	
商铺	5.5	灵活隔墙附加 1.5kN/m²
入户花园、屋顶花园	3.0	
客厅、卧室、厨房、电梯门厅	2.0	
卫生间	2.5	
阳台	2.5	
楼梯	3.5	
上人屋面	2.0	
不上人屋面	0.5	

注：1. 地下室发电机房、水泵房等房间活荷载根据实际情况取值，且不应小于 10kN/m²；
　　2. 其他特殊使用功能房间活荷载根据业主实际使用要求，经业主确认后作为取值依据。

附录 F　示例图